骆焱平　宋薇薇　主编

农药制剂加工技术

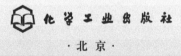

化学工业出版社

·北京·

本书详细介绍了粉剂、可湿性粉剂、可溶性粉剂、粒剂、水分散粒剂、泡腾片、烟剂、除草地膜、饵剂 9 种固体制剂；乳油、微乳剂、水乳剂、可溶液剂、悬浮剂、超低容量喷雾剂、热雾剂 7 种液体制剂；种衣剂、熏蒸剂、气雾剂等其他剂型和微生物制剂的特点、组成、加工、性能等。同时，对农药助剂如载体、润湿剂、分散剂、乳化剂、消泡剂、增稠剂等进行了举例分析，并在书后附上了部分参数的国家标准检测方法等附录，目的是让农药专业的学生、相关科研人员，特别是农药制剂加工企业的研发部门学习和参考。

本书适合农业大专院校农药专业师生、广大农业技术人员、农药制剂加工企业使用，也可作为科技下乡的专用图书和培训教材。

图书在版编目（CIP）数据

农药制剂加工技术/骆焱平，宋薇薇主编 . —北京：化学工业出版社，2015.6（2023.1 重印）

ISBN 978-7-122-23913-6

Ⅰ.①农… Ⅱ.①骆…②宋… Ⅲ.①农药剂型-生产工艺 Ⅳ.①TQ450.6

中国版本图书馆 CIP 数据核字（2015）第 095040 号

责任编辑：刘　军　　　　　　　　　文字编辑：孙凤英
责任校对：边　涛　　　　　　　　　装帧设计：关　飞

出版发行：化学工业出版社（北京市东城区青年湖南街 13 号　邮政编码 100011）
印　　装：北京七彩京通数码快印有限公司
710mm×1000mm　1/16　印张 16¾　字数 322 千字　2023 年 1 月北京第 1 版第 2 次印刷

购书咨询：010-64518888　　　　　　　售后服务：010-64518899
网　　址：http://www.cip.com.cn

本书编写人员名单

主　　编：骆焱平　宋薇薇

编写人员：（按姓名汉语拼音排序）

董存柱　苟志辉　侯文成　胡安龙

林　江　骆焱平　梅双双　宋薇薇

王兰英　王玉健　邬国良　杨育红

曾志刚

前　言

　　农药在保护作物免受病、虫、草、鼠等的危害方面发挥了重要作用。 最初，农药有效成分的每公顷用量达到千克级，随着高效农药的开发，农药的使用量不断减少，目前，高效农药的每公顷用量仅为几克到几十克。 要将如此少量的农药有效成分均匀地散施到农作物上，不借助现代农药制剂加工技术，几乎很难达到。因此，农药制剂加工技术在将农药由工厂搬到田间过程中发挥着重要作用。

　　目前，全世界有150余种农药剂型，我国已经应用的农药剂型有70多种，常见的农药剂型有20余种。 本书列举了粉剂、可湿性粉剂、可溶性粉剂、粒剂、水分散粒剂、泡腾片、烟剂、除草地膜、饵剂9种固体制剂；乳油、微乳剂、水乳剂、可溶液剂、悬浮剂、超低容量喷雾剂、热雾剂7种液体制剂；种衣剂、熏蒸剂、气雾剂等其他剂型；同时单列了情况特殊的微生物制剂。 对每种剂型的特点、组成、加工、性能等分别进行了详细介绍，对农药助剂如载体、润湿剂、分散剂、乳化剂、消泡剂、增稠剂等进行了举例分析，并在书后附上了部分参数的国家标准检测方法等附录，目的是让农药专业的学生、相关科研人员，特别是农药制剂加工企业的研发部门学习和参考。

　　本书绪论、微乳剂、水乳剂由骆焱平编写；农药助剂由宋薇薇编写；粉剂、可湿性粉剂、可溶性粉剂由王玉健编写；粒剂、烟剂、除草地膜、可溶液剂由曾志刚编写；水分散粒剂由胡安龙编写；泡腾片、饵剂由林江编写，乳油、悬浮剂、种衣剂由董存柱编写；超低容量喷雾剂、热雾剂由邬国良编写；微生物制剂由梅双双编写，熏蒸剂、气雾剂由王兰英编写；最后由骆焱平统稿。 其他参编人员参与了本书资料收集、整理、文字编辑与校对工作，在此表示衷心的感谢。

　　本书出版得到了国家自然科学基金（21162007，31160373）、中西部高校综合实力提升项目、热带作物种质资源保护与开发利用教育部重点实验室项目资助。在此表示衷心的感谢。 由于编者水平有限，不足之处在所难免，敬请读者批评指正。

编者
2015 年 5 月

目　录

第三章　固体制剂 /93

第四章　液体制剂 /152

第一章 绪 论

第一节 农药剂型加工

一、农药剂型加工的概念

由专门的化工厂生产合成的农药统称为技术级原药（technical grade material，简称 TC）或称原药，它含有高含量的农药有效成分（active ingredient，简称 AI）及少量相关杂质。原药通常为结晶、块状、片状及黏性油状液体等，其中除少数挥发性大或溶解度大的可直接使用外，绝大多数因难溶于水或不溶于水，不能直接使用；另外在大田应用中，由于在单位面积上仅需极少量的原药（每公顷几克至几百克）就足以杀死靶标有害生物，因此，直接使用原药难以获得理想的分散和防治效果。

在农药中加入适当的辅助剂，制成便于使用的形态，这一过程叫农药加工。加工后的农药，具有一定的形态、组成及规格，称作农药剂型（pesticide formulations）。一种剂型可以制成多种不同含量和不同用途的产品，这些产品统称为制剂（pesticide preparation）。农药剂型和农药制剂是两个既有联系又有区别的概念。农药制剂是各种农药加工品的总称，它比农药剂型有更广泛、更丰富的内涵，并发展迅速，品种和数量增长较快，如美国有 4 万多种，我国有近万种。农药剂型发展缓慢，品种不多，且相对稳定，常见的有 50 余种。

农药制剂的名称由三部分组成，其顺序为有效成分的质量分数、有效成分的通用名称及剂型，例如 20%氯虫苯甲酰胺悬浮剂。混合制剂的名称可用各原药的通用名称（或其代词、词头）组成，按所含各原药质量分数的多少的顺序排列。含量少的排在前面，含量多的排在后面。

通常在剂型加工中会应用以下成分：技术级原药（活性成分）、溶剂、载体、表面活性剂及特殊的添加剂。原药是剂型中最重要的组分，其理化性质对其他成分的选择有重要的影响。溶剂主要起溶解原药的作用，液体农药剂型选择溶剂应考虑以下因素：原药的溶解度、溶剂对植物的毒性、溶剂的毒理学（安全性）、易燃性（如着火点）、挥发性（决定应用方法）及成本。溶剂的一个重要性质是与水可混合性（miscibility），由此可将溶剂分成两大类。一类是与水不可混合的溶剂，如加工乳油时通常使用二甲苯作为溶剂，但二甲苯会污染环境，因此以水为基质的剂型将逐步取代乳油。另一类是与水可混溶的溶剂，可在加工水溶液或水剂中使用。这些溶剂如异丙醇、乙二醇醚等。载体（或填充剂）本身无生物活性，主要起稀释原药的作用，通常在加工固体剂型如粉剂和可湿性粉剂、水分散粉剂及颗粒剂中使用，如黏土、陶土、滑石粉及叶蜡石等，为惰性黏土，其 pH 等会影响原药的稳定性。表面活性剂是农药剂型中重要的成分，它包括乳化剂、分散剂、起泡剂及展着剂等。农药加工应用的表面活性剂在分子结构上具有亲水基和亲油基，其主要作用是降低水溶液的表面张力，增加溶液的润湿展布能力及分散性能。特殊的添加剂包括增效剂、稳定剂等（如抗氧剂、抗紫外线分解剂等）。

二、农药剂型加工的作用 ▪▪▪▪

农药剂型加工除了满足农药使用的基本要求外，还具有以下重要的作用。

（1）稀释作用　原药通过某种工艺技术加工成特定的剂型和制剂，通常在剂型加工过程中，分别加入溶剂、填充剂及载体等成分，使高浓度原药（有时需要先经粉碎）经溶解、混合或吸附等而达到稀释作用。不同剂型的粒径范围（即分散度）不同，而且在使用过程中，通过对水或加工等混合后的再分散体系中的粒径范围和不同使用方法的粒径范围也都不同，从而使得少量的高浓度原药在应用中能达到理想的分散和防治效果，而对农作物、动物及环境安全。

（2）优化生物活性　在加工过程中分别加入乳化剂、润湿展布剂及专门的添加剂等，并通过相应的加工工艺，能使原药获得特定的物理性能和质量标准，如粉剂的粒度、可湿性粉剂的悬浮率、液剂的润湿展着性等指标，使得农药喷洒到作物与靶标上，能够均匀分布，具有较高的黏着能力、沉积率和渗透性，达到理想的防治效果。例如，随硫黄粉加工粒径的变细，核盘菌属（*Selerotinia*）分生孢子的萌发率呈明显下降趋势。

（3）高毒农药低毒化　通过加工，能将高毒农药加工成低毒剂型和制剂，以提高施药的安全性。例如克百威为广谱杀虫、杀线虫剂，药效高，持效期长约 1 个月。但其对人、畜高毒；大白鼠经口毒性 LD_{50} 为 $8\sim14mg/kg$；而加工成 3％克百威颗粒剂后，大白鼠经口毒性 LD_{50} 为 $437mg/kg$，使用更安全。

（4）提高原药贮存期的稳定性　通过加工可以获得良好的"货架寿命"。特别是水剂（如杀虫双）加工成水溶液剂，贮存期间易分解；而加工成粒剂或可溶性粉剂，可明显改善原药在贮存期间的稳定性。在有些剂型中还可加入防分解的稳定剂，同样可提高原药在制剂中的稳定性。

（5）扩大使用方式和防治对象　一种原药可加工成不同剂型及制剂，以扩大使用方式和防治对象。如马拉硫磷可加工成乳油，供大田喷雾；也可加工成超低容量剂，用于喷雾防治蝗虫及草地螟；还可加工成油雾剂，供防治温室及仓库害虫等。

（6）控制原药释放速度　加工成缓释剂及颗粒剂，可控制原药缓慢释放，提高对施药者和天敌的安全，减少对环境的污染，并能延长持效期，减少用药量及用药次数。

（7）增效、兼治、延缓抗性　将两种以上作用机制不同或抗性机制不同（无交互抗性）的原药加工成混剂，有的具有增效作用，可减少用药量，降低选择压力，延缓抗性发展；有的1次用药可兼治多种有害生物，能减少用药次数，节省成本。

三、农药加工的原理

为了有效、经济、安全地使用农药，必须将原药加工成剂型和制剂。在农药加工过程中，任何剂型和制剂都是在原药的基础上添加各种助剂加工而成的。

农药助剂按表面活性作用可分成两类：一类属于表面活性剂类助剂，包括分散剂、乳化剂、润湿剂、渗透剂、展着剂、黏着剂、消泡剂、抗泡剂、抗絮凝剂、增黏剂、触变剂、稳定剂及发泡剂等；另一类是属于非表面活性剂类助剂，包括稀释剂、载体、填料、溶剂、抗结块剂、防静电剂、警戒色、药害减轻剂、安全剂、解毒剂、抗冻剂、调节剂、防腐剂、熏蒸助剂、推进剂及增效剂等。

农药助剂虽然种类繁多，但最为重要的是表面活性剂或以表面活性剂为基础的复合物。判别一个剂型或制剂的优劣，很大程度上取决于所用的表面活性剂是否科学合理。因此，本节简述在农药加工和应用过程中与农药助剂（特别是表面活性剂）有关的润湿、分散、乳化、增溶、控制释放、起泡及消泡等物理化学过程的基本原理。

1. 润湿原理

固体表面原来的气体被液体所取代，形成覆盖的过程称为润湿。在农药加工、固体农药制剂对水和农药稀释液喷洒到靶标生物的过程中，表面活性剂的润湿作用是一种极为重要和普遍的物理化学现象。如悬浮剂在加工过程中加入润湿剂，使水溶性很小的固体原药先润湿，以便在水相中研磨，并形成微细粒径的固体原药均匀分散和悬浮于液体的悬浮剂；可湿性粉剂在对水喷雾的使用过程中也涉及润湿现象。其中，一是可湿性粉剂固体微粒表面被水润湿，形成稳定的悬浮液，二是悬浮液对昆虫或植物等靶标生物表面的润湿。

药液的这种润湿作用通常是通过药液中表面活性剂类助剂的润湿作用来达到的。按照润湿理论，农用表面活性剂的润湿包括黏着（或附着）润湿、浸透（或浸渍）润湿及展着（或铺展）润湿3种类型。

（1）黏着润湿 黏着（或附着）润湿是指当液体与固体接触时，将原先液体的液-气界面和固体的固-气界面转变为液-固界面的过程。

（2）浸透润湿 浸透（或浸渍）润湿是指固体浸入液体的过程，即将原先为固-气界面变为固-液界面的过程。

（3）展着润湿 展着（或铺展）润湿是指从固-液界面代替固-气界面的同时，液体在固体表面也同时扩展的过程。

多数农药制剂中都含有表面活性剂，因此农药对水后，其表面活性剂分子在水表面层形成单分子定向排列，即亲水基团插入水一侧，而亲油基团插入空气一侧，可降低水的表面张力和水的表面能。同时，其表面活性剂分子在水与固体农药微粒的界面上形成定向排列的吸附层，即亲油基团吸附在农药微粒一侧，而亲水基团插入水一侧，可降低固-液界面张力和界面自由能，从而起到对农药微粒的润湿作用，使其形成均匀的悬浊液供喷洒使用。

2. 分散原理

把一种或几种固体或液体微粒均匀地分散在一种液体中即组成了固-液或液-液分散体系。被分散成许多微粒的物质叫分散相，而微粒周围的液体叫连续相或分散介质。某些农药制剂加工中和农药制剂对水后常会形成含有农药有效成分的分散体系。制备这些分散体系都必须用分散剂。分散剂是能降低分散体系中固体或液体微粒聚集的物质。农药表面活性剂类分散剂是最常用和最重要的农药助剂。

3. 乳化原理

两种互不相溶的液体，如大多数难溶或不溶于水的农药原油或原药的有机溶液与水经充分的搅拌，其中原油或原药的有机溶液以 $0.1 \sim 5 \mu m$ 粒径的微粒（油珠）分散在水中，这种现象称为乳化。这样得到的油-水分散体系称乳状液。其中分散的原油或原药的有机溶液微粒称为分散相。而另一种液体水称为连续相。两种互不相溶的液体形成液-液（如油-水）分散体系（乳状液）就称为乳化作用。

4. 增溶原理

增溶是指某些物质在表面活性剂的作用下，其在溶剂中的溶解度显著增加的现象。增溶剂是具有增溶作用的表面活性剂及其复合物。被增溶物是农药有效成分及其他惰性组分。表面活性剂的增溶现象不同于一般溶解作用。溶解作用形成的是分子溶液，而增溶作用是形成胶体溶液。物质溶解后，溶剂的沸点、冰点、渗透压等性质将发生较大变化，而增溶后溶剂的这些性质很少受影响。

5. 控制释放技术

控制释放技术是根据有害生物的发生规律、为害特点，考虑到农药的传统加工剂型、使用方法及环境条件对农药的利用率、防治效果、安全性及环境的影响，从而提出的通过加工技术，使农药有效成分按必需的剂量和在特定的时间内，持续稳定地释放的技术，利用这种技术可以达到经济、有效、安全地控制有害生物的目的。其加工制剂称为控制释放制剂。该制剂按释放特征可分为缓慢释放、持续释放及定时释放 3 种。通常采用的主要是控制农药缓慢释放，故称为农药缓释剂。

缓释剂主要是利用高分子化合物与农药间的包埋、掩蔽、吸附作用（物理型）或化学反应（化学型）等方式，将农药贮存或结合在高分子化合物中，在施用后相当长的时间内，农药能不断缓慢地释放出来。

6. 起泡和消泡原理

当含有表面活性剂的农药乳状液、悬浮液等液体被搅拌、摇振或受冲击时，很容易产生泡沫。泡沫是空气被包围在表面活性剂液膜中的一种现象。由于气泡比水轻，可很快浮到液面上，又吸附液面的一层表面活性剂分子，形成双层表面活性剂分子膜包围的气泡，其疏水基都指向空气。起泡性是表面活性剂去污和洗涤作用的关键因素之一。在农药加工和应用中，除极少数特殊情况如农药发泡喷雾技术和田间喷雾用泡沫标志剂，需要考虑起泡性外，绝大多数场合是不希望农药用表面活性剂产生泡沫的，特别是在农药加工、包装、大田稀释及使用时，起泡是不利的。在上述情况下通常要求低泡性，必要时还需加入消泡剂或抗泡剂。

农药泡沫喷雾技术是一项新的应用技术，要求制剂能获得充分的泡沫，并具一定的稳定性。其起泡性是通过起泡剂和泡沫稳定剂的联合作用来达到的。泡沫实质上是作为农药有效成分的载体，控制喷雾方向，防止药液飞散和飘移，以减少流失和对环境的污染，同时尽可能增加药液在靶标生物表面的附着、展布，以提高效果。农药制剂的加工和应用中常有消泡的要求，可加入消泡剂和抗泡剂来达到。抗泡剂在未起泡前加入，达到抑制系统发泡和泡沫的积累。消泡剂使产生的泡沫迅速破灭，不产生积累。在某些农药的加工和包装过程中，由于其农药助剂会产生泡沫，甚至有的比较稳定，因此时常需要加抗泡剂。在农药的喷雾应用技术中，因助剂与机械作用会产生泡沫，影响计量及喷雾质量，常需加抗泡剂和消泡剂。表面活性剂的消泡作用与起泡作用是一个问题的两个方面。从分子结构组成来看，其亲水亲油平衡（HLB）值为 1～3 时常具有消泡性能，当 HLB 值达 12～16 时，常具起泡性能。

第二节　世界农药剂型加工的发展状况

　　以科学技术为支撑，以服务农业为宗旨，农药在人类的不断发展和变革中得到进步。这期间，农药的发展大体上可分为三个历史时期，即经验主义时期（19 世纪 60 年代以前）、无机合成农药时期（1860—1945 年）、有机合成农药时期（1945 至今）。农药剂型加工是农药工业的重要组成部分，伴随农药的发展，大体上也分为三个发展阶段，分别为原始阶段（20 世纪以前）、发展阶段（至 20 世纪中）、农药制剂学形成阶段（20 世纪中至今）。

一、原始阶段

　　人类为了增产丰收，在与农业有害生物斗争时，根据直观经验，利用一些植物性、矿物性或动物性药物来防治有害生物。在我国古代书籍中也有许多这方面的记载。

　　公元前 1200 年古代人用盐和灰来除草；公元前 1000 年古希腊诗人荷马曾提到用硫黄熏蒸驱虫；公元前 100 年罗马人使用一种植物性藜芦治虫；1300 年马可波罗记载利用矿物油治骆驼疥癣；1649 年南美居民利用鱼藤粉毒鱼，而东南亚居民早已用鱼藤作箭毒或者毒鱼；1669 年西方利用砷化物来杀虫；1690 年法国居民利用烟草的水浸液防治梨树网蝽；1705 年记载了用氯化汞作木材防腐剂；1800 年前高加索人用除虫菊花粉防治虮蚤；1824 年美国人吉姆蒂科夫之子根据高加索人的经验，将除虫菊花加工成防治病媒害虫的杀虫粉出售。1845 年普鲁士人将有毒的磷化物用作为官方杀鼠剂；1848 年奥克斯利开始制造鱼藤粉等。

　　这一时期，人类利用有限的知识和经验，获取身边现成的材料，制作简单的农药来杀灭有害生物。这些经验的积累，为后人研发生物农药，或从自然中获取农药新结构和新模板奠定了坚实的基础。

二、发展阶段

　　大约 19 世纪中期，三大植物性杀虫剂除虫菊、鱼藤、烟草作为世界性商品开始在市场销售。随后出现的砷酸铅、砷酸钙，以及硫酸烟碱实现了工业化生产，标志着农药已成为化学工业产品。19 世纪末，以石灰硫黄合剂的广泛应用，到法国科学家米亚尔代发明波尔多液，表明农药开始进入科学发展阶段。但是，直到 20 世纪 40 年代中期，农药的种类局限为无机化合物和天然植物，应用范围只限于果树、蔬菜、棉花等经济作物。由于农药流通的形态是剂型，所以每种农药研制出来后，都要求将其研制成剂型，才能流通使用。因此，农药的迅速发展及其商品化，客观上把农药剂型加工技术的研究开发推到了重要地位。

根据《国外农药品种手册》粗略统计，这一时期，已成功研制并在生产中应用的农药剂型有 14 种左右，主要剂型有：水剂、粉剂、浓乳剂、乳油、可湿性粉剂、颗粒剂、熏烟剂、毒饵、糊剂、软膏剂、水悬液、油剂、可溶性粉剂、母粉等。制剂有 100 多种（不包括混合制剂）。

发展阶段的农药剂型加工以初加工为主，主要剂型为粉剂、水剂，如鱼藤粉、烟草水浸液、各种无机盐的水剂等。这个时段的农药原料大部分属于植物性材料和无机盐，这两种材料容易加工成粉剂和水剂，使用方便，简单。而且，这时段的加工属于初加工，与当时的技术相一致，没有复杂的机械设备。

三、形成阶段 ▪▪▪▪

1874 年，德国 Zeidler 合成了滴滴涕（DDT），1936～1939 年，瑞士科学家米勒（P. Muller）发现了 DDT 的杀虫效果，1943 年开始传播，1944 正式发表，1945 年先正达（Ciba-Geigy）公司实现了产业化。权威人士一般把 1945 年作为世界现代农药的起点。1942～1943 年发现了六六六的杀虫效力，很快实现了产业化。继滴滴涕、六六六产业化之后，有机氯农药狄氏剂、艾氏剂、氯化茨等相继出现。

第二次世界大战后，出现了有机磷农药，最早出现的是特普（TEPP）、对氧磷（600）；其后是对硫磷（1605）、甲基对硫磷（甲基 1605）；1948 年德国 Schrader 又合成了内吸磷（1059）和甲基内吸磷（甲基 1059）。继后，高效、低毒和较低毒性的氯硫磷、敌百虫、敌敌畏、马拉硫磷、乐果、二嗪磷、杀螟硫磷等相继问世。美国自 1950 年开始生产几种拟除虫菊素；1950 年前后又合成了杀鼠剂"安妥"和"华弗林"。

杀菌剂出现了有机硫类福美铁、福美双、福美锌、代森锌、代森锰；有机汞类克菌丹、敌菌丹等。除草剂出现了 2,4-滴、2,4,5-涕、2 甲 4 氯、2,4-滴丁酯、敌稗、除草醚等。

至 20 世纪 70 年代初，有机合成农药品种已达 400 余种，在防治农林病、虫、草、鼠害中，发挥了极其重要的作用。农药品种的不断出现，客观上促使人们不断加强对农药剂型加工的认识，进一步加强农药剂型加工技术的研究开发工作。

（1）剂型的多样化　1978 年，国际农药工业协会（GIFAP）在首次出版的农药剂型目录与国际代码系统中，列出了 51 种剂型代码。1984 年第二版列出了 64 种，1989 年修改后列出 71 种，现如今列出了 120 余种。其中常用的有 50 余种，我国常用的剂型有 20 余种。

为了达到一定的施用特点和使用方式，剂型表现出多种多样的特点。1948年英国先正达（ICI公司）首先用砂磨机研制成功悬浮剂；20世纪60年代初期，美国研制出超低容量喷雾剂；20世纪60年代，拜耳公司研制成功80%敌百虫可溶性粉剂；1974年，美国Pennwalt Corp公司首先研制成功甲基对硫磷微胶囊剂；20世纪80年代初，欧洲一些国家及美、日等国家，广泛推广使用种衣剂。其他新剂型，如静电喷雾剂、微乳剂、水溶性粒剂、固体乳油、气雾剂、烟剂、热雾剂等，也迅速发展起来。

（2）环境相容性的农药剂型受到重视　环境相容性的农药剂型是指对使用者毒性低，无潜在毒性，在环境中易降解，残留毒性低的农药剂型，或者概括为高效、安全、低污染农药剂型。从发展趋势看，今后以水为基质、不用或少用有机溶剂的液态制剂（如悬浮剂、水乳剂、水剂、固体乳油、超低容量喷雾剂、气雾剂、静电喷雾剂）以及无粉尘污染的固态制剂（如水分散粒剂、颗粒剂、可溶性粉剂、静电喷粉剂、种衣剂等）将得到迅速发展。缓释剂对使用者安全，不污染环境，农药利用率高，有发展潜力，在解决成本高的问题后，必然会迅速发展起来。乳油和粉剂高污染剂型将受到限制或淘汰。

（3）农药助剂推陈出新　农药助剂是农药剂型加工中必不可少的部分，其作用在于使农药剂型具有良好的物理化学性质，充分发挥活性成分的效果，甚至可以提高药效。近年来，随农药原药的不断研发，新型农药助剂也得到迅速发展。目前已有30余大类，数千个品种。具体体现在新助剂开发速度加快，老品种更新换代周期缩短；多功能优质助剂成功开发；农药助剂老品种技术改造成绩显著；微机技术的应用推动了农药助剂的研究开发工作。

（4）农药加工工艺及设备的升级换代　如生产可湿性粉剂的气流粉碎机、生产水分散性颗粒剂的流化床造粒机和捏合机、砂磨机、先进的混合设备，以及由先进的单元设备组合而成的各种加工工艺。利用计算机控制生产、投料、检测监测、包装等，减轻了劳动量，降低了加工过程中，劳动者中毒的概率。

随着现代科学技术的不断发展，农药剂型加工的科技含量得到提高，农药剂型的质量不断改进，农药的利用率越来越大，农药的负面影响将不断缩小，这样农药才达到真正意义上的服务农业，成为保护环境的药剂。

第三节　我国农药剂型加工状况

中国古籍中也有许多利用一些天然物质防治有害生物的记载。如《周礼》中用莽草（毒八角）、牡菊（野菊）、嘉草（襄荷）撒粉或烟熏驱虫的记载；《神农本草经》中记述了藜芦、牛扁治癣疥和芫花治虫；《齐民要术》中记载了松针、艾蒿用于防仓库害虫。宋代欧阳修的《洛阳牡丹记》（1031年）中用硫黄治花虫。中国利用亚砷酸（古称信石或信）防虫治鼠的历史悠久，清代蒲松龄的《农桑经》（1705年）有用之作毒饵的详细记载，以上所述的烟草水、除虫菊花粉、鱼藤根粉、矿物油、硫黄、艾蒿、信石毒饵等，可以称为雏形制剂。这一历史时期，可以称为农药剂型加工的原始阶段，或者雏形阶段。我国在这个阶段有关农药剂型加工的常识与国外此阶段的发展同步，知识水平处于同一个层次，部分知识的积累还处于世界前列。但是，在发展阶段，我国处于一个多变、动荡的社会，知识技术停滞不前，农药剂型加工的发展明显落后。随着国门打开，我国农药剂型发生了根本性变化，同时结合我国的国情，我国农药剂型可划分以下几个阶段。

一、粉剂-固体制剂阶段 ▪▪▪▪

在旧中国，我国生产过的农药品种约25种，其中无机农药16种，植物性农药8种，有机合成农药1种。年产量在2000t左右。即硫酸铜、碱式硫酸铜、波尔多液、胶体硅酸铜、碳酸铜、碳酸钡、亚砷酸、砷酸钙、砷酸铅、硫黄粉、氟化钠、氟化钾、氟化亚铁钾、汞剂、巴黎绿、石硫合剂、松脂合剂、硫酸烟碱、除虫菊、鱼藤、雷公藤、闹羊花、棉油乳剂、石油乳剂、滴滴涕等。生产的制剂主要有10%滴滴涕粉剂、10%滴滴涕可湿性粉剂、10%滴滴涕硫黄粉剂、硫黄粉剂、臭虫粉、鱼藤粉、棉油乳剂、石油乳剂、油剂、毒饵、除虫菊浸出液、杀蚊蝇药水、种子消毒剂、烟熏剂等。

新中国成立后，1944年原中央农业实验所药剂制造实验室开始合成滴滴涕，1946年由该所病虫药械制造实验厂生产。以5%滴滴涕粉剂、滴滴涕·除虫菊混合制剂出售。1951年扩建年产350t，1955年扩建年产1300t。1951～1952年，建成六六六生产装置并正式投入生产。1957年建成对硫磷生产装置并投入生产。滴滴涕、六六六、对硫磷大量生产，标志着中国农药工业进入有机合成农药时期。至1983年国务院决定停止生产六六六、滴滴涕为止，中国农药剂型已发展到20余种，制剂120余种。中国生产的农药品种已发展到108种，其中六六六和滴滴涕占农药总产量的60%以上，制剂占80%以上。这一时期主要成果如下：

（1）研究解决了0.5%～2.5%六六六粉剂加工工艺及产品质量标准的有关技术，先后采用了全排风工艺、脉冲除尘、沸腾混合、二次粉碎混合等新技术、新设备，使粉剂加工工艺逐步完善成熟。

（2）研究解决了6%六六六可湿性粉剂的加工工艺及产品质量的有关技术问题，改用NO（二丁基萘磺酸钠甲醛缩合物）、ABS-Na（烷基苯磺酸钠）、CMC（羧甲基纤维素）等为助剂，配方的悬浮率可以稳定在50%以上，达到国外先进水平。

（3）研制成功甲六粉（1.5%甲基对硫磷与3%丙体六六六混合粉剂）和乙六

粉（1％对硫磷与3％丙体六六六混合粉剂）。从20世纪60年代中期起，两个混剂年产量达$5×10^5$ t左右，占农药制剂总产量的1/3，至1983年国务院决定停止生产六六六为止，连续用了近20年，成为防治水稻害虫的主要药剂。

（4）创制成功滴滴涕乳粉，与国外大力提倡的干悬浮剂相似。

（5）开发了粒剂的工业化技术，促使中国农药颗粒剂迅速发展起来。

（6）开发了喷雾冷却成型工艺制造80％敌百虫可溶性粉剂工业化技术。

这一阶段，处在新旧中国交替时期，主要农药剂型以粉剂为主，粉剂的生产和使用占据了农药制剂的绝大部分。特别是滴滴涕和六六六两种农药，以及由他们组合而成的农药剂型，种类较多，产量较大。另外，由植物性农药制备而成的植物粉、硫黄粉、80％敌百虫可溶性粉剂，以及一些高毒农药制成的颗粒剂（如克百威颗粒剂），这些都属于固体制剂，符合当时我国国情，也适合农民，方便使用。

二、乳油-液体制剂阶段

我国自1983年3月25日起，除因特别需要保留少量产能外，全国停止生产六六六、滴滴涕，这导致粉剂的产量急剧下降，给乳油等液体制剂腾出了充足的空间，致使有机磷农药快速发展，以便弥补停产六六六、滴滴涕给农业带来的损失。一直到2007年，我国禁止5种剧毒有机磷农药品种，这期间乳油占据农药制剂的2/3份额，因此，将该阶段划分为乳油-液体制剂阶段。这一时期我国农药得到长足发展，取得了重要的进步。

（1）研制成功一批农药新剂型新制剂，改变了中国剂型及制剂少的状况，基本上满足了农业化学防治的需要。先后研制成功微胶囊剂、除草地膜、静电喷雾剂、静电喷粉剂、种衣剂、蜡块毒饵、气雾剂、电热蚊香、涂抹剂、水分散粒剂等新剂型。20世纪70年代以来，国际上出现的新剂型，现在绝大部分中国都能生产。

（2）研制成功10余种高效农药加工设备，使中国农药加工工艺技术水平上了一个新台阶。沈阳化工研究院研制出系列超细粉碎机。上海化工机械三厂和上海化工装备研究所研制出BQF-280、BQF-350气流粉碎机，1990年又研制出QON-75、QON-100循环管式气流粉碎机。河北省邢台农药厂研制出撞击式气流粉碎机。浙江省化工研究院先后研制出SLH-双螺旋锥形混合机、LDH-犁刀式混合机、WZ型无重力瞬间混合机。江苏省化工设备研究所、溧阳化工机械厂研制出喷射板式除尘器。其他单位还研制出粉体流量计、高级分级机、气刀式脉冲气流输送装置。这些设备已投入批量生产，并在农药剂型加工厂以及其他行业推广使用，使中国农药剂型加工工艺技术水平上了一个新台阶。

（3）研制成功适合加工农药的各种助剂。固体制剂阶段，研究开发了20余种农药助剂，解决了有机磷乳油及其他剂型的加工技术。主要农药助剂品种有：农乳500号（烷基苯磺酸钙）、磷辛-10号（仲辛基酚氧乙基醚）、农乳100号（烷基酚聚氧乙基醚）、农乳 300（二苄基苯酚聚氧乙基醚）、BP（苄基酚聚氧乙基醚）、农乳 400 号（苄基二甲基酚聚氧乙基醚）、苄基复酚聚氧乙基醚、农乳 600 号（苯基酚聚氧乙基醚）、农乳 600-2 号（苯丙基苯乙基酚聚氧乙基酚）、农用乳化剂 α-甲基苄基复酚聚氧乙基醚、农乳 700 号（烷基酚甲醛树脂聚氧乙基醚）、宁乳 36 号（苯乙基酚甲醛树脂聚氧乙基醚）、农乳 700-2 号（烷基酚甲醛树脂聚环氧乙基醚）、宁乳 32 号（苯乙基苯酚聚氧丙基聚氧乙基醚）、农乳 1600 号（苯乙基酚聚氧乙基聚氧丙基醚）、农乳 1600-Ⅱ号（苯乙基苯丙基酚聚氧乙基聚氧丙基醚）、丰乳 300 号、松香乳化剂（松香酸聚氧乙基二硫代磷酸酯）、BL（蓖麻油酸聚氧乙基二硫代磷酸酯）、油酸聚氧乙基酯（油酸聚氧乙基二硫代磷酸酯）、BS 和 P-BS 乳化剂、增效剂八氯二丙醚等。同时对助剂进行了改良，研制成功了宁乳 37 号、烷基酚聚氧乙烯醚异氨基酸酯-乳化剂 EX、湿润分散剂-SOPA（烷基酚聚氧乙烯醚甲醛缩合物硫酸盐）、农助 2000 号-烷基酚聚氧乙烯醚甲醛缩合物丁二酸半酯磷酸钠、木质素磺酸盐及改性产品（M10、M11）、木质素磺酸盐甲醛缩合物（MSF）等。这些助剂的生产极大满足了加工各种农药剂型，进一步丰富了我国农药制剂品种，满足农户的需求。

（4）农药制剂质量显著提高，为农药出口提供了条件。可湿性粉剂通过改进加工技术，悬浮率提高到 60%～80%，达到 FAO 标准，完全可与欧美产品媲美。有机磷农药低浓度粉剂，贮存期间有效成分分解率高，通过攻关，使分解率达到 FAO 标准。悬浮剂通过改进产品配方采用复合助剂，加工工艺采用先进设备，现在产品贮存分层结块问题已经解决，悬浮率可达 90% 以上。

三、水基化-环保剂型阶段 ▪▪▪▪

液体制剂阶段，我国乳油产量占制剂总产量的 2/3 左右，每年消耗大量芳烃类有机溶剂，特别是二甲苯等有机溶剂以及乳化剂。这些有机溶剂进入环境，对空气、土壤造成严重污染，对人类健康构成威胁。为此，国家禁止 5 种剧高毒农药品种，限制乳油类农药的登记，积极鼓励环保剂型的推广。为了紧跟时代步伐，农药剂型加工者研发了水基化的农药剂型，如悬浮剂、水乳剂、水分散粒剂等以水为介质的环保剂型。具体体现如下：

（1）各农药企业、科研院所积极开发、推广高效、安全、对环境污染小的农药剂型及制剂，限制生产、使用对人毒性高或有潜在毒性、污染环境的农药剂型及制剂。这一阶段水分散粒剂、缓释剂、高浓度可溶性制剂、悬浮剂、水乳剂、粒剂、乳粉（干悬浮剂）、种子处理剂在国内不断被登记使用，市场上大力推广。同时大力开发、推广高浓度乳油、静电喷雾剂、超低量喷雾剂，限制低浓度乳油的开发和生产，并逐步取代低浓度乳油，以节省混合二甲苯的消耗，减少对环境的污染。

（2）各种适合环保剂型的加工工艺及高效单元设备被研发，并投入企业应用。

如高效砂磨机、固体物料输送装置、全自动灌瓶机、超细粉全自动包装机等单元设备。开发计算机在农药悬浮剂、水乳剂、水可分散粒剂加工工艺中应用的软件，提高我国农药剂型加工工业机械化、自动化、密闭化技术水平。

今后，我国农药剂型加工工业，应该从政策、法规、经济等多方面入手，限制高毒或有潜在毒性、污染环境的农药剂型及制剂的生产、使用；鼓励开发、推广高效、安全、对环境污染小的剂型及制剂；继续开发新工艺和设备，提高农药加工工艺机械化、自动化水平；开发多种性能优异的农药助剂；加强基础理论研究；改进农药包装，使我国农药剂型加工工业尽快达到先进国家的技术水平。

参 考 文 献

[1] 黄建荣. 现代农药剂型加工新技术与质量控制实务全书. 北京：北京科大电子出版社，2004.
[2] 凌世海. 固体制剂. 第3版. 北京：化学工业出版社，2003.
[3] 刘步林. 农药剂型加工技术. 北京：化学工业出版社，1998.
[4] 刘广文. 现代农药剂型加工技术. 北京：化学工业出版社，2013.
[5] 石得中. 中国农药大辞典. 北京：化学工业出版社，2008.
[6] 屠豫钦，李秉礼. 农药应用工艺学导论. 北京：化学工业出版社，2006.
[7] 徐汉虹. 植物化学保护学. 第4版. 北京：中国农业出版社，2007.
[8] 袁会珠. 农药使用技术指南. 北京：化学工业出版社，2004.

第二章 农药助剂

第一节 概　述

一、概念和分类

使用助剂能够改善农药特性，不仅使新农药制剂对环境更为安全，使其在最小使用量下达到最佳效果，还可以使早期开发的农药老品种在市场上保持新活力，所以助剂研究已经成为农药研究领域中的一个热点。

农药助剂（pesticide adjuvants）又称农药辅助剂，是农药制剂加工和应用过程中使用的除农药有效成分以外的其他辅助物的总称。它是用于改善农药理化性质和使用性能的辅助物质。一般而言，农药助剂本身无生物活性，但在提高药效、降低农药的用量、节约成本、减少农药对环境的污染等方面都具有重要作用。农药助剂是伴随农药制剂加工和应用发展起来的。由于化学农药种类很多，除极少数农药品种可直接使用农药原药（油）外，绝大多数都必须制成适合使用的制剂形态，即农药制剂（formulation），才有实用价值。农药助剂是农药制剂中不可缺少的重要组分，它是决定农药加工剂型、性能、施用技术及其效果的重要因素之一，在农药剂型的配制和赋予其活性成分最佳防效方面发挥着重要的作用。

农药助剂的种类很多，常用的助剂有载体、填料、溶剂、润湿剂、乳化剂、增效剂、分散剂、黏着剂和稳定剂等。农药助剂可以按照其在农药中的使用方式和功能、表面活性、结构类型、分子量大小等进行分类。

根据其用途，农药助剂可分为配方助剂与桶混助剂（喷雾助剂）两类。用于农药剂型加工的各种助剂可称为配方助剂（formulation additive），主要在农药生产过程中添加在配方之中，以满足剂型加工和其物理化学稳定性能的要求，并帮助固体或液体原药快速、均匀且稳定地分散在喷雾载体（水）中，从而保证原药在土表或植物叶面的均匀沉积。

根据其功能和在配方中的作用可分为：溶剂及助溶剂、稀释剂、填料和（或）载体、分散剂、乳化剂、润湿剂、渗透剂、展着剂、控制释放剂、增效剂、防漂移剂、防尘剂、药害减轻剂、消泡剂、起泡剂、警戒色素、稳定剂、触变剂和增稠剂等。为了提高农药生物活性和抗雨水冲刷等性能，在农药使用时与农药制剂配伍使用的助剂一般称为桶混助剂或喷雾助剂（spray additive），种类繁多，最常见的是植物油或矿物油类除草增效剂和利于提高抗雨水冲刷、增加润湿和铺展等作用的有机硅助剂等。这类助剂的作用方式多种多样，但最终是通过改善药液在靶标上的附着、展布或渗透而达到提高药效的目的。

我国习惯于按照表面活性剂分类法将农药助剂分为表面活性剂（包括天然的与合成的）和非表面活性剂两大类。属于表面活性剂类的农药助剂有：分散剂、乳化剂、润湿剂、渗透剂、展着剂、黏着剂、消泡剂、抗泡剂、抗絮凝剂、增黏剂、触变剂，以及某些稳定剂、发泡剂等。属于非表面活性剂类的农药助剂有：稀释剂、载体、填料、溶剂、抗结块剂、防静电剂、警戒色、药害减轻剂、安全剂、解毒剂、抗冻剂、pH调节剂、防腐剂、熏蒸助剂、推进剂和增效剂等。

按其亲水基是否带有电荷可以将表面活性剂分为离子型和非离子型两大类，离子型表面活性剂分子在水中能电离，形成带阳电荷、带阴电荷或同时既带有阳电荷又带有阴电荷的离子。带阳电荷的称为阳离子表面活性剂；带阴电荷的称为阴离子表面活性剂；同时带有阳电荷和阴电荷的称为两性表面活性剂。非离子型表面活性剂分子在水中不电离，呈电中性。阴离子表面活性剂主要类型有高级脂肪酸盐、磺酸盐、硫酸酯盐、磷酸酯盐等；阳离子表面活性剂主要有胺盐型表面活性剂和季铵盐型表面活性剂；两性表面活性剂主要有氨基酸型、甜菜碱型和氧化胺、咪唑啉型表面活性剂等；非离子表面活性剂有聚乙二醇型（如长链脂肪醇聚氧乙烯醚、烷基酚聚氧乙烯醚、脂肪酸聚氧乙烯酯、聚氧乙烯烷基胺等）和多元醇型（如甘油脂肪酸酯、山梨醇脂肪酸酯、失水山梨醇脂肪酸酯和蔗糖脂肪酸酯等）等。表面活性剂还可以根据其分子量大小分为普通型和高分子型两类。分子量一般为几百到几千不等的为普通型表面活性剂。而分子量达几千至几万以上的则称为高分子表面活性剂。高分子表面活性剂根据来源可以分为天然的、半合成的和合成的三大类。天然的高分子表面活性剂主要有藻酸（钠）、果胶、淀粉、蛋白质等；半合成的高分子表面活性剂有阳离子淀粉、羧甲基纤维素（CMC）、羟乙基纤维素（HEC）；合成的高分子表面活性剂有丙烯酸聚合物、聚乙烯吡咯烷酮、聚乙烯醇（PVA）、聚乙烯醚、聚丙烯酰胺等。非表面活性剂农药助剂主要指添加在农药剂型中的一些惰性物质或溶剂等，是能改善剂型物理性能或稳定性能的物质。包括农药加工中使用的载体、填料或吸附剂如白炭黑、高岭土、陶土、无机盐类、尿素、淀粉、锯末等；醇类、醚类、烃类、植物油等溶剂与助溶剂；草酸、柠檬酸、碳酸钠、三聚磷酸钠等 pH 调节剂；酸性红、玫瑰精、亮蓝等警戒色素等都属于非表面活性剂类农药助剂。

二、应用与发展 ▪▪▪▪

农药品种繁多，理化性质各异，不同活性成分需要选择与之相容的助剂，不同的剂型也需要选择不同类型的助剂，以满足不同剂型功能的需要。表 2-1 列出了目前农药加工的主要剂型和所需助剂类型。

随着农药助剂迅速发展，种类不断增加，农药助剂的选择使用已成为农药剂型加工的关键。可以说正是由于今日农药助剂的迅速发展，才会有众多新制剂的产生。大量研究表明，助剂与农药的药效、应用技术关系极为密切。

表 2-1　农药加工剂型与助剂

剂型	所需助剂类型
粉剂	填料、稳定剂、抗结块剂、防漂移剂、防静电剂、警戒色素
可湿性粉剂	填料、润湿剂、分散剂、渗透剂、消泡剂、展着剂、警戒色素、喷雾助剂
乳油	溶剂、助溶剂、乳化剂、分散剂、稳定剂、消泡剂、展着剂、警戒色素、增效剂、喷雾助剂
颗粒剂	载体(填料)、胶黏剂、稳定剂、分散剂、润湿剂、包衣剂、警戒色素、崩解剂
悬浮剂	填料、液体介质、分散剂、润湿剂、乳化剂、渗透剂、黏度调节剂(增黏剂)、酸度调节剂、抗凝集剂、稳定剂、抗冻剂、防腐剂、色素、喷雾助剂
微胶囊剂	溶剂、填料、乳化剂、润湿剂、分散剂、稳定剂、囊膜成型物质(高分子单体、聚合引发剂)
超低溶量剂	溶剂、助溶剂、乳化剂、分散剂、润湿剂、展着剂、防漂移剂、药害减轻剂、警戒色素
片剂、丸剂	填料、胶黏剂、湿润剂、展着剂、稳定剂、警戒色素
毒饵母粉	饵料、胶黏剂、防腐剂、引诱剂、警戒色素
气雾剂	溶剂、喷射剂、乳化剂、芳香剂
烟剂	燃料、助燃剂、发烟剂、燃烧温度控制剂

（1）某些农药必须同时使用配套助剂才能保证药效。如草甘膦、调节膦、2-4滴胺盐、茅草枯、麦草畏和毒莠定等，施用时必须使用指定的配套助剂。

（2）助剂选用得当与否，对农药制剂的药效性能有极大影响。例如，含 10%敌稗及 30%柴油的混合乳油，与不含柴油的 20%敌稗乳油具有相似的杀草效果，而敌稗用量却相差 1 倍；使用波尔多液时，若在其中加入 0.2%～0.3%骨胶，可抗雨水冲刷，且能提高防病效果。杀虫剂马拉硫磷喷雾液中添加 0.1%的农药展着剂 Triton CST 等，72h 杀黑皮蠹效果达 83%～93%（单用马拉硫磷时为 6%）。用内吸杀菌剂苯菌灵可湿性粉剂防治苹果黑星病时，添加 1%喷洒油展着剂，有效用量 0.28kg/hm²，不加助剂只有用量增至 0.63kg/hm² 才能达到同等防效，用药量差 2 倍多。

（3）配套助剂能满足某些应用技术的特殊性能要求，使之成为实用的先进技术。如超低容量（ULV）喷雾技术对制剂载体或稀释剂以及药害减轻剂有特殊需要；发泡喷雾法对起泡剂和泡沫稳定剂有专门要求；控制释放技术则对悬浮助剂等有特殊考虑；静电喷容技术需要既满足超低容量要求的性能，又具有专有的抗静电剂系统；农药-液体化肥联合施用是一项省时经济的技术，要求制剂具有良好的相容性或者使用专门的掺合剂等。

（4）为保证安全，应用中需用助剂。如加入适当的抗蒸腾剂和防漂移剂，可以减少施用农药时随气流漂移造成对邻近敏感作物、人、畜等的危害。加入特殊臭味的拒食助剂、特殊的颜料，向人们发出警告，以免误食或中毒；还有不少除草剂活性极高，但选择性不足；为保证作物免遭药害，故使用时，常需配合安全剂（又称解毒剂）一同施用。

在实际应用中，为了提高药效，可以多种助剂同时选用，但是必须了解各类助剂之间的相互作用，进行合理配置。在同一剂型下，不同助剂种类会明显影响药剂性能。

目前，由于农药管理的不断加强和人们对食品安全和环境问题的日益重视，农药助剂的创新和管理逐步成为农药科学的一个重要领域。高毒、长残留农药的禁用和限制使用，推动农药产品向绿色、安全、高效、高选择性和环境友好的方向迅速发展，农药助剂的安全性问题也受到越来越多的关注。近年来一些发达国家在对农药助剂的毒理学、残留、降解动态、环境行为等研究的基础上，已经对应用于农药制剂中的一些助剂品种实施了禁限用制度。随着我们农药工业和农药产品市场的全球化，出口贸易迅速增长，对于农药助剂的重视和管理也显得日益迫切。

第二节　载　体

农药载体（carrier）是指农药制剂中荷载或稀释农药的惰性物质。它们结构特殊，具有较大的比表面积，吸附性能强。其中吸附性能强的载体如硅藻土、凹凸棒土、白炭黑、膨润土等，一般用于加工高浓度粉剂、可湿性粉剂或颗粒剂；吸附能力低或中等的载体有滑石、叶蜡石、黏土等物质，这类载体又称为稀释剂（diluents）或填料（filler），一般用于加工低浓度粉剂。

载体的主要功能为：①作为农药有效成分的微小容器或稀释剂；②将有效成分从载体中释放出来。前者是加工制剂到使用前所需要的，后者是施用后所要求的。

一、载体的分类 ▪▪▪▪

载体按其组成和结构分为无机载体和有机载体；按其来源则可分为矿物类载体、植物类载体和合成类载体。

1. 矿物类载体

（1）元素类：如硫黄。

（2）硅酸盐类：如黏土类的坡缕石族（凹凸棒土、海泡石、坡缕石等）、高岭石族（蠕陶土、地开石、高岭石、珍珠陶土等）、蒙脱石族（贝得石、蒙脱石、囊脱石、皂石等）、伊利石族（云母、蛭石等）、叶蜡石、滑石等。

（3）碳酸盐类：如方解石和白云石等。

（4）硫酸盐类：如石膏。

（5）氧化物类：如生石灰、镁石灰、硅藻土、硅藻石。

（6）磷酸盐类：如磷灰石等。

（7）未定性类：浮石。

2. 植物类载体

常见的植物类载体有玉米棒芯、谷壳粉、稻壳、大豆秸粉、烟草粉、胡桃壳、锯木粉等。

3. 合成类载体

包括沉淀碳酸钙水合物、沉淀碳酸钙、沉淀二氧化硅水合物等无机物和一些有机物。

以上几类载体中，以硅藻土、凹凸棒土、膨润土（主要组成是蒙脱石）、白炭黑、高岭土、滑石粉以及轻质碳酸钙等使用最为广泛。

二、硅藻土 ▪▪▪▪

我国吉林省长白、华甸县，山东省临朐、掖县，浙江嵊州，云南寻甸，四川攀西等地均蕴藏着丰富的硅藻土（diatomite）。开采的硅藻土通常含水量高，需要焙烧，再进一步磨细和分级。

1. 结构和成分

硅藻土是一种生物成因的硅质沉积岩，主要由古代硅藻的硅质遗体组成。单个硅藻由两半个细胞壁（又称荚片）封闭一个活细胞而构成。在结构上，硅藻土是由蛋白石状的硅所组成的蜂房状晶格，有大量的微孔，大多数孔的半径为 $5\sim80\mu m$，因此硅藻土的比表面积很大。

硅藻土矿的化学成分可用 $SiO_2 \cdot nH_2O$ 表示。矿石组分中以硅藻土为主，其次是黏土矿（水云母、高岭石）、矿物碎屑（石英、长石、黑云母）以及有机质等。硅藻土主要成分为 SiO_2，纯度一般很高，有的高达90％以上。

2. 物理化学性质

硅藻土的物理化学性质随着产地和纯度不同有所变化。

（1）颜色　纯净的硅藻土一般呈白色、土状。含杂质时，常被铁的氧化物或有机质污染而呈灰白、灰、绿以至黑色。一般说来，有机质含量越高，湿度越大，则颜色越深。

（2）硬度　大多数质轻、多孔、固结差、易粉碎。硅藻土块的莫氏硬度仅为1～1.5，但硅藻骨骼微粒硬度高达4.5～5.0。

（3）密度和假密度　硅藻土的密度视黏土等杂质的含量而变化，纯净而干燥的硅藻土块密度小，为 $0.4～0.9g/cm^3$，能浮于水面，固结硬化后的密度近于 $2.0g/cm^3$，煅烧后可达 $2.3g/cm^3$，硅藻土的假密度是：干燥块状硅藻土为 $0.32～0.64g/cm^3$；干燥粉末为 $0.08～0.25g/cm^3$。

（4）折射率　硅藻土的蛋白石质骨骼的折射率变化范围是1.40～1.60，熔融煅烧后可达1.49。一般说来，沉积物的年代越久，折射率越高。

（5）熔点　1400～1650℃。

（6）溶解度　除可溶于氟氢酸酐外，难溶于其他酸，但易溶于碱。

（7）吸附能力　硅藻土具有很多微孔，孔隙率很大，所以对液体的吸附能力很强，一般能吸收等于其自身重量的1.5～4.0倍的水。

（8）传导性　对声、热、电的传导性极差。

3. 应用及要求

由于硅藻土具有假密度小、密度小、微孔多、孔隙率大和吸附能力强等特性，因此可广泛用于加工高含量粉剂的载体，特别适用于将液体农药加工成高含量粉剂的载体，或和吸附容量小的载体配伍作为粉剂或可湿性粉剂的复合载体，以调节制剂的流动性和分散性能。

作为农药载体，要求硅藻土纯度高，其中 SiO_2 含量＞75％，Al_2O_3 和 Fe_2O_3 含量＜10％，CaO和有机质的含量＜4％。

三、凹凸棒石黏土

我国凹凸棒矿床主要分布在江苏的六合、新沂、宿迁和安徽嘉山、来安和天长县境内。

1. 结构

凹凸棒石黏土（attapulgite）是以凹凸棒石矿物为主要组分的黏土，简称凹凸棒土。凹凸棒土具有链状和过渡型结构，由两层硅氧四面体夹一层镁（铝）氧八面体构成一个基本单元，是一种 2∶1 型的层链状的镁铝硅酸盐矿物。纯净的凹凸棒土在显微镜下为无色透明、杂乱交织的纤维状集合体，晶体长 $2\sim3\mu m$。凹凸棒土的层与层之间存在大量的孔道，截面约为 $0.37nm\times0.64nm$，这种纳米级的孔道使得凹凸棒土具有很大的内比表面积，最高可达 $600m^2/g$。

2. 组成

凹凸棒土的组成以凹凸棒石为主，其次为蒙脱石、水云母、海泡石、伊利石，以及碳酸盐矿（白云石、方解石）和硅酸盐矿（石英、蛋白石）等。凹凸棒石矿物含量为 $10\%\sim97\%$。凹凸棒石典型的化学式为 $Mg_5Si_8O_{20}(OH)_2\cdot8H_2O$。

3. 物理化学性质

（1）外观和比表面积　凹凸棒土呈浅灰色、灰白色，土状或蜡状光泽，有时呈丝绢光泽。干燥环境下性能脆硬，吸水性强，潮湿时具可塑性。显微镜下多为粉沙泥质结构、显微束状结构、含碎鳞纤维结构及显微鳞纤交织结构。

单位质量的凹凸棒土所具有的表面积称为比表面积，单位以 m^2/g 表示。由于结晶呈针状束，如毛笔头或干草堆一样，再加上密集的沟槽，凹凸棒土具有很大的比表面积，最高可达 $210m^2/g$ 以上。在干燥处理时，凹凸棒土的比表面积会发生变化。当温度超过 200℃时，其开放沟槽会逐渐坍塌，比表面积减小。有报道称温度在 95～115℃时，其比表面积会从 $195m^2/g$ 急剧减至 $128m^2/g$。因此在烘干凹凸棒土时，应注意干燥温度的控制。

（2）吸附性能　凹凸棒土独特的结构和庞大的比表面积，使它具有极强的吸附能力，有的甚至能迅速吸收占自身重量的 200％的水。脱色能力是衡量凹凸棒土吸附性能的一个重要标准，与凹凸棒土的吸附性能呈正相关。

（3）阳离子交换容量　天然凹凸棒石的阳离子交换容量一般为 20～30mmol/100g（土），略高于高岭石，大约是蒙脱石和蛭石的 1/3～1/2。当凹凸棒土粒径减小时，阳离子交换容量略有增加。嘉山地区凹凸棒石可交换钙离子，一般为 2.3～6.4mmol/100g（土），可交换镁离子为 0.8～13.0mmol/100g（土），可交换钾离子为 0.5～2.0mmol/100g（土），可交换钠离子为 0.6～4.4mmol/100g（土），阳离子交换总量为 13.4～19.9mmol/100g（土）。

（4）膨胀容　1g 凹凸棒土浸水膨胀后的容积称为膨胀容或膨胀倍，其单位以 cm^3/g（土）表示。凹凸棒土的膨胀容一般为 $3\sim8cm^3/g$。

（5）密度和假密度　凹凸棒土的密度随黏土中的杂质含量而变化。纯净而干燥的凹凸棒土密度一般为 $2.20g/cm^3$。凹凸棒土的假密度和粉碎度有关。一般粉碎至 98％通过 320 目筛的细粉，其松密度约为 $0.14g/cm^3$，紧密假密度约为 $0.19g/cm^3$。

（6）吸水率和吸油率　凹凸棒土的吸水率用真空干燥法测定，一般为12％～15％。在120℃下凹凸棒土的干燥脱水速率较硅藻土慢，比硅藻土难以烘干。凹凸棒土的吸油率用亚麻仁油滴定法测定，一般为80％～100％。

（7）pH 值和表面酸度（pK_a 值）　凹凸棒土 pH 值一般为 6.0～8.5。其表面酸度用 Walling 指示剂法测定，大多数凹凸棒土的 pK_a＜1.8。

（8）流动性　以坡度角表示，98％通过 320 目筛的细粉，一般为 68°～72°。

（9）胶体性能　衡量凹凸棒石胶体性能的主要标准是造浆率。矿物含量大于 90％以上的原土抗盐造浆率在 10.88～22.99m^3/t，加工土造浆率在 14.9～31.6m^3/t。

（10）胶质价　黏土与水混合后，加入一定氧化镁，静置 24h 后形成的凝胶层体积称为胶质价，其单位以 cm^2/15g 表示。

（11）吸蓝量　凹凸棒黏土分散在水溶液中吸附次甲基蓝的能力称吸蓝量，其单位以 100g 土吸附次甲基蓝的质量（g）表示。吸蓝量大小与蒙脱石的含量有关。

（12）流变性　凹凸棒石的悬浮体像其他非均质材料的悬浮体一样，在任何浓度下都具有触变性，属非牛顿液体，其流动性随着剪切应力的增加而迅速增加。剪切似乎使原来被静电引力拉在一起成束的纤维状晶体分开，无足够的剪切力，凹凸棒石不会很好地分散。为了达到最佳分散，通常必须使用胶体磨或其他高剪切混合器。

凹凸棒土是形成凝胶的最重要的黏土之一，在比其他黏土低得多的浓度下，即能形成稳定的高黏度悬浮液。在分散时，其针状晶体束拆散而形成杂乱的网格。由于网格束缚液体，使黏度增加。凹凸棒土这一性质被广泛用作各种液体，如盐水、脂肪烃和芳香烃溶剂、植物油、石蜡、甘醇、酮和某些醇等的增稠剂。

4. 应用及要求

凹凸棒土比表面积大、吸附性能强并具有增稠性，可广泛用于高含量农药粉剂的载体和颗粒剂的基质。特别是液体农药要加工成高含量粉剂或可湿性粉剂时，利用凹凸棒土作载体或者和吸附容量较小的载体配伍作复合载体，用以调节制剂的流动性和分散性更为合适。凹凸棒土的流动性和增稠性，使得它又被广泛用于农药悬浮剂的增稠剂。

用作农药载体对凹凸棒土的要求为：纯度高，比表面积大，吸附性能强，阳离子交换容量小，水分含量低，FeO 和 Fe_2O_3 含量尽可能低。

四、膨润土 ▪▪▪▪

膨润土（bentonite）是一种以蒙脱石为主要组分的黏土类矿物，由火山凝灰岩或火山玻璃状熔岩，经自然风化而成，又称为膨土岩、班脱岩、歙土、浆土、皂土、观音土等。膨润土不是纯物质，常含有少量长石、石英、贝来石、方解石等。

我国膨润土资源极其丰富，主要矿点有辽宁黑山膨润土矿、浙江临安膨润土矿、山东潍坊膨润土矿、内蒙古兴和膨润土矿、酒泉膨润土矿、渠县膨润土矿、四川仁寿膨润矿等。

1. 结构

由于膨润土的主要成分是蒙脱石，因此蒙脱石的结构决定了膨润土的性质和应用。

蒙脱石是层状含水的铝硅酸矿物。它的理论结构式为：$(1/2Ca \cdot Na)_{0.7}(Al \cdot Mg \cdot Fe)_4(Si_9Al)_8O_{20}(OH)_4 \cdot H_{20}$。$Ca \cdot Na$ 为可交换的阳离子。它的结构是典型的 2：1 晶格，即两层硅氧四面体中间夹一层铝（镁）氧（氢氧）八面体而形成一个晶层单元。两个晶层单元堆积在一起构成蒙脱石的单个粒子。

蒙脱石四面体中有 $\leqslant 1/15$ 的 Si^{4+} 被 Al^{3+} 置换，八面体中有 $1/6 \sim 1/3$ 的 Al^{3+} 被 Mg^{2+} 置换。由于这些多面体中高价离子被低价离子置换，造成晶层间产生永久负电荷（为 $0.25 \sim 0.60$），它依靠在晶层间吸附阳离子以求得电荷平衡。晶层间被吸附的阳离子是可以交换的，类质同象置换使得蒙脱石具有很大的阳离子交换容量，由此可产生一系列重要的性质。

根据层间阳离子的不同，自然界可分为钙蒙脱石、钠蒙脱石、铝（氢）蒙脱石及稀见的锂基蒙脱石。我国 90% 以上膨润土属钙基土，其次为钠基土，锂基和氢基膨润土（通常称天然漂白土）极为少见，属于过渡类型。一般钠基膨润土比钙基膨润土好。

2. 物理化学性能

（1）外观　膨润矿石为细小鳞片状，带油脂光泽，有滑腻感。颜色系黄色或黄绿色，粉末为纯白色，含杂质多时可呈灰紫、黄褐、褐色等。

（2）比表面积大　膨润土有特大的比表面积，一般在 $250 \sim 500 m^2/g$。因此膨润土有较强的吸附能力和较高的吸附容量，有的膨润土能吸入相当于自身质量的 $10 \sim 30$ 倍的物质，具有脱色剂作用，Ⅰ级品的脱色率大于 150%，吸蓝量大于 22g/100g（土）。

（3）硬度　莫氏硬度 $2 \sim 2.5$。

（4）密度　$2.0 \sim 2.8g/cm^3$。

（5）阳离子交换容量　阳离子交换容量特大，高达 90mmol/100g（土）。

（6）pH　膨润土的 pH 值随产地不同而异，一般在 6～10 之间。

（7）悬浮性和胶体性能　膨润土能吸收大量水分子而自身膨润分裂成极细的粒子，可长时间处于悬浮状态，形成稳定的悬浮液；少量水可使膨润土膨胀形成胶溶液，使悬浮体系增稠，防止微粒絮凝和沉降。膨润土胶质价最高可达 90 mL/15g（土）。

3. 应用及要求

膨润土比表面积大，吸附性能强，能在水中吸附大量水分子而膨裂成极细的粒子形成稳定的悬浮液，特别适宜用作农药可湿性粉剂、颗粒剂、水分散粒剂的载体以及悬浮剂的分散剂和增稠剂。大多数有机农药是极性有机化合物，可利用蒙脱石极大内表面的吸附作用加工成高浓度粉剂。也可将它和吸附容量小的载体配伍用作复合载体，以调节制剂的流动性和分散性。由于膨润土比表面积大，阳离子交换容量大，吸水率高，活性点多，所以用它配制的有机磷粉剂贮存稳定性差，因此一般不适宜作低浓度粉剂的载体。

膨润土用作农药载体要求纯度高，含沙量低，吸附性能强，FeO 和 Fe_2O_3 含量低。

五、海泡石

海泡石（sepiolite）色浅质轻，能浮于海面上，形似海的泡沫故命名海泡石。海泡石中 Mg^{2+} 可被 Al^{3+}、Fe^{3+} 或 Ni^{3+} 等离子交换成类质同晶的铁海泡石、铝海泡石、镍海泡石和多水海泡石等。

1. 结构

海泡石是一种富镁的纤维状黏土矿物，其矿物成分除海泡石外，尚有高岭土、蒙脱石、坡缕石、滑石、石英及碳酸盐等。

海泡石的结构与凹凸棒石大体相同，都属链状结构的含水铝镁硅酸盐矿物。在链状结构中也含有 2:1 层状结构小单元，因此也可称为链状结构的假层状矿物。此外，海泡石是富镁的硅酸盐矿，在一般情况下凹凸棒的 Al_2O_3/MgO 比值变化范围在 0.64～1.08 之间，而海泡石的 Al_2O_3/MgO 比值低到 0.005～0.043，其中 MgO 含量可高达 25％以上，而 Al_2O_3 则往往不到 1％。因而这就使海泡石具有比凹凸棒石更加优越的物理、化学性能和工艺特征。这就决定了海泡石在该族矿物中具有最佳性能和最广用途。

海泡石的三维立体键结构和 Si—O—Si 键把细链拉在一起，使其具有一向延长的特殊晶形，故颗粒呈棒状或针状，这些棒状颗粒聚集呈团，形成与毛刷或草捆类似的大纤维束。在显微镜或电子显微镜下，呈粒状、纤维状或鳞片状，纤维长 $100\sim5000nm$，鳞片直径 $100\sim500nm$。

2. 化学组成

海泡石的理论化学式为 $Mg_8(OH_2)_4[Si_6O_{15}]_2(OH)_4 \cdot 8H_2O$。常混入铝、镁、镍、铜；有时还含少量的钙、锰、铬、钾、钠等杂质。所以它的实际理论式应为 $(Mg \cdot Al \cdot Fe)_8(OH_2)_4[Si_6O_{15}]_2(OH)_4 \cdot 8H_2O$。来源于不同产地的海泡石，化学组成有所不同。

3. 物理化学性能

（1）外观　通常为淡白色或灰白色，也常有略带浅黄、浅红、淡绿、灰黑、墨绿等色。具丝绢光泽，有时呈蜡状光泽。条痕呈白色，不透明。触感光滑。通常呈致密状、黏土状集合体；有皮壳状、粉末状。在显微镜下观察呈粒状、纤维状或鳞片状。

（2）此表面积和孔隙度　海泡石的总面积，按其结构模式计算，为 $800\sim900m^2/g$。对不同吸着物的有效表面积，取决于分子渗入内晶道的能力。比表面积和海泡石的纯度有关，有研究表明测得某海泡石原矿比表面只有 $88.3m^2/g$，而经提纯含量为97%的海泡石比表面积达到 $241.1m^2/g$。提纯前的海泡石比体积为 $0.154mL/g$，提纯后的比体积为 $0.385mL/g$。说明海泡石纯度增高，孔隙度增大。

海泡石偌大的表面积和高孔隙度决定着它有很强的吸附能力、脱色性和分散性。

（3）硬度　莫氏硬度一般在 $2\sim2.5$ 之间，极少有稍偏高的，但不超过3。

（4）密度　一般在 $1\sim2.2g/cm^3$ 之间。质地较轻，干燥后能浮于水面，湿时柔软而干后又变坚韧，不易裂开。收缩率低，可塑性好。

（5）阳离子交换容量　海泡石阳离子交换容量与其庞大的表面积相比是很低的。根据离子组成计算出的离子交换容量约为 $26.1mmol/100g$(干土)，用亚甲基蓝吸附法测定，离子交换容量为 $25.8mmol/100g$(干土)。

（6）pH　海泡石的pH随产地不同而异，一般偏碱。

（7）热失重变化　海泡石热失重变化可分四个阶段：第一阶段 $30\sim180℃$，失去沸石水（包括吸附水），失重率为7.9%～10.9%；第二阶段为 $180\sim370℃$，失去四个键合水中的两个连接较弱的水分子，失重率为2.4%～3.6%；第三阶段为 $370\sim600℃$，失去另两个连接较紧的键合水，失重率为2.7%～3.8%；第四阶段为 $600\sim1000℃$，失去结构水，失重率为2.2%～3.6%。掌握海泡石热失重变化温度在配方中针对原药稳定性来确定海泡石的干燥温度是十分重要的。

（8）热稳定性　海泡石具有较好的抗温性能。在400℃以下处理，海泡石的结构稳定；400～800℃之间，过渡为无水海泡石；800℃以上开始转变为顽火辉石和α方英石。

（9）膨润性 海泡石具有膨润性，以膨胀容、胶质价和膨润值来表示。海泡石由于高剪切力的加工处理，克服纤维间的范德华力和晶胞间的静电力，拆散成堆纤维束，保持疏松的网格结构，吸附介质水分。用表面活性剂改良海泡石的亲水性后，海泡石也能在非极性溶剂中形成稳定的悬浮液。

（10）表面酸度 天然海泡石的pK_a值为3.20～1.52。即表面酸度低，对农药催化分解小。

4. 应用及要求

海泡石因有大的表面积和高孔隙度，所以能吸附液体或低熔点的农药，且不会失去其自由流动性。因此，海泡石最适宜用作高浓度粉剂、可湿性粉剂和颗粒剂加工的载体。海泡石抗盐性、水溶性强，用它作载体制成的可湿性粉剂可抗硬水，用它制成的农药颗粒剂有缓释功能。海泡石质轻而能浮于水面的这一性能，也可被用作水面漂浮粒剂加工的载体。它和凹凸棒土不同之处在于阳离子交换容量小、表面活性小，因此有时也可用作低浓度粉剂的载体。

海泡石是迄今世界上用途最广泛的矿物原料。不同应用领域对其质量指标有不同的要求。用作农药载体的要求是纯度高、含沙量低、表面积和吸附容量大、含水量低、阳离子交换容量小、Fe_2O_3含量尽可能低等。

六、沸石 ▪▪▪▪

天然沸石（zeolite）是地壳岩石圈深度不超过7.5km的近地表部分的标准矿物，是一种常见的铝硅酸盐。它是由原始硅酸盐物质，在晚期岩浆热液蚀变、接触交代、沉积成岩后成变质风化等表生阶段，在水的参与下形成的矿物。沸石常与膨润土、珍珠岩等伴生，构成复合矿层。

1. 结构

沸石是呈架状结构的多孔性含水铝硅酸盐晶体。沸石骨架结构中的基本单元是由四个氧原子和一个硅（或铝）原子堆砌而成的硅（铝）氧四面体。

硅氧四面体和铝氧四面体再逐级组成单元环、双元环、多元环（结晶多面体），构成三维空间的架状构造沸石晶体。作为次级单位的各种环联合起来即形成各种沸石的空洞孔道。各种沸石都有自己特定形状和大小的孔洞和孔道，能吸附或通过不同形状大小的分子，因此，沸石又叫分子筛。

在沸石晶体中，硅为四价，替代的铝为三价，所以铝氧四面体的电荷不平衡，三价的铝低于四周氧的电荷，必须由碱金属或碱土金属来补偿。

沸石水充满于空洞和孔道的内外表面，不进入结晶架格，与内部的引力比较弱，当改变外界条件时，沸石水往往可以比较自由地排出或重新吸入，而不破坏沸石晶体结构。

2. 化学组成

沸石的化学式可用如下通式来表示：

$$(Na,K)_x(Mg,Ca,Sr,Ba)_y[Al_{x+2y}Si_{n-(x+2y)}O_{2n}] \cdot mH_2O$$

式中　x——碱金属离子个数；

y——碱土金属离子个数；

n——铝硅离子个数之和；

m——水分子个数。

由上式可看出，沸石的化学成分由 SiO_2、Al_2O_3、H_2O 和碱金属或碱土金属四个部分构成。

SiO_2 和 Al_2O_3 两种成分约占沸石矿物总量 80%。沸石矿物中的硅和铝的含量比例不一致，再加上水的含量不同，就构成了不同的沸石矿物。根据硅铝的比值，可将沸石划分为高硅沸石（$SiO_2/Al_2O_3 > 8$）、中硅沸石（$SiO_2/Al_2O_3 = 4\sim8$）和低硅沸石（$SiO_2/Al_2O_3 < 4$）。硅铝的比例大小直接影响沸石的某些性能，尤其是离子交换性和耐酸性。

水也是沸石的主要成分之一，含量一般在 10% 左右，最低在 $2\%\sim6\%$ 之间，最高为 $13\%\sim15\%$，个别达 18% 以上。但水不参与沸石的骨架组成，仅吸附在沸石晶体的微孔中。受热，其中的水就释放出来，冷却后沸石又能重新吸水。

碱金属或碱土金属数量有限，其氧化物一般为 $4\%\sim6\%$，呈离子状态与 SiO_2 和 Al_2O_3 结合在一起。在各种沸石中，最常见的是钙离子和钠离子，其次是钾、钡、镁等。

3. 物理化学性质

（1）外观　沸石的外观因沸石的种类不同而有所变化。

斜发沸石属斜晶系，颜色为白色、淡黄色，呈板条状（宽、细）、不规则粒状等。显微镜下为无色透明，具明显的负突起，板条状者呈平行消光，干涉色很低，一级暗灰或灰色，负延长。不规则粒状则呈波状消光，有的呈蓝灰色、浅棕色等。

丝光沸石属斜方晶系，颜色为白色、淡黄色，呈纤维状、毛发状，集合体呈束状、放射球粒状、扇状等。显微镜下为无色透明，具明显的负突起。干涉色很低，一级灰或灰白色，负延长，球粒状集合体呈黑十字消光。

（2）硬度　沸石的硬度因沸石矿的种类和产地而有所变化，莫氏硬度一般为 $3\sim4$。

（3）密度　$2\sim2.20g/cm^3$。

（4）吸附性能 天然沸石具有独特的内部结构和晶体化学性质，使其比表面积很大，有很强的吸附能力。其吸水量是硅胶和氧化铝的 4～5 倍。对极性分子的农药也有很强的吸附能力，并且能缓慢释放。

（5）阳离子交换容量 沸石中的钾、钠、钙等阳离子与结晶的格架结合得不很紧密，可与其他阳离子进行可逆交换。沸石的阳离子的交换容量是相当大的，可以达到 200～500mmol/100g（沸石）。

（6）表面活性 沸石的表面活性很大。沸石中的硅被铝置换后，出现的局部高电场和酸性位置，以及沸石所具有的较大的孔穴和通道，比表面积和阳离子交换容量大，促使沸石对许多反应具有催化活性，能够促使某些反应加速进行。反应之后生成的新物质又可从沸石内部释放出来，而沸石本身的晶体架格不受影响。

（7）pH 沸石的 pH 因沸石矿的种类和产地而有所变化，一般为 9～11。

（8）耐酸性和热稳定性 沸石具有很强的耐酸性，尤其是丝光沸石，样品在 12mol/L 盐酸中，在 100℃下处理 1h，结构不变化。沸石的热稳定性也很好。如丝光沸石在 850～900℃ 以上可以稳定，斜发沸石可以在 750℃ 下持续 2～12h 保持内部晶体结构不被破坏。只是到了 1250℃，沸石才开始起泡膨胀，变成其他物质。

4. 应用及要求

沸石偌大的比表面积和孔洞结构使得它对水分子及某些极性分子有强烈的吸收能力，吸附后又能缓慢释放。这一性能被用来作为农药缓释型颗粒剂的载体。沸石具有的阳离子交换容量大和高催化活性，限定了它只能在某些稳定性好的农药加工配方中应用。一般说来，它不宜作粉剂和可湿性粉剂的载体。作为缓释型颗粒剂的载体，应有一定的强度，要耐磨损，应干燥使水含量尽可能低。

七、高岭土

高岭土（kaolinite）主要是富含铝硅酸盐的火成岩和变质岩在酸性介质的环境里，经受风化或低温热液交代变化的产物，是世界上分布最广的矿物之一。我国高岭土资源丰富，遍及全国各地，其中江西、安徽、江苏、贵州、浙江、湖南、河北等地产出的高岭土品质良好，尤以江西景德镇、江苏苏州产的高岭土质量最佳。

1. 结构及组成

主要矿物成分是高岭石，不含有蒙脱石、伊利石、水铝英石、石英等。高岭石层间无其他阳离子或水分子的存在。层间靠 HO—H 键紧密连接。

高岭石的理论化学式为 $Al_4[Si_4O_{10}] \cdot (OH)_8$，各组成的理论含量（质量分数/%）为：$Al_2O_3$ 41.2；SiO_2 48.0；H_2O 10.8。高岭石中常含少量钙、镁、钾、钠等混入物。

2. 物理化学性质

（1）外观　纯净的高岭土为白色，一般由于含有其他矿物而呈深浅不一的黄褐、红等各种颜色。晶体碎片或解理面上呈珍珠光泽，但致密块状无光泽或有土状光泽，具有粗糙感。

（2）密度　高岭土的密度在 $2.60\sim2.63g/cm^3$ 之间。容重随粉碎度的变化而变化，一般为 $0.26\sim0.79g/cm^3$。

（3）硬度　莫氏硬度为 $2.0\sim3.5$。

（4）pH　高岭土的 pH 一般为 $5\sim6$。

（5）阳离子交换容量　阳离子交换性能差，只能在颗粒的边缘处进行。由于晶格边缘断键引起的微量交换，所以阳离子交换容量低，随着颗粒粒径的减小，阳离子交换容量有所增加。

（6）比表面积和孔隙率　由于结构比较紧密，比表面积和吸附容量较小，干燥后有吸水性，潮湿后有可塑性，但不膨胀。用手易搓碎，在水中生成悬浮体。

3. 应用及要求

高岭土的结构决定了它的比表面积、孔隙率和吸附容量较小，因此它不宜作液体农药或高黏度农药可湿性粉剂或高浓度粉剂的载体。一般用作低浓度或中等浓度粉剂的载体，有时也用作颗粒剂的载体。

随着粉碎度的增加，高岭土的比表面积和吸附容量相应增大，在达到饱和吸附容量之前，对有效成分的荷载量远高于滑石和叶蜡石之类的载体。此外，高岭土的优点是价格低廉，而且即使粉粒遇潮结块，但在水中易分散，所以高岭土常作为加工农药可湿性粉剂的载体，或者与吸附性能强的白炭黑、硅藻土等复配使用。

高岭土作为农药载体要求水分含量，Fe_2O_3 含量低，分散性和流动性好，阳离子交换容量小。

八、滑石 ▪▪▪▪

滑石是富镁质超基性岩、白云岩、白云质灰岩经水热变质交代的产物。我国辽宁（海城、盖州市）、山东（海阳、掖县）、广西（龙胜）、河北（唐山）、浙江、福建、贵州、山西等省均有丰富的滑石资源。

1. 结构

滑石是由两层六方硅石片（硅氧四面体）网层夹一层水镁石片（氢氧镁石八面体）组成的层状硅酸盐。是典型的 2∶1 晶格所构成的。滑石矿石是由一层晶胞堆砌在另一层晶胞上所成的，即一层氧原子的平面和相邻另一层氧原子平面互相对立，中间无阳离子，因此结合力很弱，硬度不大，粉碎时容易沿着氧原子平面断裂而形成板状结构的小颗粒。由于晶格电中性，阳离子交换容量很小，水和其他分子仅局限吸附在结晶棱角键的断裂处，吸附容量小。

2. 化学组成

纯滑石的化学组成为 $Mg_3[Si_4O_6](OH)_2$，各组分的质量分数（%）为：MgO 31.72；SiO_2 63.12；H_2O 4.76。化学成分比较稳定，硅有时被铝或钛替代，有时存在少量的钾、钠、钙。通常含结构水达 4.7%～5.0%。

3. 物理化学性质

（1）外观　纯净者为白色，由于含杂质带上深浅不一的浅黄、灰白、浅绿等颜色。致密块状滑石，呈贝壳状断口。富有滑腻感。晶体常沿打线方向裂开呈六方形或菱形小块。

（2）密度　滑石的密度为 2.58～2.83g/cm³。

（3）硬度　莫氏硬度为 1。

（4）pH 值　pH 值在 6.0～10.0 之间变化。

（5）阳离子交换容量　阳离子交换容量小，一般在 0.5～5.0mmol/100g（土）。

（6）吸附性能　滑石吸附容量小，吸水率小。

4. 应用及要求

滑石具平板状密致结构的表面，无内孔，阳离子交换容量小，吸水率低，表现出化学上的低滑性，所以滑石粉又称惰性粉。它主要用作低浓度粉剂的载体，特别是有机磷粉剂的载体。

滑石作为农药载体要求粉末洁白，颗粒细，质纯，吸水率低，阳离子交换容量小，Fe_2O_3+FeO 的含量要在 0.5%～2% 范围。

九、白炭黑

白炭黑是人工合成的一种水合二氧化硅，化学式为 $mSiO_2 \cdot nH_2O$，SiO_2 含量在 85% 以上。

1. 物理化学性质

白炭黑为白色疏松粉末，粒子极细，质轻，松密度小，比面积大，吸附容量和分散能力都很大。沉淀法生产的白炭黑比表面积一般都在 200m²/g 以上。用于农药加工的载体一般都是采用沉淀法生产的白炭黑。

2. 应用及要求

白炭黑比表面积大，吸附能力强，分散性能好，特别适宜于作可湿性粉剂和高含量粉剂的载体。但白炭黑比其他载体成本高，故在农药加工时一般与其他载体配伍使用。

用作农药载体要求白炭黑纯度高，杂质少，水分低，比表面积大，吸附容量大，分散性能好。

十、轻质碳酸钙

轻质碳酸钙是人工制成的碳酸钙，化学式为 $CaCO_3$。和天然碳酸钙相比，人工合成的碳酸钙纯度高，几乎无杂质，质量轻，故名轻质碳酸钙。

1. 物理化学性质

轻质碳酸钙外观呈白色疏松粉末，含量达到（以 $CaCO_3$ 计）97.0％～100.0％，水分含量一般小于1％，密度一般为 $2.65g/cm^3$ 左右，吸附性能弱，吸水率低，莫氏硬度为2.4～2.7，通过325目筛，余物小于1％，pH值为8.0～11.0。

2. 应用及要求

我国轻质碳酸钙生产厂家较多，几乎遍及全国，原料易得，价格较便宜。产品粒度细，水分含量低，经 X 射线衍射物相鉴定表明，其主要成分为方解石型 $CaCO_3$，无单独 CaO 相，故活性小，可作农药可湿性粉剂的载体或经改性处理作高含量可溶性粉剂的载体。

用作农药载体的轻质碳酸钙要求纯度高，杂质少，水分低，颗粒细。

十一、植物类载体

植物类载体包括锯末粉、稻壳、大豆秸粉、烟草粉、胡桃壳粉、甘蔗渣、玉米棒芯、碱性木质素等。目前在农药加工中使用植物类载体较少，但是植物类载体在某些情况下具有特殊作用。例如使用矿物类载体加工 40％二嗪磷可湿性粉剂时很不稳定，50℃贮存14d，分解率高达98.4％，而使用植物载体如胡桃壳粉则能保持药剂的稳定性。防治贮粮害虫的农药如果采用矿物载体则难以在处理后将载体从粮食中分离出来，如 2.5％粮虫净粉剂，用稻壳粉或豆秸粉作载体，就很容易在稻谷或小麦加工前通过风力将其分离出来。在农药烟剂和卫生杀虫剂如蚊香加工中，使用锯末粉作载体，还具有助燃效果。

木质素资源丰富，价格便宜，可作可湿性粉剂的载体和缓释剂的基质，并赋予制剂很好的湿润性和悬浮性能，而且它对紫外线有很好的吸收能力，可以作为紫外线的保护剂，增加那些易光解农药的稳定性。如用木质素/明胶作囊壁材料，制成的氯氰菊酯缓释剂，可使其有效成分的光降解率下降 50％。用一种低溶解性、高分子量的木质素磺酸盐对莠去津除草剂进行包囊化加工的制剂，使用后可减少莠去津在土壤中的向下渗透，降低对地下水的污染。制取糠醛的废渣可作为马拉硫磷的稳定载体，用 20％糠醛废渣作载体，与不用糠醛渣的对照试样进行热贮稳定性比较试验表明，糠醛废渣对马拉硫磷的稳定效率为 66.6％。

总的来说，植物载体一般资源丰富，价格便宜，而且具有特殊性能，如果与矿物载体复合使用，对保持某些农药的稳定性则具有重要性。

第三节　溶剂和助溶剂

农药溶剂（solvent）是用来溶解和稀释农药有效成分的液体。包括在农药制剂加工及应用过程中使用的溶剂、液体稀释剂或载体，通常不包括水。

在非表面活性剂类助剂里，除了填料和载体外，溶剂是用量最大和应用最广的一大类。农药溶剂是大多数农药制剂加工中和施药技术中不可缺少的原料。其主要作用如下：

（1）溶解和稀释农药有效成分，调整制剂含量，以便使用。

（2）增强和改善制剂加工性能，如提高流动性，有利于计量、输送、包装和施用。

（3）赋予制剂特殊性能。例如降低对哺乳动物的毒性，减轻植物药害；防止和延缓喷雾粒的过快蒸发变细，减少漂移和污染；减轻和避免臭味或异味；减缓和防止制剂贮运中变质，包括有效物分解、分层和沉淀等不良变化。

（4）制备增效的或具有特定功能的液体制剂、单剂、混剂和与其他农业化学品的复合制剂，增强制剂展布、润湿和渗透作用，以利于药效发挥。

（5）低量或超低量喷雾制剂、展膜油剂、静电喷雾等加工载体。

（6）农药乳化剂、分散剂、润湿剂、渗透剂、喷雾助剂、悬浮助剂等的生产与应用中常涉及或使用。

助溶剂又称共溶剂（co-solvent），是辅助性溶剂，能提高农药原药在主溶剂中溶解度。一般用量不多，但往往具有特殊作用和专用性。较常见助溶剂有醇类（如甲醇、异戊醇等）、酚类（如苯酚、混合酚）等。乙酸乙酯、二甲基亚砜等也是很好的助溶剂。大多数助溶剂本身就是有机溶剂，在配制高浓度乳油和超低容量油剂时，须选用一定的助溶剂。

助溶剂的选择应根据不同的原药和主溶剂来确定，要求与原药和主溶剂有很好的相溶性，且能增加原药在主溶剂的溶解度。如果主溶剂对原药的溶解度能够满足配制浓度的要求，就不必再使用助溶剂。

作为农药制剂加工和应用的溶剂和助溶剂，应该具备以下基本性能。

（1）对农药原药（活性组分）有很好的溶解性。

（2）与制剂其他助剂和组分有好的相容性。不分层，不沉淀，低温不析出，不与原药发生化学反应。

（3）挥发性适中。闪点对于一般制剂来说要求不低于 26.7℃，以确保农药生产、贮运和使用的安全。

（4）对人、畜毒性低，无或低致敏性和刺激性。多核芳烃类化合物含量低于规定标准。

（5）对植物无药害，对环境安全。

（6）与水稀释时能形成稳定的乳状液或悬浮液。

此外，要求货源充足，质量稳定，价格适中，以保证制剂质量和应用效果，降低成本。

一、溶剂和助溶剂的种类 ▪▪▪▪

绝大多数农药溶剂属于工业有机溶剂。惯用的按化学结构可以分为烃类、醇类、酯类、酮类、醚类等溶剂。根据其来源又可分为人工合成溶剂和天然溶剂两类。天然溶剂主要来自于石油产品和动植物产品，是最常用的一类农药溶剂。近年来，人工合成的农药溶剂愈来愈多，应用也愈来愈广，尤其是在特种农药加工中的比重愈来愈大。此外，还可根据其用途将农药溶剂分成常规溶剂和特种溶剂。

1. 常规溶剂

常规溶剂涉及芳烃溶剂和非芳烃溶剂两大类。芳烃溶剂主要含有苯环，因溶解性优异且供给充足、价格低廉等被广泛用于农药加工，是农药乳油加工的首选溶剂；非芳烃溶剂有链烷烃、脂肪烃、醇类、酮类、植物油以及脂肪族酸或酯等。常用溶剂品种如下。

（1）芳烃类 包括苯、甲苯、二甲苯、萘、烷基萘，各种中、高沸点的芳烃，如重芳烃、柴油芳烃等。使用最多的为二甲苯、甲苯和混合二甲苯。由于毒性和环境问题，该类溶剂被限量使用或逐步禁用。

（2）脂肪烃、脂环烃类 包括煤油、白汽油、白油、机油、柴油、石蜡液体、重油及异构石蜡油等。主要用于展膜油剂、超低量喷雾油剂、喷雾助剂以及矿物油杀虫剂等的加工。

（3）醇类 包括一元醇如甲醇、乙醇、丙醇、异丙醇、丁醇、异丁醇等，多元醇如丙三醇和乙二醇及脂肪醇等。用于微乳剂、水乳剂等剂型的助溶剂，以及水基化制剂的防冻剂等。

（4）酯类　包括蓖麻油甲酯、醋酸甲酯、油酸甲酯及芳香酸酯类（如邻苯二甲酸酯）等。用于乳油、油剂、油悬浮剂等的载体，也用于喷雾助剂、绿色乳油产品等。

（5）酮类　包括环己酮、甲乙酮和丙酮等。

（6）醚类　包括单醚如乙二醇醚、丙二醇醚等。

（7）植物油类　如菜籽油、棉籽油、豆油、向日葵油和松节油等。

（8）卤代烷烃类　如二氯甲烷、三氯甲烷等。

2. 特种溶剂

特种溶剂主要是指那些具有特殊理化性能，并适用于有特定要求的农药制剂加工的溶剂。它们绝大多数是人工合成的溶剂，主要有酮类和醚类两大类，与常规溶剂无明确的界限。

（1）酮类　包括异佛尔酮、吡咯烷酮、N-甲基吡咯烷酮、2-吡咯烷酮、环己酮、甲基异丁基酮以及不饱和脂肪酮等。

（2）醚类　包括甲基乙二醇醚、乙基乙二醇醚、丁基乙二醇醚、石油醚等。

此外，N,N-二甲基甲酰胺（DMF）、二甲基亚砜、烷基酚、聚乙二醇、聚丙二醇、乙腈、二缩乙二醇、三缩乙二醇、乙氧基乙醇醋酸酯、甲氧基乙醇醋酸酯和丁氧基乙醇醋酸酯、六甲基磷酸叔胺、轻聚丁烯、乙基溶纤剂、萘满、重烷基化物等，以及某些卤代烷，如二氯二氟甲烷、四氯化碳、二氯乙烯、三氯乙烷和氯苯等也常用作农药溶剂。甚至冰醋酸、氢氧化钠和氢氧化钾的溶液在某些特殊场合也可作为溶剂使用。

二、溶剂和助溶剂的应用

农药溶剂在使用技术中的主要作用是：① 改善和提高使用时在水中的分散度，利于均匀施药；② 增加或改变农药的使用途径，如通过提高制剂的挥发性进行熏蒸处理；③ 降低对哺乳动物的毒性，以及减轻或消除臭味；④ 减轻对植物可能引起的药害，提高使用的安全系数；⑤ 控制或延缓喷施雾粒的过快蒸发而变小，减少农药的飘移和污染；⑥ 增强制剂的展着、润湿和渗透作用，利于药效发挥。

1. 乳油加工中的应用

农药加工成乳油时需要溶剂及助溶剂。由于常规乳油和特种乳油组成和性能有较大差别，在加工时所选用溶剂上差异也较大。

（1）常规乳油溶剂　常规乳油是指由常规溶剂、原药和乳化剂为三大基本要素加工而成的剂型。据统计，乳油加工使用的常规溶剂主要是各种芳烃、醇类化合物，其次是脂肪烃和酮类化合物，以及它们的混合溶剂。其他溶剂如酯类、卤代烷烃类等溶剂使用较少。

乳油加工中常用的芳烃类代表性溶剂品种有二甲苯型（混合二甲苯）、甲苯、苯、粗苯、甲基萘、二甲基萘、重芳烃（C_9、C_{10}芳烃）以及轻柴油芳烃等。

常用的醇类代表性溶剂品种有低级一元饱和醇（如甲醇、乙醇、异丙醇、丁醇和异丁醇等）、烷基或芳基多元醇（如甲基乙二醇、乙基乙二醇、丁基乙二醇和苯基乙二醇等），它们的沸点较高，价格较贵。

常用的脂肪烃代表性溶剂品种有石蜡油、煤油、精制（脱臭）煤油和异链烷烃等，有时也用柴油。

酮类溶剂中常用的有环己酮、甲基环己酮、甲乙酮和丙酮等。

这些溶剂除了作为农药原药的溶剂外，还可作为农药乳化剂、湿润剂和渗透剂及其他助剂的溶剂，应用于乳油、乳剂、液剂和气雾剂等剂型的加工。

乳油配方设计中溶剂选择是很重要的，溶剂不同，含量不同，即使同一农药乳油配方，所需乳化剂及配方组成都会发生变化，从而乳油特性也发生变化。当需要特种溶剂或溶剂复配时，这种影响尤为突出。在常规乳油配制中选用溶剂时应该注意：

① 乳油配方设计中溶剂的选择应根据农药的有效成分及其在乳油中的含量与乳化剂的种类进行选择。同种农药配制不同含量或采用不同的乳化剂，选择的溶剂和助溶剂种类可能有所变化。同种药剂配制相同的含量，选用的溶剂或助溶剂也可能因采用的乳化剂的不同而不一样。

② 根据加工制剂的特殊要求选择特种溶剂或复配溶剂。

③ 溶剂的亲脂亲水性会对乳化剂的用量有不同的要求。当选用亲水性较强的溶剂时，亲油性乳化剂组分通常是阴离子 ABS-Ca，其比例需适当降低，亲水性乳化剂组分则通常是各类非离子组分，其比例需要相应提高。反之，采用亲脂性较强的溶剂时，如重质芳烃和脂肪烃溶剂，乳化剂亲油性组分比例要适当提高，而亲水性组分比例则应降低，以便获得最佳性能的乳油配方。

④ 溶剂品种和性能规格经常也是影响制剂性能变化的因素之一。为此，需要对溶剂质量及其配制的制剂进行检验和及时调整。

（2）特种乳油溶剂　通常，将常用乳油溶剂以外的溶剂划归到特种乳油溶剂范围。其中部分属于特种或专用溶剂。如超低容量喷雾（ULV）、静电喷雾和控制雾滴喷雾等技术使用的农药制剂就需要采用特种或专用的农药溶剂。

① 植物油浓缩物　这是一种以溶剂为有效成分的喷雾助剂，主要功能是展着剂、黏着剂和渗透剂。通常溶剂组分是植物油（如豆油、棉籽油）等，也有用石油馏分的，含有 15％～20％乳化剂。通常植物油浓缩物与其他农药制剂如除草剂联用，有助于除草剂更好地渗透到处理对象的植物内部。

② 机油乳剂　机油乳剂通常由机油溶剂和乳化剂组成，有时含有少量水。不

同有效成分机油溶剂是由不同规格的石油馏分组成的，乳化剂含量一般为1％～6％。配合各种机油品种和浓度制剂，使用的乳化剂已有数十种，如国产农乳5202专用于90％～95％机油乳剂。机油乳剂经过多次配方改造，目前使用的主要有普通机油乳剂和精制机油乳剂两类。

使用效果上，精制机油乳剂无论在作物休眠期还是在生长期均可使用，无药害，可用于柑橘、苹果、茶、桑等，还可防治黄瓜白粉病和害螨。普通机油乳剂应用范围则较窄。

（3）助溶剂　助溶剂在农药制剂加工中的选用技术要求比较高，基本依靠配方试验，经验比较重要。目前主要用于某些乳油加工、乳化剂加工，生产中也有部分需要助溶剂。随着农药剂型的改进和新剂型的研制，助溶剂的应用将越来越多。

①乳油用助溶剂　某些农药因其特殊的理化性状必须加工成乳油或油剂才利于使用，但这些农药原药在常规和特种乳油溶剂中的溶解度又不高，或者配制的乳油在低温下容易析出原药，沉淀分层，甚至升温也难以复原，影响效果，或者出于制剂浓度和成本等原因，而需助溶剂。助溶剂和通常的混合溶剂有所不同。助溶剂一般是为提高乳油低温稳定性和制剂浓度，降低成本而专门选用的少量组分。

②乳化剂用助溶剂　农药使用的乳化剂常常是非离子和阴离子乳化剂的复合物，而复合乳化剂又常常会出现理化性能不稳定现象。为了减少和消除非/阴离子复配乳化剂及其配制的乳油在存放时分层、沉淀及生成絮状物，往往在生产复配乳化剂时需要加入适当的助溶剂。例如加入3％～5％二甲基甲酚胺可基本消除农乳656、657、1656和1657型乳化剂中的沉淀和絮状物，加入一缩乙二醇和 N-甲基吡咯烷酮等也有一定效果。美国Witeo化学公司推荐用5％～10％乙腈助溶剂可制得流动性好和透明的非/阴复配乳化剂，当乙腈的含量达到0.1％～0.8％时，乳油外观就可明显改善。

2. 超低容量喷雾制剂加工中的应用

超低容量喷雾技术简称ULV，通常包括ULV喷雾系统（空中和地面ULV喷雾系统）、ULV制剂和应用技术。ULV必须使用专用的ULV制剂才能获得满意效果。

除极少数情况下以液态农药原油进行ULV喷雾（如用马拉硫磷原油）外，绝大多数ULV制剂配方都需要一定的溶剂，而且是特种溶剂。有时喷雾稀释时也用溶剂作稀释剂。ULV制剂通常包括原药、溶剂和其他助剂。ULV制剂在制剂配方和应用技术都有特殊性，尤其对溶剂有专门性能要求，这些溶剂被称为ULV溶剂。

要适应ULV技术要求，ULV制剂需要一些特殊性能，如制剂黏度20mPa·s，最好5mPa·s以下（20℃），受温度变化小及黏温系数小；表面张力应适当降低，以避免产生大量粗滴和过细液滴；挥发性应适度，避免雾滴在运行过程中变得过细；药效好和对作物无药害。因此，为满足 ULV 技术要求，制剂中的溶剂应具有高溶解力，低挥发性，无药害或可接受的低药害，闪点高，表面张力低，冻点和倾点低等性能。

不同溶剂的黏度差别很大，而且黏度随温度降低或增高的变化幅度也有明显差异。选择低黏度和低黏温系数的溶剂加工 ULV 制剂能够保证在应用时获得比较稳定的流速，从而获得稳定的 ULV 喷雾粒谱。

ULV 溶剂的低挥发性很重要。一般 ULV 喷施的雾滴很小，直径为 $60\sim150\mu m$，易随气流飘散，且雾滴蒸发率较高，难以附着在处理表面。因此，ULV 喷雾液体中应尽量避免用水之类的易挥发液体，而必须用低挥发性的溶剂。使用蒸气压高的溶剂不仅会使雾滴蒸发快，而且还会因蒸发引起温度降低，促使农药及其他助剂在药械的旋转雾化头的纱网上形成结晶，影响流速稳定并堵塞输液管。当然，溶剂的少量蒸发也是在所难免的，应该根据制剂的蒸气压进行预先估计，按比例增大设计从雾化头喷出来的液滴直径，使最终沉降的液滴达到适宜粒度。

值得注意的是，ULV 雾粒非挥发性组分（包括溶剂在内）有时会引起植物的急性药害，所以溶剂的选用也并不是挥发性越低越好，应适当考虑平衡关系。溶剂的挥发性总是与沸点和闪点直接相关的。低挥发性溶剂沸点闪点较高。ULV 喷雾，尤其是航空 ULV 喷雾时，若溶剂闪点低易引发火险，制剂生产贮运也不安全。

要成功选择理想的 ULV 溶剂往往会遇到许多矛盾，如较低挥发性的芳烃、醇和酮类溶剂对作物药害较高；兼具低挥发性和低药害的脂肪族溶剂如石油、煤油等溶剂，通常对农药的溶解性能较差。植物油也是这样，并且与一般的液体农药相容性差，自身黏度也较高，一些特殊溶剂如松树油、异佛尔酮等在溶解性能、挥发性及黏度方面都较好，但往往药害也很重。一些较好的溶剂如乙二醇和乙二醇醚，但其价格较高，难以广泛应用。此外，还要注意化学稳定性，一般不能低于乳油溶剂，加工的制剂质量保证期应该不低于两年。

常用的 ULV 溶剂，包括制剂配方和应用的稀释剂在内，有以下几类。

① 高沸点芳烃　重芳香石蜡油，重质芳香萘，甲基萘，溶剂石脑油，Lranolin KEB 和 KEL，Solvesso 100、150 和 200。

② 酮类　异佛尔酮（如 Duphar # 溶剂）、环己酮、N-甲基吡咯烷酮和 2-吡咯烷酮等。

③ 脂肪烃　柴油、动力煤油和 Riseclla 917 等。

④ 高沸点醇　包括 $C_2\sim C_8$ 烷基乙二醇，如丁（戊、己）二醇、壬醇和 5-己烯-2-醇等。

⑤ 植物油　蓖麻油和松油等。

⑥ 其他特殊 ULV 溶剂　包括二甲基甲酚胺、六甲基磷酸叔胺、轻聚丁烯、乙

基溶纤剂、萘满、重烷基化物和 Parasol AN-5 等。另外重芳烃（C_9 芳烃为主）和轻柴油芳烃也可作为 ULV 溶剂。

随着 ULV 技术深入研究和推广应用，许多新型 ULV 溶剂及应用技术不断出现，并采用混合溶剂和研究利用减轻或避免药害的安全剂。近年还研制成功特种 ULV 制剂，包括 O/W 乳状液、微乳状液、油悬剂和 ULV 用乳油等。

3. 农药制剂改性中的应用

一些农药公司为了改善农药制剂的理化性能和生物学性能，如降低或改善制剂的黏度、气味、毒性、与水的互容性、增效、提高使用质量等，对溶剂、助溶剂的研制和使用技术进行了深入研究。

（1）低黏度制剂。德国拜耳公司开发的内酰胺与羟基化合物的加成物具有黏度低的性能，作为乳油或特种剂型加工的配方，能够改善制剂在使用时的流速。

（2）芳香性农药液剂用溶剂。以柑橘皮为原料制取天然的 1,8-对蓝二烯植物油溶剂，具有芳香气味，毒性低，稳定性强，可用来配制加工油剂和卫生防疫用乳油。

（3）高沸点低毒性有机溶剂。用于杀虫剂制剂加工的溶剂，要求沸点高于 200℃，白鼠急性经口和经皮毒性 $LD_{50} \geqslant 500mg/kg$。符合这些要求的溶剂有芳香性羧酸酯类（如苯甲酸酯、肉桂酸酯、邻苯二甲酸酯、二甲基邻苯二甲酸酯）、磷酸酯或亚磷酸酯、萜烯烃或聚合萜烯。美氰胺公司通过使用聚乙二醇作溶剂，降低某些农药制剂的毒性。例如采用聚乙二醇或聚丙二醇等溶剂加工拟除虫菊酯乳油，能够提高安全性和降低毒性。

（4）改进杀虫剂和杀菌剂制剂的水面扩展性。农药制剂往往需要对水稀释后才能使用，因此需要与水有良好的相容性，并在水中能很快扩散。达到这一要求的途径主要是对具有不同亲水性能的溶剂进行复配使用。亲水性强的溶剂主要是乙基溶纤素类的化合物，如三乙醇胺、异丙醇、甲醇和乙醇等；亲油性溶剂以混合二甲苯为代表，包括环己酮、正丁醇、乙酸乙酯和甲苯等。

（5）稳定的氨基酸甲酯液剂用混合溶剂。保证农药制剂在一定时间内的稳定性是农药加工的基本要求。通常采用混合溶剂进行配制以提高农药制剂的稳定性。如加工 30%～40% 氨基甲酸酯类杀虫剂液剂，使用的混合溶剂有 30%DMF＋30% 二甲苯；30%DMF＋15%烷基芳烃（沸点 185～210℃）＋15% 羟乙基醋酸酯；25% DMF＋20% 二甲苯＋15%二辛基邻苯二甲酸酯＋10%壬基酚聚氧乙烯醚磷酸酯。

（6）加工稳定性好的利谷隆和氟乐灵混合除草剂乳油，则常用特种溶剂苯乙酮。

（7）植物油如豆油、棉籽油及石油馏分作为溶剂可以改进一些除草剂、杀菌剂乳油的乳化性能和渗透性能，提高除草防病效果，甚至有的脂肪酸类溶剂本身还有抗病作用。

4. 控制液滴技术中的应用

控制液滴技术（CDA）是与 ULV 同期开发的一种农药应用技术。该技术的关键和特点除需要设计专门的喷雾头及配套装置外，还要根据农药性质和防治对象等选择特殊的溶剂。不同防治对象，不同农药，甚至不同剂型和施药技术，这种最佳粒谱及粒子大小都是不一样的。加工 CDA 专用制剂，才能确保这种施药技术达到最佳喷雾粒谱和理想大小的雾滴颗粒。

通常首先选择适合 CDA 技术的农药品种和加工剂型，再通过室内和田间药效试验选择合适的溶剂进行配制 CDA 制剂。例如 5％二氯苯醚菊酯的 CDA 乳油的配方是：二氯苯醚菊酯原油 5％＋溶剂 EXXSOL D100 95％或 Solvesso 200 等溶剂。

5. 静电喷雾制剂中的应用

静电喷雾制剂所需溶剂和稀释剂的基本性能要求与 ULV 制剂相似。不同之处是对溶剂的电阻率有特殊要求。可用于静电喷雾制剂加工的溶剂有 EXXSOL 和 Solvesso 系列。例如选用 EXXSOL D60（非芳烃）或 Solvesso 150（芳烃）溶剂可以配制 5％二氯苯醚菊酯静电喷雾制剂。其配方为：二氯苯醚菊酯 5％＋EXXSOL D60（或 Solvesso 150）35％＋环己烷 10％＋CERECHLOR 42.50％。

此外，还有一种白油溶剂，低挥发性、低刺激性和低药害，基本无臭味，除作乳油溶剂外，也是静电喷雾用溶剂之一。

6. 农药-液体化肥复合乳油中的应用

配制农药-液体化肥复合乳油，在选用溶剂时也必须考虑对溶剂的特殊要求。可用于配制这种乳油的溶剂包括四氢呋喃醇、单低级烷基乙二醇醚、丙二醇和单低级烷基乙二醇醚乙酸酯，以及聚乙二醇醚或乙二醇单甲醚、三亚乙基二乙二醇等，植物油或者与表面活性剂的浓缩物也可以选用。

先正达公司发明的不稀释直接施用的稻田除草剂乳油含有醇［如正丁醇、异丁醇、（异）戊醇、正己醇、环己醇等］和水分散性溶剂。

第四节　乳化剂

乳化剂（emulsifier）是制备农药乳状液并保证其处于最低稳定状态所使用的物质。农药乳状液是农药制剂加工和应用技术中经常遇到的一种分散体系，是指由一种或多种液体以液珠形式分散在与它不相混溶的液体中构成的分散体系。农药乳状液的液珠直径一般都大于 $0.1\mu m$，属粗分散体系，由于体系呈乳白色而被称之为乳状液。

农药乳化剂是保证乳状液稳定存在的关键，它使油滴与油滴之间、水滴与水滴之间不能很快聚合，达到最佳的两相平衡，使乳状液稳定存在。农药乳化剂的重要作用主要体现在两个方面：一是化学农药中常用剂型乳油中必不可缺的助剂，对乳油制剂的质量和效果起着关键性的影响，此外，在其他农药剂型如水乳剂、微乳剂、悬浮剂、可湿性粉剂、可溶液剂、水剂中也用作助剂；二是在农药助剂中，乳化剂居世界农药用表面活性剂需求量首位。在我国，从 20 世纪 80 年代以后其生产和需求量占助剂总产量一半以上，大大超过分散剂、润湿剂等助剂。而且表面活性剂的性质和作用决定了许多乳化剂除了具有乳化作用，也有良好的分散作用、润湿作用、增溶作用等特性，从而在农药加工和应用中起到提高润湿性、悬浮率、增溶性、展着性的效果。

一般说来，农药乳化剂除了满足农药助剂必备条件外，还应具备如下基本特征：

① 乳化性能好，适应农药品种多，用量少，能大大降低制剂的表面张力，并能配制含量较高的制剂。

② 与原药、溶剂及其他组分有着良好的互溶性，在低温时不分层，不析出结晶或沉淀。

③ 对水质硬度、水温、活性成分的浓度变化等具有较好的适应能力。制剂使用时自动或稍加混合即形成适宜粒径的乳状液，在高温和低温环境中能保证乳状液的稳定性。乳状液施用后，发挥良好的黏着、润湿和渗透作用，协助发挥活性组分的药效。

④ 黏度较低，流动性好，闪点较高，毒性小，生产、运输、贮存、使用方便又安全。

⑤ 具有良好的物理及化学稳定性，在一定时间内无物理及化学变化，乳化剂的各项性能尤其是乳化性能不能有很大改变。通常需两年或两年以上的品质保证期。

通常，农药乳化剂尤其是优质的复配乳化剂都具有如下特性：第一，品种齐全，性能完善，能满足农药科学和生产发展的需要；即是说各类化学农药乳化剂都已研究并商品化，且产品乳化高效、用量少，除乳化性能外还同时兼具分散性、润湿性和低泡性等。第二，多功能，用途广，适用农药品种多和应用技术条件变化能力强。近年来发展的农药乳化剂不再只是具有乳化性能，而是具有多种功能，可用于乳化、湿润、展着、渗透等方面。例如近年开发的新型多功能助剂——烷基醚羧酸及其盐，具有优良的乳化、分散、润湿及增溶性能，而且易生物降解，对环境安全。农药乳化剂对使用技术条件应变能力强，集中表现在稀释用水量、水质、稀释倍数明显扩大时仍能获得符合标准的乳状液。以前采用室温水（20～25℃），现已扩大到 10～40℃。水质硬度（以碳酸钙计）以前采用标准水 342mg/L，现已扩大到 20～1000mg/L，最高时达到 2g/L。其稀释倍数，以往常用几百倍至几千倍水来稀释，现在低的稀释倍数只有几倍或几十倍。如超低容量喷雾，其制剂只稀释几倍或者不对水直接施用。第三，安全、经济。主要表现在低毒和无药害的乳化剂、高闪点乳化剂、高浓度乳油乳化剂、亲水亲油型（H/L 型）成对乳化剂和高效多功能乳化剂。

一、乳化剂的种类

乳化剂的品种繁多，可分为单体和复配乳化剂。单体乳化剂一般分为非离子型、阴离子型、阳离子型、两性离子型四大类。前两类应用最广，也最为重要，尤其在农药剂型的制备中，对产品质量好坏有关键的影响。

1. 非离子型乳化剂

非离子型乳化剂是指在水溶液中不能电离而起乳化作用的表面活性剂，起乳化作用的是整个分子或分子群体。按亲水基和亲油基在分子中连接的化学键分类，分为醚型、酯型、端羟基封闭型和其他结构四大部分。

（1）醚型非离子乳化剂

① 烷基酚聚氧乙烯（聚氧丙烯）醚类。适用作多种农药乳化剂。主要品种有壬基酚聚氧乙烯醚（NP）、辛基酚聚氧乙烯醚（OP）、辛基壬基酚聚氧乙烯-聚丙乙烯醚及环己基酚聚氧乙烯聚氧丙烯醚等。

② 苄基酚聚氧乙烯醚及类似品种。最适用作有机磷农药乳化剂。主要品种有二苄基酚、三苄基酚聚氧乙烯醚（农乳 BP）、二苄基枯基酚乙烯醚（农乳 BC）、苄基酚聚氧乙烯醚、二苄基联苯酚聚氧乙烯醚、苄基烷基酚聚氧乙烯醚及苄基萘酚聚氧乙烯醚等。

③ 苄基联苯酚聚氧乙烯聚氧丙烯醚。

④ 苄基酚聚氧乙烯聚氧丙烯醚。

⑤ 苯乙烯基酚聚氧乙烯醚及类似品种。最适合用作有机磷农药乳化剂。主要品种包括三苯乙烯基酚聚氧乙烯醚（农乳 600 号）、二苯乙烯基枯基酚聚氧乙烯醚（农乳 BS）、三苯乙烯基酚聚氧乙烯聚氧丙烯醚（代表性产品有农乳 1601 号、1602 号和宁乳 32 号）、苯乙基酚聚氧乙烯醚（FI）、苯乙基异丙苯基酚聚氧乙烯醚（FII）、苯乙基联苯酚聚氧乙烯醚和苯乙基萘酚聚氧乙烯醚及类似物等。

⑥ 脂肪醇聚氧乙烯醚及类似物。作为乳化剂应用最多的是 C_{12}～C_{18} 脂肪醇聚氧乙烯醚。该类乳化剂稳定性较高，并具有较好的润湿性能。代表性产品有：月桂醇聚氧乙烯醚，又称农乳 200 号，$C_{12}H_{25}(EO)_nH$，$n=4～18$，产品外观为淡黄色油状液体至膏状或蜡状物，可用作 W/O 或 O/W 型乳化剂，也有优良的润湿和洗涤性能；异十三醇聚氧乙烯醚（GII）：$i\text{-}C_{13}H_{27}O(EO)_nH$，$n=3～15$。

⑦ 脂肪胺、脂肪酰胺的环氧乙烷加成物及类似品种。主要包括脂肪胺聚氧乙烯醚、脂肪酰胺的环氧乙烷加成物、季铵盐烷氧化物乳化剂和 N,N-二甲基酰胺等。

（2）酯型非离子乳化剂

① 脂肪酸聚氧乙烯酯 [RCOO(C$_2$H$_4$O)$_n$H]。是脂肪酸与环氧乙烷的加成物，也可以与聚乙二醇酯化而得。脂肪酸环氧乙烷加成物有两种基本结构单体：单酯 RCO(EO)$_n$H 和双酯 RCO(EO)$_n$OOCR，通常产品是两者的混合物。产品有油酸和硬脂酸酯环氧乙烷物。作为乳化剂应用较多的是 C$_{12}$～C$_{18}$脂肪酸聚氧乙烯酯。

② 蓖麻油环氧乙烷加成物及其衍生物。包括蓖麻油环氧乙烷化物（如 By 乳化剂）和蓖麻油环氧乙烷化物衍生物（如敌敌畏、二嗪农）。

③ 松香酸环氧乙烷加成物及类似物。是以松香为亲油基原料的环氧乙烷化合物。

④ 多元醇脂肪酸酯及其环氧乙烷加成物。主要是脂肪酸与多羟基物作用而生成的酯，常见的有甘油酯、聚甘油酯、糖酯及失水山梨醇酯。用作农药乳化剂的主要有失水山梨醇脂肪酸酯（Span 系列）及其环氧乙烷加成物（Tween 系列）。失水山梨醇即山梨糖醇酐，通过环氧乙烷加成缩合即制得失水山梨醇脂肪酯聚氧乙烯醚（Tween 系列）。

⑤ 丙三醇（甘油）为基本原料的非离子乳化剂。主要品种有二聚甘油、脂肪酸酯（EI）、双甘油聚丙二醇醚、甘油聚氧乙烯聚氧丙烯醚脂肪酸酯、甘油脂肪酸酯及甘油聚氧乙烯醚脂肪酸酯（EII）。

其中 EII 是近年用于制备农药微乳剂的乳化剂。此外，还开发有环氧化大豆油的二羧酸酯以及多甘油酯型表面活性剂等，它们既作为乳化剂，也作为稳定剂和增稠剂使用。

（3）其他结构类型的非离子乳化剂

① 烷基酚（Aa）、芳基酚、烷芳基酚或芳烷基酚聚氧乙烯醚，或聚氧乙烯聚氧丙烯醚甲醛缩合物（Ab）。

② 聚氧乙烯聚氧丙烯嵌段共聚物。产品 Pluronic 是结构式为 RO(C$_2$H$_4$O)$_a$-(C$_3$H$_6$O)$_b$(C$_2$H$_4$O)$_c$H 的一类物质，称为嵌段共聚物。可作为可湿性粉剂、水悬剂、干胶悬剂和水分散粒剂等剂型的助剂，属于多功能助剂。

③ 烷基聚葡萄糖苷（APG），又称烷基糖苷、烷基多苷，是由天然或再生资源的原料如淀粉中的葡萄糖与脂肪醇反应得到的非离子表面活性剂烷基多苷。

④ 纤维素类。属于大分子物质一类，主要在乳化体系中起辅助作用，增强乳状液的界面膜强度。包括羟乙基甲基纤维素、羟乙基纤维素、羟丙基甲基纤维素等。

2. 阴离子型乳化剂

阴离子型乳化剂是指在水溶液中电离成带负电荷离子部分或离子群体而起乳化作用的表面活性剂。相比之下，阴离子发挥乳化作用功能远不如非离子，而实际应用中，目前绝大多数仍然是烷基磺酸盐，特别是烷基苯磺酸钙盐。

按常规分类法，阴离子乳化剂分为磺酸盐和硫酸盐两大类，其次还有磷酸酯类和高分子阴离子乳化剂。但根据目前的发展来看，许多农药助剂除了多功能的特点之外，在结构上同时具有非离子性和离子性，所以农药助剂的离子性并不是绝对的。

（1）磺酸盐阴离子乳化剂

① 烷基苯磺酸盐。在农药乳化剂中，应用效果最好、最多、最广的阴离子表面活性剂是十二烷基苯磺酸钙盐，简称农乳500或钙盐。除了钙盐外，还有烷基苯磺酸钠、锌、钡、镁、铝等。

② 烷基苯磺酸胺盐。如十二烷基苯磺酸异丙胺盐、乙二胺盐和三乙醇胺盐等，可改进制剂的化学稳定性。

③ 烷基磺酸盐。如氯代正构烷基磺酸钙和仲链烷基磺酸钙。主要特点是对作物安全，生物降解率较高。

④ 丁二酸酯磺酸盐。如丁烯二酸二辛酯磺酸钙和丁烯二酸二月桂醇酯磺酸镁。主要特点是渗透性和湿润性较好。

⑤ 烷萘磺酸盐。如二丁基萘磺酸钙和二丁基苯磺酸镁，均为油溶性农药乳化剂。产品有乳化剂2201等。

⑥ 异硫逐酸盐。如油酸异硫逐酸钙、硬脂酸异硫逐酸钙和月桂酸异硫逐酸钙等。

⑦ 脂肪酰胺牛磺酸盐及其类似物。

⑧ 脂肪酰胺肌氨酸盐。如油酰-N-甲基肌氨酸钠盐（R＝$C_{17}H_{33}$，M＝Na）用作机油乳剂的乳化剂。

⑨ 苯乙基酚醚磺酸盐。

⑩ 烷氧基聚氧乙烯醚磺酸盐。

⑪ 烷基二苯醚磺酸盐。

（2）硫酸盐阴离子乳化剂　烷基硫酸盐（脂肪醇硫酸盐）类表面活性剂是润湿、乳化、分散作用最好的表面活性剂之一。十二烷基硫酸钠为典型代表。硫酸盐类乳化剂中重要的品种有以下几类。

① 脂肪醇硫酸盐。脂肪酸以月桂醇为代表，如$C_{12}H_{25}OSO_3Na$，对酸、碱、硬水很稳定，主要用作润湿剂。

② 脂肪醇聚氧乙烯醚硫酸盐。$RO(EO)_nSO_3M$，R为线型或支链脂肪基等

（$C_{12}\sim C_{14}$），M 为 Na、NH_4 等，$n=1\sim10$。例如用十二醇聚氧乙烯硫酸铵盐作树木处理用乳油的乳化剂。

③ 烷基酚聚氧乙烯醚硫酸盐及其衍生物。

④ 芳烷基酚聚氧乙烯醚硫酸盐及类似品种。如苯乙基酚聚氧乙烯醚硫酸盐，用作除草剂乳油的乳化剂。属于高分子型阴离子表面活性剂的烷基酚聚氧乙烯醚甲醛缩合物硫酸盐（钠盐和铵盐等），也可用作乳化剂组分。

（3）磷酸酯、亚磷酸酯型阴离子乳化剂　这是现代农药乳化剂单体中很重要的一大类，是多功能农药助剂的重要组分。有单酯盐和双酯盐（单烷基和双烷基磷酸盐）两类。

① 烷基磷酸酯及其类似品种。产品通常是单酯（$k=1$）、双酯（$k=2$）及三酯（$k=3$）的混合物。经改进之后，为脂肪酯聚氧乙烯醚磷酸酯和烷基酚聚氧乙烯醚磷酸酯类乳化剂所代替。但现在已改作其他农药助剂，如稳定剂、防漂移剂、粒剂和水悬剂助剂。

② 脂肪酸（脂肪醇）聚氧乙烯酯磷酸酯类乳化剂。与阴离子钙盐及其他非离子乳化剂配成复配乳化剂，用于有机磷类农药乳油，能获得很好的使用效果。该乳化剂单体对鱼类毒性低，生物降解性好，对有机磷农药分解影响也小。

③ 烷基聚氧乙烯醚磷酸酯、烷基聚氧丙烯醚磷酸酯。包括单酯、双酯的混合物，有时还有少量三酯，用于有机磷农药，除用作乳化剂外，还广泛用作分散剂、稳定剂、喷雾助剂、水悬剂助剂等。

④ 烷基酚聚氧乙烯醚磷酸酯及类似品种。这类阴离子已经成为多功能农药助剂的重要代表，广泛用于乳油、水悬剂等加工以及特殊农药-液体化肥联用技术。

⑤ 芳烷基酚聚氧乙烯醚磷酸酯及类似品种。代表性结构为苯乙基酚聚氧乙烯醚磷酸酯及其盐（碱金属盐及胺盐）。主要用作水悬剂的乳化剂和分散剂。

⑥ 亚磷酸酯类乳化剂。为烷基聚氧乙烯醚亚磷酸单酯和双酯。

3. 复配乳化剂

复配乳化剂（blended emulsifiers）是指对特定的应用目的专门设计的两种或两种以上表面活性剂乳化剂单体，经过一定加工工艺制得的复合物，可以含有乳化剂单体以外的必要辅助组分。从 20 世纪 50 年代后期至今，复配乳化剂一直是农药制剂生产中乳油必备的组分和最基本的应用方式，也是其他剂型（如悬浮剂）的必要助剂组分和主要应用方式。它也是制剂研究中最重要的应用技术核心。现在生产和应用的复配乳化剂产品已超过 500 种，还有各种规格型号，远远超过乳化剂单体品种。

复配乳化剂组分除有效成分的单体外，因为生产工艺、产品应用性能及安全因素还常有其他辅助成分，常用的有溶剂和稳定剂两种。

根据组成分类，复配乳化剂有两种基本形式，即由一类表面活性剂组成和由两类表面活性剂组成。

由一类表面活性剂组成：
① 一种非离子；
② 两种或两种以上非离子；
③ 一种或多种阴离子；
④ 一种或多种阳离子；
⑤ 两性离子。

由两类表面活性剂组成：
① 阴离子-非离子一种；
② 阴离子-非离子两种或两种以上；
③ 阳离子-非离子；
④ 两性离子-非离子。

现在由一类表面活性剂组成的复配乳化剂已应用不多，基本采用两类表面活性剂组成的产品。其中最重要、最普遍采用的是阴离子与非离子复配乳化剂。

二、乳化剂的选择 ▪▪▪▪

1. HLB 值和乳化剂

表面活性剂的亲水亲油平衡值（hydrophile lipophile balance，HLB）是分子极性特征的量度，是一个数值范围。HLB 值可定义为分子中亲水基团和亲油基团所具有的综合亲水亲油效应，在一定温度和硬度的水溶液中，这种综合亲水亲油效应强弱的量度为表面活性剂本身的 HLB 值，即表面活性剂 HLB 值。已发现的表面活性剂 HLB 值几乎与其他所有性质直接或间接相关，包括浊点、水数或酚值、极性、介电常数、展开系数、溶解性、在两相中的分配系数、表面张力和界面张力、分子量、起泡性和消泡性、折射率、水合值、界面黏度、内聚能、热熔、润湿渗透性、乳化性和乳状液稳定性、分散性、增溶性、去污性、乳状液转相温度等。

至今，制备农药乳状液以 O/W 型最多，用途最广。所需乳化剂为 O/W（油、水）型，乳化剂的 HLB 值为 8～18，许多具有优良综合性能的非离子型乳化剂 HLB 值在 12～15 之间。这样可集中在目标区域，利用非离子亲油基种类较多、结构变化丰富的特点，选择或合成指定性能产品。

2. 乳化剂的选择

目前，农药原药的乳化方式有 3 种。

（1）直接乳化法　直接将乳化剂加入液态原药中，如某些无溶剂的高浓度乳油。

（2）间接乳化法　将乳化剂加入原药-溶剂的混合物中，多数乳油为此法所制。

（3）原药的表面活性剂化　从技术角度来看，选好乳化剂始终是制备包括乳油在内的农药乳状液的中心环节。

选择乳化剂有 HLB 法、状态图法、相转变温度法、增溶法、有机无机法等。

其中，在理论上最有效的是以 HLB 值为基准的方法，简称 HLB 值法。它是建立在 Griffin 乳化试验法和 Davies 的 HLB 动力学基础理论基础上的。

HLB 法选择乳化剂的基本点，主要为：①每个乳化剂（单体或复配物）都有一个特定的 HLB 值范围，即要知道被乳化对象农药或农药-溶剂（或其他组分）体系所要求的 HLB 值；②农药乳状液，油/水（O/W）型需要的乳化剂 HLB 值通常在 8～18；水/油（W/O）型需要的乳化剂 HLB 值在 3.5～6；③当被乳化系统的 HLB 值与所选乳化剂系统 HLB 值等值时，通常可获得最佳的乳化效果，表现在所制乳状液具有最佳稳定性。

HLB 理论在亲水亲油性乳化剂的研制和应用中发挥了重要作用。这种乳化剂的组成性能特征为其中一个有较强的亲油性，HLB 值 9.3～12.0；另外一个亲水性较强，HLB 值 11.6～14.4。亲水亲油性乳化剂研制就是用 HLB 理论选择农药乳化剂的。用两组或两组以上亲水亲油性可调整的复配乳化剂来满足不同农药种类、规格、含量、溶剂系统、使用条件等的变化所引起的乳化系统亲水亲油性的差异，用最快的速度和最简便的方法迅速找到最佳的可使用的乳化剂品种、规格和用量。

乳化试验法是最初建立的方法，也是农药乳化剂选择最基础的方法。该法主要考虑因素包括原药种类、物化性质、制剂含量、溶剂种类、性质及用量，制剂乳油的质量规格和应用条件及其他特殊要求等。即使按 HLB 值法选定的乳化剂，最后仍需通过乳化试验法来验证。在乳化剂种类不多、品种规格数量不大、农药乳状液或制剂性能要求不高时，可应用乳化试验来筛选乳化剂。如今农药乳化剂已经开发了 60 余大类，数百个品种规格，不少国家都有几十至百种以上产品，为此，有些国家已建立了专门的数据库和计算机系统，可明显提高农药乳化剂选择的成功率。此外，还有相转变温度法（PIT 法），即利用相转变温度选择乳化剂的方法。相转变温度是乳化剂亲水亲油性质刚好平衡时的温度，是衡量乳状液稳定性的一种有用方法。

综合上述种种因素和乳化作用原理，从一系列研究中总结出经验规律，针对农药类型选择乳化剂的种类如下。

（1）有机磷农药使用的乳化剂　比较适合的有下列 15 类。其中阴离子型乳化剂有 3 类，非离子型乳化剂 12 类。

阴离子型乳化剂：①烷基苯磺酸钙盐，特别适合的是碳十一和碳十二为主的烷基苯磺酸钙盐；②有机磷酸酯，其中烷基聚氧乙烯醚磷酸酯（单酯和双酯及其混合物）、烷基酚聚氧乙烯醚磷酸酯和芳烷基酚聚氧乙烯醚磷酸酯（单酯、双酯及其混合物）更常用；③芳烷基酚聚氧乙烯醚硫酸盐。以上 3 种阴离子型乳化剂中以烷基苯磺酸钙盐应用综合性能最好，应用最多、最广。

非离子型乳化剂：①苄基酚（二苄基和三苄基酚）聚氧乙烯醚；②苄基联苯酚

聚氧乙烯醚；③苯乙基酚聚氧乙烯醚；④苯乙基、异丙苯基酚聚氧乙烯醚；⑤苯乙基联苯酚聚氧乙烯醚；⑥异丙苯基酚聚氧乙烯醚；⑦苯乙基酚聚氧乙烯聚氧丙烯醚；⑧苯乙基酚异丙苯基酚聚氧乙烯聚氧丙烯醚；⑨蓖麻油环氧乙烷加成物及衍生物；⑩烷基酚聚氧乙烯醚甲醛缩合物；⑪芳烷基酚聚氧乙烯醚甲醛缩合物；⑫某些含磷酸酯型非离子等。以上12类中，又以③、⑦、⑩应用综合性能最好，应用最多、最广。

采用上述15类乳化剂，取其中适当规格相互复配应用，可以解决绝大多数有机磷杀虫剂、除草剂和杀菌剂的乳化问题。

（2）除草剂使用的乳化剂　除草剂化学结构复杂而多变。除草剂乳化剂开发较杀虫剂乳化剂为晚，专用性强，常有特殊的应用条件。

阴离子乳化剂：①烷基苯磺酸钙盐；②烷基磺酸钙；③芳烷基酚聚氧乙烯醚硫酸盐；④烷基聚氧乙烯醚磷酸酯（单酯、双酯及混合物）；⑤烷基酚聚氧乙烯醚磷酸酯（单酯、双酯及混合物）；⑥芳烷基酚聚氧乙烯醚磷酸酯（单酯、双酯及混合物）。

非离子乳化剂：①烷基酚聚氧乙烯醚；②苯乙基酚聚氧乙烯醚；③蓖麻油环氧乙烷加成物及其衍生物；④苯乙基酚聚氧乙烯聚氧丙烯醚；⑤烷基酚聚氧乙烯醚甲醛缩合物；⑥苯乙基酚聚氧乙烯醚甲醛缩合物；⑦苄基酚聚氧乙烯醚甲醛缩合物；⑧苯乙基酚聚氧乙烯聚氧丙烯醚甲醛缩合物；⑨环氧乙烷、环氧丙烷嵌段共聚物；⑩脂肪胺聚氧乙烯醚；⑪脂肪酰胺聚氧乙烯醚等。

三、乳化剂的关键技术 ▰▰▰

农药乳化剂在应用中经常会遇到分层沉淀、流动性差、低温和高温使用达不到效果以及化学稳定性差等情况，使用中应注意以下几个方面。

1. 分层沉淀问题

乳化剂单体和复配物都发现有分层沉淀现象。产生分层沉淀主要是由单体的物理和化学性质等因素引起的。单体非离子如环氧乙烷或环氧乙烷/环氧丙烷醚型分层经常是由反应副产物聚乙二醇或聚丙二醇引起的。单体阴离子如钙盐分层沉淀既有不溶性硫酸钙又有不溶性或者难溶性的（2-Φ）异构体钙盐。

由钙盐制得的阴离子-非离子复配型乳化剂分层沉淀现象较普遍，主要由两方面因素造成。物理性质方面：钙盐与非离子组分相容性不良；非离子中副产物聚乙二醇量过高，与其他组分相容性不良；乳化剂溶剂系统不良。化学因素方面：不溶性或难溶性的硫酸钙、钙盐中的2-Φ异构体比例高；醋酸盐中和的非离子要比用磷酸盐中和除盐的非离子所配乳化剂分层沉淀要明显。

解决的主要技术措施如下：①提高钙盐质量。包括从合成工艺上尽快减少难溶性 2-Φ 异构体的量，减少不溶性硫酸钙盐；采用四聚丙烯苯钙盐等，并经中和后延长静置时间。②非离子单体合成时碱催化剂可选用磷酸中和、过滤除盐，同时环氧化反应尽量控制聚乙二醇、聚丙二醇等与其他组分相容性差的副产物的生成量。③复配乳化剂系统中加入适当的某些极性溶剂。如一缩乙二醇、二甲基甲酚胺、N-甲基吡咯烷酮，其用量 5% 时，就可以基本解决农乳 1656H 或 L 型乳化剂分层沉淀问题。

2. 流动性问题

复配乳化剂的流动性较差，计量和配制乳油时需要先加热熔化后才能使用。试验表明，复配型乳化剂流动性差，主要是由于非离子组分，特别是较高环氧乙烷化程度的聚醚型和聚酯型非离子，凝固点高，基本都高于室温，并且在复配中所占比例大大高于阴离子，从而使复配乳化剂黏度增加，凝固点高。

解决复配乳化剂，特别是钙盐与非离子的阴-非离子复配乳化剂流动性问题的主要方法有两种：一是合成优质的低凝固点、流动性好的非离子型乳化剂。目前研制成功的低凝固点、流动性好的非离子亲水基链部分为环氧乙烷-环氧丙烷、环氧乙烷-环氧丁烷、环氧乙烷-环氧丙烷/环氧丁烷组成的嵌段共聚链结构。二是添加高效的降黏剂。目前部分复配乳化剂必须用凝固点较高的其他非离子组分。已有报道的降黏剂化合物包括乙二醇（丙二醇、丁二醇）二甲醚，还有丁二醚、乙醛醚等。据称添加 5% 这类添加剂可以使钙盐的溶剂系统黏度降低几十倍至数千倍，从而大大降低复配乳化剂黏度，提高流动性。此外，降低乳化剂有效成分含量，大量增加溶剂，也是一种简便措施。

3. 化学稳定性

化学稳定性问题主要是指农药制剂受所用乳化剂的作用，化学稳定性受损，造成农药分解的问题。有些乳化剂能加速或诱发某些农药品种在贮存、运输中的不良化学反应，包括分解有效成分，使制剂失效。例如常用的阴离子乳化剂钙盐在部分有机磷乳油中可与原料发生反应，促进分解。例如，无溶剂的高浓度乳油用乳化剂是由两类引火点高的非离子复配而得的，用于配制 75% 马拉硫磷乳油等，化学稳定性 60℃（1 个月）比用普通阴-非型乳化剂提高近一倍。因此，在选用乳化剂时，要特别注意选择乳化剂的种类、质量和配方组成等问题。对于具有较活泼基团的农药用乳化剂要特别慎重选取乳化剂品种和配方。研制专用乳化剂品种是一种途径。

4. 高浓度乳油用乳化剂

通常称含农药有效成分在 70% 和（或）以上的制剂为高浓度制剂。原药质量普遍提高、优质助剂的开发以及先进的加工工艺技术，为各类高浓度制剂发展创造了必要的技术条件。由于高浓度制剂一般在产品质量、成本、安全和贮运保管方面有明显优势，所以 20 世纪 80 年代以来开发的干胶悬剂和水分散粒剂中，高浓度制剂比例更大。在高浓度制剂中，发展最早的是高浓度乳油，这种乳油少用或者不用溶剂，从而减少了农药溶剂带来的一系列弊病，而且有效成分浓度提高，节省了包装及贮运成本。在配制高浓度乳油剂型时，一般选用高浓度乳油专用乳化剂，如农乳 0202C、0202B，这样产品质量和药效都能得到保证。同时可适应新的应用技术，包括低容量、ULV 技术等。

高浓度乳油乳化剂研究始于 20 世纪 60 年代有机磷农药大发展时期，高浓度乳油乳化剂产品主要有阴离子-非离子复配乳化剂和单体非离子乳化剂，开发的产品中以高浓度有机磷乳油用乳化剂为多。

目前，有两种类型的乳油配方：①含少量溶剂的高浓度乳油，制剂含量多数在 70％～80％；②无溶剂高浓度乳油，制剂含量多数设计在 80％～90％或者更高。相应的应用技术为：①与常规乳油相同的施药技术，高容量和低容量喷雾；②特色应用技术，例如航空或地面 ULV 喷雾。其中，ULV 技术是广泛采用的先进施药技术，需要专门制剂（ULVF）配套。ULVF 主要剂型是油剂、特种油剂。高浓度乳油作 ULV 应用是 ULVF 中的特殊情况。现有 ULV 高浓度乳油为杀虫剂和除草剂两类。

5. 农药-化肥联用时的乳化剂

农业的发展，要求化学农药与其他农业化学品（如化肥、微量元素等）联用。这是一类新型助剂即掺合剂（compatibility agent）所需解决的问题。其中常遇到的是化学农药和液体化肥联用，特别是农药乳油与液体化肥联用，或者是由农药和液体化肥制成乳油制剂。所用乳化剂是具有掺合性的特种乳化剂。

农药液体化肥复合制剂（特种乳油）是被乳化系统中含有一定数量的液体化肥（典型的钾肥、氮肥形成的钾、铵离子浓度很高）。因此，所需的乳化剂种类品种、规格以及乳化剂配方设计的性能评定另有区别。主要是要求在强电解质和高浓度（离子强度）存在下具有好的分散性、乳化性及乳状液稳定性。

6. 泛用型除草剂的乳化剂

除草剂在化学农药中的地位非常重要，在超高效农药中超高效除草剂处于领先地位。最新加工剂型，如水悬剂、干胶悬剂、水分散性粒剂，也以除草剂领先。助剂领域的高效多功能助剂、新型乳化剂、分散剂、润湿剂以及渗透剂等有很多产品首先是配合除草剂开发的。

除草剂中应用乳化剂的主要场合是乳油和水悬剂两大基本剂型。乳化剂以专用型复配乳化剂、泛用型乳化剂和亲水亲油型（H/L 型）乳化剂为主。有部分除草剂乳化技术难度较大，因而对乳化剂专业性程度要求很高。乳油溶剂系统选择也相对麻烦，需要用到极性溶剂、特种溶剂、复合溶剂等，增加了乳化剂的专用性。另外，除草剂乳油应用技术条件变化较大，地面喷雾和航空喷雾，高容量、低容量和ULV喷雾，单独施用以及与其他类农药，特别是和液体化肥联用时，在不同地区所遇到的水温、水质硬度变化范围较大。

7. 含水乳油用乳化剂

含水乳油的发现和研制成功是对常规乳油严格限制水分含量观念的重大突破。新型的农药制剂农药微乳状液具有高度稳定性和较强的穿透性，其助剂系统也主要是阴离子与非离子型复配物。阴离子组分采用钙盐、烷基苯磺酸钠盐、$C_8 \sim C_{20}$ 烷基硫酸钠盐等。非离子比较常用的有农乳 300、农乳 700 等。这类微乳状液已有专用的阴离子与非离子型复配乳化剂产品，如 Sorpol 2676S，Sorpol 2678S 等。

第五节　分散剂

分散剂（dispersant）是指在农药剂型加工中能阻止固-液分散体系中固体粒子的相互凝聚，使固体微粒在液相中较长时间保持均匀分散的一类物质。分散剂是最重要、最常用和用量最大的一种农药助剂。现代化学农药产品实际上都是含有农药有效成分的分散体系，制备这种分散体系多数必须使用分散型助剂。如可湿性粉剂、乳油、粒剂、悬浮剂、胶悬剂、水分散粒剂、乳粉、微胶囊悬浮剂等农药剂型的加工均离不开分散剂。在制备乳油和可湿性粉剂时加入分散剂和悬浮剂易于形成分散液和悬浮液，因此，要求农药分散剂不仅具有分散性和浮化性，还要能保持分散体系的相对稳定性。

农药分散剂早已广泛用于可湿性粉剂、可溶粉剂、固体乳粉等，并取得了很好的效果。特别是目前它还应用于正成为国内外开发热点的环保型、安全性强、价格低廉的水基性剂型和固体粒状剂型。农用分散剂在水基性剂型中起着阻止被分散的农药粒子重新絮凝和聚凝，或产生沉淀和结底的作用，使产品具有长期贮存稳定性；在固体粉状和粒状产品加工中使农药粒子保持分散状态，避免结块和成团，不影响使用。这些剂型产品用水稀释后，能得到均匀、高分散性、悬浮率高的（喷雾）稀释液，从而确保剂型产品有高的药效。

分散剂的稳定机制主要有三种理论：静电稳定理论、空间位阻稳定理论和空缺稳定理论。

（1）静电稳定理论　静电稳定理论（derjaguin-landau-verwey-overbeek，DLVO理论）又称双电层理论，是经典的静电稳定理论，该理论从颗粒间斥力位能与引力位能相互作用的角度研究分散体系的稳定与聚沉，表现为位能曲线上出现势垒，势垒大小是分散体系能否稳定的关键。

使用阴离子型分散剂时，通过一种库仑的能量垒，提供静电稳定。即农药粒子在水或极性溶剂中，通常存在一种表面电荷与一种带相反电荷的离子云所围绕构成的双电层，但分散剂电性仍保持为中性，同时提供粒子之间一种静电排斥力，使粒子不絮凝、聚凝和聚集，保持分散状态。然而，分散体系处在高电介质浓度下，双电层扩张层厚度可能受到压缩，将会导致提供的静电排斥力变小，从而影响剂型稳定性。

（2）空间位阻稳定理论　空间位阻稳定理论（hesselink-vrij-overbeek，HVO理论）以高分子分散剂在纳米微粒表面形成牢固的吸附并具有足够的吸附层厚度（1～10nm）为理论基础。使用非离子型分散剂时，疏水基链吸附在粒子表面上，亲水性链伸入到水中。当粒子之间彼此接近的距离比非离子型分散剂链（通常提供吸附层厚度6大致为5～10nm）扩张到小于两倍吸附层厚度距离时，该链遭受叠加或压缩，将会降低链的构形熵，导致粒子间发生排斥，这种排斥力是很强的。同时粒子间的渗透压力比在大多数水里大，这时大多数水分子扩散进入能把粒子分开。这种构形熵或渗透压力的排斥协同作用，通常能提供一种空间稳定作用，而且这种非离子型分散剂的使用不会受到电介质浓度高低的影响。

（3）空缺稳定理论　聚合（物）分散剂因其相对分子质量比非离子型分散剂更大，吸附链的吸附点比非离子型分散剂更多，所以吸附链比非离子型分散剂更难从农药粒子上脱吸。而有些含有羧酸盐类如嵌段、接枝和梳形的聚合分散剂，本身也能提供静电排斥力，这种静电和空间排斥的混合作用，使其吸附在粒子表面的能力加强，从而确保粒子间不易发生絮凝，得到的剂型更加稳定。

一、分散剂的种类 ▪▪▪▪

分散剂种类较多，除水溶性高分子物质、无机分散剂两类外，都是表面活性剂。特别是在实际应用中，真正能单独起分散作用、性能好的分散剂几乎都是表面活性剂。目前在我国较为常用的分散剂主要是木质素磺酸盐及其衍生物、萘或烷基萘甲醛缩合物磺酸盐及其衍生物。

根据农药分散剂的应用特点，可以将其分为水介质中的农药分散剂及有机介质中的农药分散剂。

1. 水介质中的分散剂

这一类分散剂以水作为介质在农药制剂中使用。目前，这一类分散剂研究得比较深入，受到普遍的重视，也是极有前途的一类农药分散剂。

（1）阴离子型分散剂　阴离子分散剂吸附于粒子表面使其带有负电荷，通过静电斥力作用和空间位阻作用使分散体系得以稳定。阴离子分散剂主要有磺酸盐类分散剂、磷酸盐分散剂和硫酸盐分散剂等。其中，磺酸盐分散剂都有亲水性很强的磺酸基基团，在酸性或碱性介质中都稳定，不会与体系中的钙镁离子结合形成沉淀，具有很强的抗硬水能力。磺酸盐分散剂很容易与其他分散剂复配使用，应用比较广泛。主要包括以下几类：

① 烷基萘磺酸盐。以钠盐为主，分为单烷基萘磺酸盐和双烷基萘磺酸盐，其中部分产品可用作润湿剂。

② 双（烷基）萘磺酸盐甲醛缩合物（钠盐）。部分产品可用作润湿剂。

③ 萘磺酸甲醛缩合物钠盐。部分产品可用作润湿剂。

④ 烷基或芳烷基萘磺酸甲醛缩合物钠盐。烷基为甲基者，如分散剂 FM，芳烷基为苄基者如分散剂 CNF。

⑤ 甲酚磺酸、萘酚磺酸甲醛缩合物钠盐。如分散剂 S 等。

⑥ 石油磺酸钠。如 Morco H-70/M-70、Petronate CR、HL 等。

⑦ 烷基苯磺酸钙盐及其他盐。

⑧ 木质素磺酸盐。和其他分散剂相比，其成本低，分散性能良好，已广泛应用在农药粉剂、悬浮剂、水分散粒剂和微囊剂中。

⑨ 有机磷酸酯类。包括烷基磷酸酯（单、双及三酯），如 PAP、Servoxyl VPAZ100 等；脂肪醇聚氧乙烯醚磷酸酯（单、双酯为主），如 CAFACRE610、RS710 等以及 Servoxyl 系列；烷基酚聚氧乙烯醚磷酸酯（单、双酯），烷基为辛基和壬基的有 Hostaphat 系列、Rewophos 系列及 Servoxyl VPNZ 等；双烷基酚聚氧乙烯醚磷酸酯（单、双酯），烷基为辛基和壬基的有 Servoxyl VPQZ 等；芳烷基酚聚氧乙烯醚磷酸酯（单、双酯），如 HOE S3475、Soitem SFL/N、BFL/N 及 Soprophor F_1 等。

⑩ 烷基酚聚氧乙烯醚甲醛缩合物硫酸盐。如国产分散剂 SOPA。

（2）非离子型分散剂　非离子型分散剂的化学结构是由亲水基团和亲油基团组成的。它们在水相和油相系统中都不会离解成带电荷离子，常以中性分子状态或胶束状态存在于体系之中。所以非离子型分散剂在酸性、碱性和各种盐类介质中均比较稳定，可以和其他离子型或非离子型分散剂复配使用，不会发生沉淀现象，对硬水不敏感，对水温适应性、耐气候性、热稳定性和贮运安全方面都较好。主要有以下几类：

① 烷基酚聚氧乙烯醚。烷基包括辛基、壬基和十二烷基，其中以壬基酚聚氧乙烯醚最多。

② 脂肪胺聚氧乙烯醚和脂肪酰胺聚氧乙烯醚。如 Amiet 105、308、320、445 等。

③ 脂肪酸聚氧乙烯酯。如 ETHOFAT CHO/15C/15 等。

④ 甘油脂肪酸酯聚氧乙烯醚. 如 Emulox LX1000、POE-POP-DL、Tagat L 及 L$_2$ 等。

⑤ 植物油（蓖麻油）环氧乙烷加成物及衍生物。包括氢化蓖麻油环氧乙烷加成物，又称氢化 By，如 Emulphor EL-620，EL-719 等。

⑥ 乙二胺聚氧乙烯聚氧丙烯醚。如 Tetronic 701、707、904、908。

⑦ 环氧乙烷-环氧丙烷嵌段共聚物。EO-PO-EO 型和 PO-EO-PO 型，如 pluronic F、L 系列，Monolan 2000E/12、2500E/30 及 8000E/80 等。

⑧ 烷基酚聚氧乙烯醚甲醛缩合物。如农乳 700 号系列、宁乳 36 号、宁乳 37 号和 Sorpol PPB 系列。

⑨ 烷基酚聚氧乙烯聚氧丙烯醚。

2. 有机介质中的分散剂

（1）用于无机粒子的分散剂　包括各类脂肪酸钠盐，常用的有月桂酸钠、硬脂酸钠盐和磺酸盐；长碳链的胺类化合物，如伯胺类、仲胺类和季铵类以及醇胺类。除此之外，还有长碳链醇类和有机硅类。

（2）用于有机粒子的分散剂　主要包括各种非离子型表面活性剂，各种长碳链胺类如十八胺，各类以聚氧乙烯为亲水基团的烷基胺，Tween 类，亲油性强的 Span 类非离子表面活性剂。

近年来又开发出分子量极高的新型聚合分散剂，聚合"梳齿"表面活性剂，此类聚合分散剂都有很长的疏水主链，主链与环氧乙烷链相连形成"梳齿"或"耙齿"，这种分散剂称作梳齿表面活性剂或耙齿表面活性剂，分子量高于 20000。聚合表面活性剂有卓越的水稳定性，鉴于高分子量疏水基生成许多结合点，这就使其与农药粒子表面之间有很强的吸附力，获得最佳分散性能。

二、分散剂的特性 ▪▫▪▫▪

分散剂的质量是决定其性能的基本因素。单体的质量主要在合成中控制。然而，助剂的多功能性又决定了不同场合要求发挥的功能各不相同。分散剂单体中，萘磺酸甲醛缩合物和烷基萘磺酸甲醛缩合物、木质素磺酸盐、烷基酚聚氧乙烯醚甲醛缩合物硫酸盐三大类有一定的代表性。

（1）萘磺酸甲醛缩合物（Ⅰ）和烷基萘磺酸甲醛缩合物（Ⅱ），通式如下：

Ⅰ　　　　　　　　　Ⅱ

式中，M＝Na。

这两种物质是当今农药加工的重要分散剂品种，在染料工业中也相当重要。国内产品有分散剂 NNO［R＝H，即（Ⅰ）］、MF（R＝甲基）、CNF（R＝苄基）和 C（R 为甲基和苄基）等。生产上应用的是不同分子量和异构体的混合物。结构、组成比例不同，其综合性能效果也各异。主要特点如下：

① 工业产品是一个多分子量分散体系的混合物。各组分分子结构、分子量不同，所占比例不同，对产品分散效能有强烈影响。当聚合度 k 小，如萘核数 1～4 时，分散效能低，但随着 k 增大而提高，直至萘核数达到 5 以上，分散性好并趋于稳定。当 $k \geqslant 5$（分子量 1000 以上），提高 $k \geqslant 5$ 组分所占比例是保证其良好分散性能的必要条件。

② 产品中磺酸位置不同，分散性能也不同。测得的优劣顺序是：2 和 7 位＞2 和 8 位＞2 和 6 位。磺酸基位置及产物比例主要取决于磺化温度和时间。因此，（Ⅰ）分散剂单体质量控制主要在合成工业中萘磺化的温度和时间，β-萘磺酸与甲醛缩合的酸/醛分子比及条件。研究得到适宜条件为：萘磺化温度/时间，170℃/7h；β-萘磺酸/甲醛分子比 1∶0.85。（Ⅱ）分散剂如 MF，由于具有良好的高温稳定性，在染料中作为分散剂应用得更为广泛。MF 产品生产主要利用 β-甲基萘和萘。国产分散剂 MF 经测定得九条谱带，共有 1～7 萘核体 9 个，即最大聚合度为 $k＝7$，比 NNO 的最大聚合度 $k＝8$ 要小。并且与 NNO 有相似的规律性：各组分的分散效能随分子量增大而增加，5 核体以上组分（分子量 1280～1790），其比例愈高，产品分散效能愈好；单体结构不同，产品分散性能也不同。其中最优单体是 β-7-甲基萘磺酸。

（2）木质素磺酸盐　是由天然资源木质素为基本原料制得的一大类高分子阴离子型分散剂。和其他分散剂相比，在降低表面张力、润湿性和渗透力方面较差，但是其成本低、分散性能较好，应用面广。其突出优点主要有：①与各类化学农药有很好的相容性；②在固体制剂和液体制剂中有很好的分散效果，并具有一定的润湿性；③可完全生物降解；④价格低。

目前分散剂所使用的木质素磺酸盐都来自造纸工业中亚硫酸盐法和牛皮纸浆法的副产品。工艺条件不同，得到的木质素性能有很大差别。其质量控制点为：①牛皮浆木质素的分子量较低，酚羟基及羧基含量较高。亚硫酸盐法的木质素则相反。较低分子量的木质素是制备性能优良的木质素磺酸盐分散剂的基础条件。②牛皮浆木质素的溶解参数能通过改性得到较宽范围，这样可获得多样规格的分散剂产品。而亚硫酸木质素的溶解度基本上是固定的。③木质素中的酚类是有益基团，是最好热稳定性能的主要因素。在可磺化度调整时，制备各种性能分散剂很重要。磺化度不同，即使分子量相近，其分散性能也大不相同。

木质素磺酸盐的分子量及磺化度是决定分散性及应用场合的主要因素。具有亲水基或亲水性较强的农药，应选用低磺化度的木质素磺酸盐；若不存在亲水基团而亲油性较强，则宜选用较高磺化度产品。原因是分散剂亲水性愈小，它吸附于疏水性粒子的倾向性愈大。从研磨速度（如水悬剂、油悬剂制备）来看，一般用高磺化度分散剂较快，在复配适当润湿剂后，能使分散粒子表面较快地全部得到覆盖，同时被粉碎到制剂所需粒度尺寸。

（3）烷基酚聚氧乙烯醚甲醛缩合物硫酸盐　这一类分散剂以 SOPA 润湿分散剂为代表，其化学结构组成具有可变性，使它们具有多功能、多用途等特点。它是具有非离子性的阴离子分散剂和润湿剂，在作为农药助剂的结构-效应关系上用于控制单体质量：①分散性能随缩合聚合度增大而增强。一般缩合芳香核（$k \geqslant 3$）在 5 以上其分散性能优良且较为稳定，而低芳核产品分散性能较差，但润湿性较好。②合成工艺技术路线不同，产品分散性能也不同。SOPA 类作为可湿性粉剂分散剂-润湿剂的主要质量控制指标是在一定芳核聚合度和适当环氧乙烷加成数时，磺化深度控制在 74%～83% 为佳。既不是愈高愈好，也不能低于 67% 以下。否则，悬浮率会大幅下降，失去了作为可湿性粉剂助剂的最基本条件。

三、分散剂的选择

农药分散剂的分散性与悬浮性有直接关系。分散性好，悬浮性就好；反之，悬浮性就差。可湿性粉剂粒子要细，而粒子越细，表面的自由能越大，就越容易发生团聚现象，从而降低悬浮能力。要提高细微粒子在悬浮液中的分散性，就必须克服团聚现象，其主要手段就是加入分散剂。因此，影响分散性的主要因素是原药和载体的表面性质及分散剂的种类、用量。后者选择适当，就可以阻止粒子之间的凝集，从而获得好的分散性。因此，选择合适的分散剂，既可以达到分散稳定的作用，又可以提高悬浮率，使药效充分地达到最优效果。

在可湿性粉剂配方筛选中，当润湿剂基本选定后，就要选择分散剂。因为分散的前提是润湿，在润湿性很差的前提下来选分散剂很难收到好的效果。当某一分散剂拟定为配方组分后，需按初步拟定的配方加工成可湿性粉剂，再根据测得加工产品的润湿性和悬浮率选出分散剂，最后确定最佳配方。

在多数情况下，制备农药分散剂的中心环节始终是选择分散剂为中心的助剂和配方。固态农药制剂分散剂的一般选择原则如下。

（1）分散能力强的表面活性剂。有最强吸附力的为有效分散剂，例如某些嵌段或接枝聚合物表面活性剂。

（2）高分子分散剂。特别是分子或链节上具有较多分枝的亲油基和亲水基，并带有足够电荷。其分散力较强，适应性较广。如木质素磺酸盐类、烷基萘和萘磺酸甲醛缩合物，还有聚合羧酸盐、烷基酚聚氧乙烯醚甲醛缩合物硫酸盐、烷基酚聚氧乙烯醚甲醛缩合物丁二酸酯磺酸盐等。

（3）分散能力是表面活性剂的重要结构特性，必然与其 HLB 值相关。使用水相分散介质制备乳状液时，得到的结果是要求分散剂的 HLB 值达到 9～18。但也有例外，如聚醚 F_{68} 分散剂 HLB 值为 29.5。在有机介质中的分散体系，一般要求分散剂 HLB 值小于 10，即亲油性较强。

（4）对非极性固体农药，宜选非离子分散剂或弱极性离子分散剂。若分散农药固体粒子表面具有官能团，显示明显极性，宜选用具有极性亲和力吸附型阴离子，尤其是高分子阴离子分散剂。

（5）化学结构相似原理。如有机磷酸酯类农药，其所需分散剂和乳化剂，一般应是多芳核聚氧乙烯和（或）聚氧丙烯醚类，以及它们的甲醛缩合物，或者有机磷酸酯类表面活性剂，往往能取得较好分散效果。

（6）分散剂协同效应的应用。在多数农药分散系统中，选用两种或多种适当的分散剂或润湿-分散剂，往往比用单一分散剂效果好。一方面，农药制剂要求性能是多方面的；另一方面，联用复配助剂系统往往提供的性能较为全面。但要指出，决不是任何两种或多种分散剂在一起使用都会产生所希望的效果。恰恰相反，联用不当有时会产生相反效果。农药润湿分散剂 SOPA、Lomar PW、农助 2000 是多种化学农药良好的分散剂，而用于 70％速灭威可湿性粉剂发现有絮凝作用。木质素磺酸盐如 Marasperse N-22、Maracarb N-2、Lignosol DXD 用于 80％伏草隆可湿性粉剂也发现有絮凝作用。

（7）分散剂的掺合性。农药制剂的桶混或混用是化学农药应用技术的重要方式之一。现代农业要求和正在推行的农药-化肥联用技术，也对农药制剂性能，特别是助剂系统要求有好的相容性，对强而浓的化肥电解质有好的掺合性。

四、分散剂的应用 ▪▪▪▪

农用分散剂应用非常广泛，需要添加分散剂的农药剂型介绍如下。

（1）水基性剂型　水基性剂型是以水作为介质的一类农药加工剂型。这类剂型具有低药害、低毒性、易稀释、不易燃易爆、易使用、易计量和对环境保护有利的特点。使用农用分散剂的水基性剂型有：悬浮剂（SC）、悬乳剂（SE）、种子处理悬浮剂（FS）、微囊悬浮剂（CS）和微囊悬浮组合剂型等。

（2）固体剂型　使用分散剂的固体剂型主要有：可湿性粉剂（WP）、水分散粒剂（WG）、水分散粒剂（可溶片剂）、泡腾剂（片剂和粒剂）、油悬浮剂（OF 或 OD）等。

农药制剂所需要的分散剂大体可分为两类：干制剂和液体制剂。从能源及环保的角度来看，干制剂愈来愈成为发展的主流。同时分散剂是农药干制剂的重要组分，对于制剂质量有重要影响。根据前人对分散剂的认识和选择上的丰富实践经验，总结出两大类效果肯定、通用性强的分散剂可供选择，即以木质素为原料的一系列磺酸盐和以萘为原料合成的一系列缩合磺酸盐。在可湿性粉剂配方筛选中，一般情况下均从这两类物质中加以选择。但在具体应用中，要结合农药制剂配方以及其助剂系统，进行比较、筛选，才能确定最佳分散剂。

可湿性粉剂在干制剂中占有相当大的比例，所以其分散剂的选择也在很大程度上影响到制剂的使用效果。可湿性粉剂中所添加的各种助剂中，对分散性、悬浮率影响最大的是分散剂。而助剂系统中的润湿剂是为农药粒子均匀分散、悬浮创造条件的，是分散剂发挥作用的基础。

第六节 润湿剂和渗透剂

一、概念和性能 ▦▦▦

1. 概念

润湿剂（wetting agent）是一类能降低液固界面张力，增加含药液体对处理对象固体表面（植物、害虫等）的接触，使其能润湿或者能加速润湿过程的物质。由于润湿剂具有促进液体在固体表面润湿和展布的作用，故又称湿展剂。

渗透剂（penetrating agent）是一类能促进含药组分渗透到处理对象内部，或者是增强药液透过处理表面进入物体内部能力的润湿剂。

润湿剂和渗透剂在农药加工和应用方面都有着极为重要的作用。目前大多数农药剂型都离不开润湿剂和渗透剂助剂。如可湿性粉剂、可溶性粉剂、固体乳化剂、水悬剂、油悬剂、干悬浮剂、粒剂和水分散性粒剂等。不仅如此，润湿剂和渗透剂还是农药应用技术所需各种喷雾助剂的必要组分。

按照表面活性剂物理化学的观点，表面活性剂的润湿作用和渗透作用有着本质区别，但是实际应用时很难将两者严格区分开，所以美国农药管理委员会（AAP-CO）将渗透剂定义为一类润湿剂，即渗透剂是广义的润湿剂，但好的润湿剂并不一定就有好的渗透性能。润湿剂的作用实质是加速液固界面接触和增加接触面积，而渗透剂则是增加和促进液体进入固体内部。润湿和渗透作用性能是农药加工和应用过程中所必须具备的两种性能。在农药生产和使用过程中所添加的许多助剂往往同时具有润湿和渗透性能，故很难将一些农药助剂严格区别为哪些是润湿剂，哪些是渗透剂，只不过是它们在不同的条件下可能发挥不同的主导作用。

大多数润湿剂在固体表面干燥后，遇水或液体具有被再润湿的性质。因此，润湿剂和渗透剂对于保证农药制剂质量具有重要意义。将润湿剂附着在原药和填料的微颗粒表面，可以加工制成可湿性粉剂，或者加入其他固体农药制剂中，如可溶性粉剂、固体乳剂、干悬浮剂和水分散粒剂等，促使它们用水稀释时有较好的分散性和悬浮性。

农药加工中加入满足原药和填料润湿以外的过量润湿剂，可以降低药剂稀释液的表面张力，增加药液对处理表面的润湿、扩展和渗透作用。因此，在农药加工过程中加入超过满足原药和载体被润湿的润湿剂和（或）渗透剂，能够大大提高农药的使用效率。不管何种施药技术，均要使处理对象最大限度地接触和吸收药液才能充分发挥药效。农药加工中，除了上述固态制剂需要加入润湿剂外，一些液态制剂如水悬剂、油悬剂等也需要加入润湿剂和渗透剂，降低喷施药液雾滴表面的能量，增加喷施药液在处理对象表面的润湿、展布和渗透等效率。

需要注意的是，农药制剂中的润湿剂能够减小药液雾滴颗粒、缩短雾滴飞溅距离，以及由于表面张力下降而降低药液在处理表面的沉积量和在处理表面干固后具有被再润湿的作用。因此，润湿剂对于不同农药的使用效率具有不同的影响。如对于活性较低、水溶性较高、在水溶液中易降解的保护性农药来说，润湿剂有不良影响。因为减少药液沉积量和增加被水淋溶的作用，会使药效降低。相反，对于活性高、内吸性强的农药来说，润湿剂有助于将少量的药剂均匀地覆盖在处理表面，提高使用效率。在当今开发的新农药活性越来越高，单位面积使用量越来越低的情况下，研究和利用高性能的润湿剂和渗透剂显得更加重要。

2. 性能

农药润湿剂渗透剂是通过降低表面张力，改变液滴在表面上的接触角来实现润湿性和渗透性的。润湿效率（wetting efficiency）是指润湿剂对固体表面的润湿效力，又称润湿力。以润湿剂在液体中能100％润湿某处理表面所必需的最低平衡浓度衡量，用质量/体积分数表示。每种润湿剂对某种固体表面均有特定的润湿效率，这个平衡浓度值越低，表示润湿效率越高，润湿性能越好。

润湿作用取决于在动态条件下，药液表面张力的有效降低。当药液雾滴落到植物、昆虫及其他处理表面时，药液中的表面活性剂分子应该能迅速扩散到液体和被润湿表面的移动界面上去，并使液体的表面张力降低到一定的要求。优良的润湿剂结构应能有效地降低表面张力和迅速扩散到界面（即快速降低表面张力）。降低表面张力的结构要求是：在化学结构上亲水基必须小于疏水基，并且多为非离子型而不是离子型的亲水基。亲水亲油平衡值（HLB）一般为7～18。

亲水基的作用只要能在使用条件下的水相中使润湿剂稍有溶解度，或能与水充分作用而防止润湿剂不溶解即可。因为亲水性过强的润湿剂能与水相互作用而降低润湿剂分子向界面运动。短链的离子型表面活性剂多为疏水性的阴离子与亲水性的阳离子形成的盐，极容易溶于水，常用于含盐溶液中，高电解质含量可压缩亲水基周围的电双层，使其能够运动到界面上。也可以通过增大疏水基来降低润湿剂在水中的溶解度，有效降低表面张力，提高润湿力。

润湿剂多为非离子型和阴离子型的化合物，少数为阳离子型的化合物。非离子型的润湿剂都是分子量较大的化合物。但是，分子量相对较小的润湿剂比分子量大的润湿性要好，因为较小的分子在溶液中能迅速扩散。此外，亲油基（疏水基）带有支链的润湿剂比不带支链的要好。

亲水基位于亲油基链中间的润湿剂一般润湿渗透力大，比位于分子末端的要好。除双烷基丁二酸酯磺酸盐（钠盐）以外，还有 Teepol 型 R^1—CH—R^2 和脂肪酸酯硫酸钠盐等，如蓖麻酸酯硫酸钠盐；壬基酚聚氧乙基醚的 EO_n 链中 $n=6\sim12$，润湿性和渗透性较好。α-烯烃磺酸钠盐，通常也具好的润湿性和渗透性。

脂肪酸聚氧乙烯单酯或双酯和脂肪酸聚氧乙烯醚两类非离子型润湿剂的润湿性既与疏水基结构有关，也与亲水基的大小和位置有关。EO 链太长，亲水性太强，不利于分子在液体中向界面扩散；EO 链太短，水溶性差，难以发挥润湿作用和渗透作用。就是说，每种非离子型润湿剂都有一个最佳的 EO 加成数。一般来说，润湿剂的EO 加成数使其润湿剂产品的浊度在溶液使用温度附近，润湿和渗透效果最好。

若分子中有两个或两个以上亲水基时，通常将第二个亲水基引入分子中与第一个亲水基相对的位置。一般情况下引入第二个亲水基后，分子润湿性有所减弱。

影响润湿或渗透作用的因素较多，例如润湿剂或渗透剂的性质及它们在液体中的浓度，液体本身的温度、黏度，液体中的电解质含量，以及润湿的靶标表面的粗糙程度等。

二、润湿剂和渗透剂的种类

润湿剂渗透剂按照来源不同，可分为天然的和人工合成的两大类。人工合成的按照化学结构不同又可分为阴离子型和非离子型两类。天然的润湿剂和渗透剂来源方便，但效能不如人工合成的。因为天然产物中真正起作用的有效成分含量较低，而人工合成的有效成分含量高，故润湿性能好，它的出现逐渐替代了天然产物润湿剂和渗透剂。

1. 天然润湿剂和渗透剂

利用天然物质作为农药润湿剂和渗透剂已有 40 多年的历史。主要用于可湿性粉剂、固体乳剂、粒剂、乳油等剂型加工。主要品种有皂素、亚硫酸纸浆废液和动物废料的水解物。其中有的品种至今还在使用。

（1）皂素　是含有皂素（soponin）植物的提取物，属非离子型表面活性剂，是一种糖甙，环戊烷菲的衍生物。

白色无定形粉末，有刺激性气味，可溶于水，不溶于苯、氯仿和醚。我国常用的皂素助剂有茶籽饼，又称茶枯，是油茶树果实榨油后的残渣。茶籽饼一般含皂素13％左右，产于西南各省。我国也利用皂荚生产皂素。皂荚，又称皂角。皂角荚皮中含皂素 15％左右。还有一种可用于农药助剂的皂素是无患子，又称肥皂果。四川产的无患子果肉中含皂素高达 24.4％。

(2) 亚硫酸纸浆废液　是造纸的副产物。有效成分为木质素磺酸盐。早期使用的是未经过化学特殊处理的废液或者加热烘干片。前者是有焦糖刺鼻味的深黑色液体，具有表面活性和分散性，含干物质 11％～13％。固体物中，木质素化合物占 55％～60％，其余为有机物和无机盐。后者为易吸潮的黑褐色固体。

(3) 动物废料的水解物　是将动物的皮毛、骨角及其血等废蛋白通过水解而得到的胶状液体。易溶于水，扩散力强，在碱性和硬水中稳定，具有保护胶体和乳化的性能。

此外，还有使用藻朊酸钠作为农药可湿性粉剂助剂的。

2. 人工合成润湿剂和渗透剂

用于农药加工的润湿剂和渗透剂主要是人工合成的阴离子和非离子两类化合物。近来也有阳离子化合物被开发为农药的润湿剂和渗透剂。

(1) 阴离子型润湿剂和渗透剂

① α-烯烃磺酸盐　主要是由 α-烯烃、三氧化硫磺化后中和、水解得到的一种阴离子表面活性剂的混合物。主要包括 α-烯烃磺酸钠和烷基磺酸钠两类。具有较好的去污能力，并且离子对其效果影响较小，对人体毒性非常小。常用 C_{10}～C_{18} 的 α-烯烃制备成钠盐。钠盐最常用于可湿性粉剂和粒剂加工，也可用作乳化剂。

② 二烷基丁二酸酯磺酸钠　这是目前国内外应用最广泛的一类润湿剂和渗透剂。其中典型的渗透剂 T 是二辛基丁二酸酯磺酸钠。

③ 烷基苯磺酸金属盐和铵盐　外观通常为白色或淡黄色粉末状固体。其中 C_9～C_{12} 烷基苯磺酸钠润湿性较好，应用在农药剂型方面最常见的烷基苯磺酸盐为十二烷基苯磺酸钠（DDBS）。也可用作乳化剂和分散剂。

④ 烷基酚聚氧乙烯醚硫酸盐　常用的是壬基酚或辛基酚聚氧乙烯醚硫酸钠。除作为农药润湿剂外，还可用作乳化剂和分散剂。

⑤ 烷基萘磺酸钠（单和双烷基萘磺酸钠）　用作润湿剂的常是低级烷基，如丙基、异丙基、丁基或它们的混合烷基盐。除作为润湿剂外，还可用作分散剂或润湿分散剂。

⑥ 脂肪醇硫酸盐　又称烷基硫酸盐。通式：$ROSO_3M$，常用其钠盐，少数用铵盐。其中使用得最多的是脂肪醇，尤其是月桂醇硫酸钠。此类化合物具有良好的耐硬水性、起泡性和生物降解性。工业月桂醇硫酸钠通常是由椰子油酸加氢得到的混合脂肪酸硫酸盐，所以有多种规格产品。常用产品一般含有壬醇 2％，十二醇 60％～65％，十四醇 20％～25％，十六醇 10％～15％和十八醇 2％。此类品种中还包括高级脂肪仲醇硫酸钠盐。

⑦ 脂肪醇、烷基酚聚氧乙烯醚丁二酸半酯磺酸钠盐、烷基酚聚氧乙烯醚甲醛

缩合物丁二酸半酯磺酸钠盐　该类助剂具有润湿剂和分散剂的双重功能，同时还具有一定的乳化性。我国生产的农助 2000 等属于该类助剂。

⑧ 脂肪酰胺-N-甲基牛磺酸钠盐　是一类很好的农药润湿剂，并可用作分散剂。

⑨ 脂肪醇聚氧乙烯醚硫酸钠　通式为：$RO(EO)_n SO_3 Na$，除可用作农药润湿剂外，还可用作乳化剂。其中以月桂醇醚硫酸钠应用最为广泛。

⑩ 脂肪酸或脂肪酸酯硫酸盐　常用的是各种动植物油或酯的硫酸钠盐。如棉籽油、鲸油、牛脚油、蓖麻油的硫酸钠盐。产品有土耳其红油等。具有润湿性、乳化性和分散性。类似的助剂还有烷基乙酸酯磺酸钠（又称脂肪酸乙酯磺酸钠），常用的是月桂酸乙酯磺酸钠。

除上述几类阴离子润湿剂、渗透剂外，木质素磺酸钠也是很好的润湿剂和渗透剂，被广泛用于可湿性粉剂等剂型的助剂。烷基联苯醚磺酸钠、丁基联苯醚磺酸钠、石油磺酸钠、聚合羧酸钠、萘酚磺酸甲醛缩合物钠盐和脂肪酸聚氧乙烯酯磺酸钠和铵盐及磷酸酯类也可用作润湿剂、渗透剂。

(2) 非离子型润湿剂和渗透剂　主要有烷基酚聚氧乙烯醚和脂肪醇聚氧乙烯醚两类。

① 烷基酚聚氧乙烯醚　最常用的是壬基酚和辛基酚聚氧乙烯醚。其中 EO 加成数 5～10 时润湿性、渗透性较好。也是重要的乳化剂和分散剂品种。如 Arnox910，Elfapur N 系列，Emulsogen N-060、N-090，Geropon 105/D，Sapogenet T 系列等。

② 脂肪醇聚氧乙烯醚　通式为：$RO(EO)_n H$。是目前国内外应用最广泛的一类非离子润湿剂和渗透剂。它们除用于农药加工外，还可用于其他许多行业。在结构上，脂肪醇碳链变化和结构变化很大。多数用伯醇 EO 加成物，但仲醇 EO 加成物中有的性能也很好，例如异十三醇 EO 加成物。

此外，农药非离子润湿剂、渗透剂品种还有聚氧乙烯氧丙烯嵌段共聚物，如 Pluronicpolyol 系列，主要用于水悬剂及 DF、WG 的加工，是新型润湿剂和多用途助剂。脂肪酸聚氧乙烯单酯，包括混合树脂酸聚氧乙烯酯和二甲基辛二醇及其 EO 加成物、四甲基癸二醇及其 EO 加成物，也是非离子型农药润湿剂和渗透剂。

（3）阳离子型润湿剂和渗透剂　这是一类新开发使用的农药助剂。目前主要品种有烷基（C_{12}～C_{24}烷基）苄基二甲基氯化铵、烷基（C_{12}～C_{18}烷基）吡啶卤化物、烷基（$C_{12} H_{25}$）胺氧化物等。阳离子农药助剂对作物叶片和昆虫体表的渗透性强。

三、润湿剂和渗透剂的应用 ▪▪▪▪

农药润湿剂、渗透剂的应用技术，主要包括它们的单体应用、复合应用及其在不同制剂加工中的比例等应用技术。

1. 可湿性粉剂加工中的应用

可湿性粉剂（WP）是当前化学农药最常见的加工剂型之一。润湿剂和分散剂是 WP 的基本助剂组分。近年开发的一些新型润湿剂、渗透剂也大多数与 WP 加工应用有关。因 WP 原药大多是不溶于水的有机物，如果没有润湿剂的存在，那么用水稀释时就很难润湿，药粉就会漂浮于水面而不方便使用，且用药对象植物茎叶表面、害虫体表也常有一层疏水性很强的蜡质层，如果没有润湿渗透剂的存在，药效也很难发挥。

应当指出的是，各种 WP 所用的润湿剂、渗透剂在改变制剂性能方面，特别是润湿剂、渗透剂分子结构与其润湿性和再润湿性之间的关系，及与农药有效成分及其他助剂、填料之间的关系，至今并不十分清楚。有时单体助剂的润湿性很好，但用在 WP 配方中所表现的实际效果则较差。所以在某种农药 WP 加工中使用哪种或哪些润湿剂、渗透剂还无固定规律可循，仍然依靠实践经验和配方试验筛选来确定。现列举几种有代表性的润湿剂在农药加工配方中的应用。其润湿剂、渗透剂组分用"＊"号标示。

（1）脂肪醇硫酸钠盐

① 65％代森锌可湿性粉剂　代森锌有效成分 65 份＋＊月桂醇硫酸钠 5 份，膨润土或滑石粉加足 100 份。

② 40％杀螟硫磷可湿性粉剂　杀螟硫磷有效成分 40 份＋碳酸钙 26 份＋＊月桂醇硫酸钠 2 份＋木质素磺酸钙 2 份，白炭黑加足 100 份。

（2）烷基苯磺酸盐

① 80％甲萘威可湿性粉剂　甲萘威有效成分 80 份＋＊ABS-Na 0.5 份＋烷基苯磺酸甲醛缩合物 1.5 份＋硅藻土 2.5 份＋水 0.5 份，碳酸钙加足 100 份。

② 75％百菌清可湿性粉剂　百菌清有效成分 75 份＋＊脂肪醇硫酸钠 0.5 份＋低聚合度 PVA 1 份＋水 1 份，黏土加足 100 份。

（3）脂肪酸胺　N-甲基牛磺酸钠盐　50％代森锌可湿性粉剂：代森锌有效成分 50 份＋Abrkopont HC 2 份＋木质素磺酸钙 10 份，硅酸加足 100 份。

（4）脂肪醇聚氧乙烯醚硫酸钠　50％莠去津可湿性粉剂：莠去津有效成分 50 份＋＊Tinovetin B 5 份＋＊Eriopon GO 0.7 份＋分散剂 H 5 份＋MgCO₃ 2.8 份＋Celite FC 7.0 份＋白炭黑 12 份，高岭土加足 100 份。

（5）烷基酚聚氧乙烯醚硫酸盐　50％腐霉利可湿性粉剂：腐霉利有效成分 50 份＋白炭黑 5.6 份＋＊Newkalgen NK-450X 5.0 份＋木质素磺酸钙 3.0 份＋碳酸钙 20 份，黏土加足 100 份。

（6）烷基酚聚氧乙烯醚

① 50％百草枯可湿性粉剂　百草枯有效成分 50 份＋＊烷基酚聚氧乙烯醚

1.0 份＋木质素磺酸钙 5 份＋含水硅酸 0.7 份，矿物微粉加足 100 份。

② 50％蜗牛敌可湿性粉剂　蜗牛敌有效成分 50 份＋＊OP-7 10 份，尿素 30 份，膨润土加足 100 份。

2. 组合分散剂的应用

在农药分散剂的选择应用中，润湿性应着重注意以下问题。

（1）润湿分散剂用量　可湿性粉剂能否充分发挥防治效果，首先取决于药液对处理对象的黏着、湿展和渗透作用。可湿性粉剂的润湿分散性决定了悬浮液的润湿性能。如果不添加其他具有润湿性的助剂，其润湿性则由润湿剂组分提供。很多分散剂也具有一定的润湿性，因此称之为润湿分散剂。这种助剂系统能使干粉剂充分润湿、分散，在水中具有良好的悬浮效果，便于药液更好地发挥药效。同时，药效同配方设计中的润湿分散剂的用量也有关。

分散过程中要求粒子首先为润湿分散剂所覆盖。因而，有必要将润湿分散剂的需要量计算出来。粒子总表面积与润湿分散剂分子内表面积之比即为覆盖表面所需的润湿分散剂分子数，除以阿伏伽德罗常数，乘以润湿分散剂的分子量当量，即可得所需润湿分散剂的质量。脂肪醇硫酸盐，如月桂醇硫酸钠分子大约具有 20Å^2（$1\text{Å}＝0.1\text{nm}$）的内表面积（在固/液界面处），分子量为 288.38。由此，粒子表面覆盖所需润湿剂量与粒子大小构成一定的函数关系，具体数据见表 2-2。

表 2-2　100g 农药所需润湿剂的量

粒子大小(直径)/μm	润湿剂分子数	所需润湿剂量/g
7.50	4.00×10^{19}	1.92×10^{-2}
3.75	6.51×10^{20}	3.11×10^{-1}
1.88	6.79×10^{24}	3255.8

配方中的 2％润湿分散剂需要 2.04g（纯度 98％计）月桂醇硫酸钠。这时足以覆盖粒子大小为 7.50μm 及 3.75μm 的全部粒子表面，却不能覆盖粒子为 1.88μm 的全部。即是说，过分磨细的可湿性粉剂若超过配方中润湿分散剂具有可能润湿的粒子总面积能力，润湿效果会反而越差，甚至达不到润湿的程度。所以可湿性粉剂粒度要适当是完全必要的，这不仅是助剂用量和润湿性、悬浮率指标所要求的，更是药效所必需的。因此，配方设计中润湿分散剂用量通常在 2％以内。

（2）粒子大小的范围　主要从制剂的悬浮率（分散稳定性）指标和药效试验结果两方面考虑。大多数可湿性粉剂的使用浓度是制剂稀释 100 倍至 1000 倍，可称为稀悬浮液。

粉剂粉碎粒子直径小于 10μm，对目前大多数农药可湿性粉剂是可取的。各种剂型，从它防治对象的实际出发，都客观上存在一个具有最佳生物防效的最佳粒径及分布问题，这是为农药制剂设计配方、筛选助剂的基本出发点之一。在 20 世纪 90 年代，农药悬浮剂发展得很快，除了制剂综合性能很好之外，其中最重要的是药效普遍优于同剂量的可湿性粉剂。其原因之一是各类悬浮剂（包括水基性悬浮剂）有效物粒子比可湿性粉剂更细（$2\sim5\mu m$，甚至更小），粒子在水中的分散性明显优于可湿性粉剂，单位悬浮液中有效物粒子数目要多，悬浮率也比可湿性粉剂高得多。因此，其药效要好于可湿性粉剂。比较典型的例子是硫黄可湿性粉剂的研究。粒径 $15\sim16\mu m$ 的比 $1\sim2\mu m$ 的杀菌效果差 50 倍，从而奠定了农药粒径微粒化提高药效的基础。

（3）关于好的润湿性和低悬浮率场合　这种情况比较复杂，有以下几种可能性。①可湿性粉剂粉碎粒度不合格，粗粒子过多，由重力润湿造成假象，实际农药粒子并未被润湿剂所润湿，因而分散剂也难于吸附在粒子表面上，不管润湿时间长短，此时都无法形成稳定的分散体系，分散剂也就失去了其存在的意义。②粉碎粒度已达到可湿性粉剂规定，润湿时间短，比如整块沉降润湿，不分散，按规定颠倒量筒 30 次后并不能获得好的悬浮率，此时要重点考虑润湿剂量是否过多，或者润湿剂与分散剂系统不适当，导致不能获得良好的分散稳定性。③润湿后，固体均匀散开，形成悬浮液而后又很快聚结成较大粒子沉降下来。这时，很可能是分散剂使用不当，或配方中分散剂不适当，或是其使用量不足；也可能是分散剂-润湿剂联用不当引起的。现有的复配型可湿性粉剂助剂多是针对给定结构农药品种和载体系统研制的，都有一定局限性和适用范围。所以，很多时候是根据具体的农药原药及助剂系统和客观条件来选择分散-润湿助剂系统。

3. 水剂加工中的应用

水溶性较好的农药制成水剂或溶液剂也需要加入润湿剂、渗透剂才能对植物、虫体等有好的润湿性和渗透性，有利于农药在靶标上展布和沉积。一些除草剂和植物生长调节剂，如 2,4-滴胺盐、肺酸钠、杀草强、麦草畏、毒草定、百草枯、敌草快和草甘膦等的水剂或溶液剂，加入适当的润湿剂、渗透剂后，能大大改进药液性能，降低用药量，提高使用效果。如我国生产的 TP 系列助剂已用于杀虫双水剂和草甘膦-调节膦水剂的加工。

多数情况下，加工水剂和溶液剂选用复合助剂，使制剂同时具备润湿、渗透等性能。助剂企业也常直接出售复合助剂，如生产润湿剂-渗透剂、润湿剂-黏着剂、润湿剂-成膜剂等。

有些助剂对农药有效成分还有增效作用，如硫铵对草甘膦水剂有增效作用，过硫酸盐（铵盐和钙盐等）对百草枯等水剂也有增效作用。有时复合助剂的增效作用更加显著。

从 20 世纪 80 年代后期以来，我国研制并投产了一批称为高渗制剂产品，包括高渗甲氰菊酯乳油和5％高渗抗蚜威醇溶液剂等，实质上大都是农药润湿剂、渗透剂的应用技术成果。

第七节 增稠剂

增稠剂又称胶凝剂，主要作用是提高物系黏度，使物系在一定条件下保持均匀稳定的悬浮状态或乳浊状态，或形成凝胶。增稠剂使用时能快速地提高产品的黏度，其作用机制是通过利用大分子链结构伸展以达到增稠目的或者与水形成三维网状结构，将水包覆在网状结构中，从而起到增稠作用。具有用量少、时效快和稳定性好等特点，被广泛用于食品、涂料、胶黏剂、化妆品、洗涤剂、印染、石油开采、橡胶、医药等领域。简单地说，增稠剂就是提高配方产品黏度或稠度的一类物质，增稠剂加入量不大，但是能够大幅提高产品的黏度或稠度。

目前，国内合成的增稠剂主要有粒状、粉状和分散型液体三种类型。其中分散型液体增稠剂较受市场欢迎，它是由粒径很小（大约1μm）的脱水聚合物粉末颗粒分散于烃类有机溶剂中而成的，其中还含有乳化剂，少数产品还含有稳定剂。将有机溶剂分离出去，就能够得到高吸水性粉末，此粉末溶入水中，能够很快获得增稠作用，使用十分方便。此外，分散型液体增稠剂还具有易处理、使用方便、易称重、稳定性好、浓度高、固含量高等特点。

增稠剂可通过与表面活性剂形成的棒状胶束或与水作用形成的三维水化网络结构，使体系达到增稠的目的。机制主要是，一方面增稠剂的插入或是由于其电荷的作用，使原来球状胶束中的表面活性剂分子的同性电荷间的斥力降低，从而使胶束的缔合数增加；或是由于其特殊的形状，使两分子在表面上定向排列得很紧密，产生胶束的缔合数增加，导致球形胶束向棒状胶束转化，使运动阻力增大，从而使体系的黏稠度增加。另一方面是由于其特殊的形状，使得分子在表面上定向排列得很紧密，产生胶束缔合数增加，导致球形胶束向棒状胶束转化，物质运动阻力增大，进而体系黏度增加。

增稠剂在水中溶胀，形成三维水化网络，使物质动力阻力增大，并撑起体系架构，从而达到增稠的效果。

一、增稠剂的分类

在实际生产中能够作为增稠剂的物质很多，根据不同的分类方法可分为许多种。从来源来看，有天然聚合物、有机合成聚合物、有机半合成聚合物和无机流变调节剂；从相对分子质量来看，分为低分子量增稠剂和高分子量增稠剂；从基因功能分为电解质类、醇类、酰胺类、羧酸类和酯类等。总之，不同的分类标准得到的种类不同。以下列出了目前常使用的增稠剂。

1. 非离子增稠剂

（1）无机盐类　无机盐作增稠剂的体系一般是表面活性剂水溶液，最常用的无机盐增稠剂是氯化钠、氯化钾、氯化铵、二乙醇胺氯化物、硫酸钠、磷酸钠、磷酸二钠和三磷酸五钠等。表面活性剂在水溶液中形成胶束，电解质的存在使胶束的缔合数增加，导致球形胶束向棒状胶束转化，增大运动阻力，从而使体系的黏稠度增加。但是当电解质过量时会影响胶束结构，降低运动阻力，从而使体系黏稠度降低，出现"盐析"现象。因此电解质加入量一般（质量分数）为 $1\%\sim2\%$，而且和其他类型的增稠剂共同作用，可使体系更加稳定。

（2）脂肪醇、脂肪酸类　脂肪醇、脂肪酸是带极性的有机物，因为它们既有亲油基团，又有亲水基团，可以视为非离子表面活性剂。少量该类有机物的存在对表面活性剂的表面张力、临界胶束浓度及其他性质有显著影响，其作用大小是随碳链加长而增大的，一般来说，呈线性变化关系。其作用原理是脂肪醇、脂肪酸能插入表面活性剂胶团，促进胶团的形成，同时由于其与表面活性剂的分子间有强烈的相互作用（碳氢链间的疏水作用加极性头间的氢键结合），使两分子在表面上定向排列得很紧密，大大改变了表面活性剂胶束性质，达到了增稠的效果。常见的有月桂醇、肉豆蔻醇、$C_{12}\sim C_{16}$ 醇、癸醇、己醇、辛醇、鲸蜡醇、硬脂醇、月桂酸、$C_{18}\sim C_{36}$ 酸、亚油酸、亚麻酸、肉豆蔻酸、硬脂酸等。

（3）烷醇酰胺类　烷醇酰胺能与电解质相容共同进行增稠，并达到最佳效果。增稠机制是与阴离子表面活性剂胶束相互作用，形成非牛顿流体。不同的烷醇酰胺在性能上有很大差异，而且单独使用与复配使用其效果也不同。烷醇酰胺类增稠剂主要包括椰油单乙醇酰胺、椰油单异丙醇酰胺、椰油酰胺、异硬脂二乙醇酰胺、亚油二乙醇酰胺、油二乙醇酰胺、蓖麻油单乙醇酰胺、芝麻二乙醇酰胺、大豆二乙醇酰胺、硬脂二乙醇酰胺、硬脂单乙醇酰胺、硬脂单乙醇酰胺硬脂酸酯、硬脂酰胺、牛脂单乙醇酰胺等。最常用的是椰油二乙醇酰胺。

（4）醚类　代表物有鲸蜡醇聚氧乙烯醚-3、异鲸蜡醇聚氧乙烯醚-10、月桂醇聚氧乙烯醚-3、月桂醇聚氧乙烯醚-10 和 Poloxamer-n（乙氧基化聚氧丙烯醚）（$n=105$、124、185、237、238、338 和 407）等。研究发现：对平均乙氧基化度约为 3 个 EO 或 10 个 EO 时能起到最佳作用，另外脂肪醇乙氧基化物的增稠效果与其产物中所含未反应的醇及同系物的分布宽窄有很大关系，同系物的分布宽时产品增稠效果较差，愈是窄的同系物分布，愈可得到大的增稠效果。拥有低 HLB 值的憎水性增稠成分能有效增加体系中棒状胶束的数量。这种胶束长而柔软，易相互缠结，进而明显增加体系的稠度。

（5）酯类　酯类化合物是最普遍使用的增稠剂，主要用于表面活性剂水溶液体系中。这类增稠剂不容易水解，在宽的 pH 和温度范围内黏度稳定。一般用作增稠剂的酯类相对分子质量都较大，具有一些高分子化合物的性能。增稠机制是：增稠剂在水相中形成三维水化网络结构，进而将表面活性剂胶束包含进去致使体系黏度增大。主要包括：PEG-80 甘油基牛油酯、PEG-200 氢化甘油基棕榈酸酯、PEG-4 异硬脂酸酯、PEG-8 二油酸酯、PEG-200 甘油基硬脂酸酯、PEG-7 氢化蓖麻油、PEG-2 月桂酸酯、PEG-120 甲基葡萄糖二油酸酯、PEG-55 丙二醇油酸酯、PEG-160 山梨聚糖异硬脂酸酯、异硬脂酸酯、鲸蜡豆蔻酯、$C_{18} \sim C_{36}$ 酸乙二醇酯、丙二醇硬脂酸酯等。

（6）氧化胺　氧化胺是一种极性非离子表面活性剂，其特征为：在水溶液中，由于溶液的 pH 值不同，显示出非离子性，也可以显示出强离子性质。在中性或碱性条件下，氧化胺在水溶液中以不电离的水化物存在，显示非离子性。在酸性溶液中，显示弱的阳离子性，当溶液 pH$<$3 时，氧化胺的阳离子性尤为明显。因此可以在不同的条件下与阳离子、阴离子、非离子和两性离子等表面活性剂很好配伍并显示协同效应。氧化胺是有效的增稠剂，当 pH＝6.4～7.5 时，烷基二甲基氧化胺可使复配物黏度达 13.5～18Pa•s，而烷基酰胺丙基二甲基氧化胺可使复配物黏度达 34～49Pa•s，后者加入食盐也不会降低黏度。主要包括：肉豆蔻氧化胺、异硬脂氨基丙基氧化胺、椰油氨基丙基氧化胺、大豆氨基丙基氧化胺、PEG-3 月桂氧化胺等。

（7）聚氧乙烯类　一般把相对分子质量大于 25000 的产品称作聚氧乙烯，而小于 25000 的称作聚乙二醇。聚氧乙烯的水溶液在质量分数为百分之几时为黏稠状假塑性流体，如将浸入其中的物体从溶液中拉出，形成长拉丝和成膜。相对分子质量越大和相对分子质量分布越宽的黏稠性越大，其水溶液的黏度取决于相对分子质量大小、浓度、温度和测量黏度时的切变速度。溶液黏度随着相对分子质量的增大和浓度的增加而上升，随着温度上升（10～90℃）而较急剧下降。聚氧乙烯水溶液的假塑性随相对分子质量的减小而降低，相对分子质量 1.0×10^5 的水溶液流变性接近牛顿流体。增稠效果来源于高分子聚合物链溶解进表面活性剂体系中，增稠机制主要与高分子聚合物链有关，并不依赖于表面活性剂体系。聚氧乙烯的水溶液在紫外线、强酸和过渡金属离子（特别是 Fe^{3+}、Cr^{3+} 和 Ni^{2+}）作用下会自动氧化降解，失去黏度。

2. 水溶性高分子

许多高分子增稠剂不受溶液 pH 值或电解质浓度的影响，而且需要较少的量就能达到所需要的黏稠度，例如一个产品需要表面活性剂增稠剂如椰油二乙醇酰胺的质量分数为 3.0%，达到同样的效果仅需 0.5% 的纤维素聚合物。

（1）纤维素及其衍生物类　纤维素类在水基体系中是一类非常有效的增稠剂，在各种领域都有广泛应用。纤维素是天然有机物，含有重复的葡萄糖苷单元，每个葡萄糖苷单元含有 3 个羟基，通过这些羟基可以形成各种各样的衍生物。纤维素类增稠剂通过水合膨胀的长链而增稠，纤维素增稠的体系表现明显的假塑性流变形态。使用量一般（质量分数）为 1% 左右。

目前，纤维素及其衍生物类增稠剂主要有纤维素、纤维素胶、羧甲基羟乙基纤维素、乙基纤维素、羟乙基纤维素、羟丙基纤维素、羟丙基甲基纤维素、甲基纤维素、羧甲基纤维素等。天然纤维素及其衍生物类增稠剂，如羟乙基纤维素（HEC），由于纤维素分子吸附力弱，其位置较容易被乳液中的表面活性剂等所置换，从而游离于水相中，造成分层。因此，在使用中人们往往根据体系选择适宜种类的纤维素醚及其衍生物类增稠剂并控制相应相对分子质量和添加量，为了避免相对分子质量过大会使乳液中助剂颗粒发生絮凝，增稠剂线团的流体动力学直径应该不超过包围分散相的连续相的平均层厚度。

增稠剂作为一种增加黏度的助剂，它在乳化过程中几乎没有乳化作用。但在乳化中后期加入可以嵌入乳化剂的间隙中，使细小乳液颗粒间相互的吸引力减小，从而使乳液的稳定性得以增加。

（2）聚丙烯酸及其共聚物类　聚丙烯酸类增稠剂由于其性能优异、效果显著而备受关注，在世界各国的合成增稠剂中应用最广，丙烯酸类增稠剂一般采用乳液聚合和反相乳液聚合法来制备，得到的产品为流动性乳液或粉末产品。

一般而言，聚丙烯酸类增稠剂有中和增稠与氢键结合增稠两种增稠机制。中和增稠是将酸性的聚丙烯酸类增稠剂中和，使其分子离子化并沿着聚合物的主链产生负电荷，同性电荷之间的相斥促使分子伸直张开形成网状结构达到增稠效果；氢键结合增稠是聚丙烯酸类增稠剂先与水结合形成水合分子，再与质量分数为 10% ~ 20% 的羟基给予体（如具有 5 个或以上乙氧基的非离子表面活性剂）结合，使其卷曲的分子在含水系统中解开形成网状结构达到增稠效果。不同的 pH 值、不同的中和剂以及可溶性盐的存在，对该增稠体系的黏度有较大影响，pH < 5 时，pH 值增大黏度升高；pH = 5 ~ 10 时，黏度几乎不变；但随着 pH 值继续升高，增稠效率下降。一价离子只降低体系的增稠效率，二价或三价离子不但能使体系变稀，而且当含量足够时会产生不溶性沉淀物。

常见的聚丙烯酸类增稠剂包括丙烯酸酯/C_{10} ~ C_{30} 烷基丙烯酸酯交联聚合物、丙烯酸酯/十六烷基乙氧基（20）甲基丙烯酸酯共聚物、丙烯酸酯/十四烷基乙氧基（25）丙烯酸酯共聚物、丙烯酸酯/VA 交联聚合物、丙烯酸钠/乙烯异癸酸酯交联聚合物、聚丙烯酸及其钠盐等。

（3）天然胶及其改性物　天然胶主要有胶原蛋白类和聚多糖类，作为增稠剂的天然胶主要是聚多糖类。增稠机制是通过聚多糖中糖单元含有的 3 个羟基与水分子相互作用形成三维水化网络结构，从而达到增稠的效果。其水溶液的流变形态大部分是非牛顿流体，但也有些稀溶液的流变特性接近牛顿流体。增稠效果一般与体系的 pH 值、温度、浓度和其他溶质的存在有较大关系，天然胶及其改性物是一类非常有效的增稠剂，一般用量为 0.1%～1.0%，主要包括海藻酸及其（铵、钙、钾）盐、果胶、透明质酸钠、瓜尔胶、羟丙基瓜尔胶、鹿角菜胶及其（钙、钠）盐、汉生胶、菌核胶等。

（4）无机高分子及其改性物　无机高分子类增稠剂一般具有 3 层的层状结构或一个扩张的格子结构，包括硅酸铝镁、二氧化硅、硅酸镁钠、水合二氧化硅、蒙脱土、硅酸锂镁钠、水辉石、硬脂铵蒙脱土、季铵盐-90 蒙脱土、季铵盐-18 蒙脱土等。最有商业用途的两类是蒙脱土和水辉石。

该类增稠剂的增稠机制是无机高分子在水中分散时，其中的金属离子从晶片往外扩散，随着水合作用的进行发生溶胀，最后片晶完全分离，形成阴离子层状结构片晶和金属离子的透明胶体悬浮液。随着电解质的加入和浓度增加，溶液中离子浓度增加，片晶表面电荷减少。这使主要的相互作用由片晶间的相斥力转变为片晶表面的负电荷与边角正电荷之间的吸引力，平行的片晶相互垂直地交联在一起形成所谓"纸盒式间格"的结构，引起溶胀产生胶凝从而达到增稠的效果。稠度一般随着浓度的增加而迅速增大随后趋于平缓，流变形态为触变性。除具增稠性能外，无机高分子类增稠剂在体系中还有稳定乳液作用和悬浮作用。其改性物主要是季铵化物，改性后具有亲油性，可用于含油量多的体系。

（5）其他　聚乙烯甲基醚/丙烯酸甲酯与癸二烯的交联聚合物以及聚乙烯吡咯烷酮（PVP）是新的一族增稠剂，其中 PVP 是一种既溶于水，又溶于多种有机溶剂的聚酰胺，外观为白色或淡黄色粉末，或为透明液体，水溶性好，安全无毒，为绿色化学品。PVP 的增稠性能与其相对分子质量密切相关，在给定浓度的条件下，相对分子质量越大，其黏度也越大。pH 值和温度对 PVP 水溶液的黏度影响都不明显，未交联的 PVP 溶液没有特殊的触变性，除非浓度非常高时才会有触变性，并显示很短的松弛时间。

二、增稠剂品种

常用的增稠剂主要有黄原胶、海藻酸钠、羧甲基纤维素（CMC）、聚丙烯酸钠、聚乙烯醇、聚乙烯吡咯烷酮等。

1. 黄原胶

黄原胶（xanthan gum）又称黄胶、汉生胶，是由野油菜黄单孢菌以糖类为主要原料，经好氧发酵生产的一种用途广泛的杂多糖，可溶于水，不溶于烃类等有机溶剂。黄原胶是目前国际上性能最优越的生物胶，具有独特的理化性质和全面功能，集增稠、悬浮以及乳化稳定等功能性质于一身。

黄原胶分子是由 D-葡萄糖、D-甘露糖、D-葡萄糖醛酸、乙酸和丙酮酸构成的

"五糖重复单元"结构聚合体，分子量在 $2\times10^6\sim2\times10^7$ 之间，黄原胶分子的主链类似于纤维素分子，其分子的一级结构由 β-(1,4)键连接的 D-葡萄糖基主链与三糖单位的侧链组成；其侧链由 D-甘露糖和 D-葡萄糖醛酸交替连接而成；三糖侧链由在 C6 位置带有乙酰基的 D-甘露糖以 α-(1,3)键与主链连接，侧链末端的 D-甘露糖残基以缩醛的形式带有乙酮酸。黄原胶分子的高级结构是，侧链和主链间通过氢键维系形成双螺旋和多重螺旋。在水溶液中，黄原胶分子中带电荷的三糖侧链绕主链骨架反向缠绕，可形成类似棒状的刚性结构。刚性分子间的聚合，能构成一种有序排列的螺旋网状聚合体结构。

黄原胶外观为淡褐黄色粉末状固体，亲水性很强，可以溶于冷水和热水，因而使用方便。黄原胶具有以下特点。

① 突出的高黏性和水溶性　1％的黄原胶水溶液黏度相当于相同浓度明胶溶液黏度的 100 倍，增稠效果显著。在水中快速溶解，在冷水中的水溶性也很好。

② 独特的假塑性流变学特征　在温度不变的情况下，黄原胶可随机械外力的改变而出现溶胶和凝胶的可逆变化，是一种高效的乳化稳定剂。

③ 优良的温度、pH 值稳定性　黄原胶溶液在一定的温度范围（－18～120℃）内反复加热冷冻，黏度几乎不受到影响，10g/L 黄原胶溶液由 25℃加热到 120℃，其黏度仅降低 3％。在 pH 2～12 范围内，也能基本保持其原有的黏度和性能，因而具有可靠的增稠效果和冻融稳定性。

④ 良好的兼容性　与酸、碱、盐、酶、表面活性剂、防腐剂、氧化剂及其他增稠剂等化学物质同时使用能形成稳定的增稠系统，并保持原有的流变性。

⑤ 安全性和环保性　黄原胶属于微生物发酵产物，对人畜毒性小，在环境中易降解。

2. 硅酸镁铝

硅酸镁铝主要分为人工合成和高效改性天然膨润土制备的硅酸镁铝凝胶两大类。人工合成的硅酸镁铝是一种白色粉状材料，主要矿物成分为锂皂石，分子结构式为(Mg、Al、Li、Na)$_3$Si$_4$O$_{10}$(OH)$_2$·nH$_2$O；而以天然膨润土为原料，通过化学改性制备的硅酸镁铝凝胶分子结构为：(Na、K、Li)$_x$(H$_2$O)$_4$(A$_{12-x}$Mg$_x$)(Si$_4$O$_{10}$)(OH)$_2$。硅酸镁铝为白色粉末，无味，无毒，无刺激性；不溶于水、油和乙醇。在较低含量下浸水溶胀能形成高透明度、高黏度的胶体。增稠机制为：硅酸镁铝为八面体层状硅酸盐矿物，晶体结构单元是厚度以纳米计的微小薄片，与水混合时，颗粒迅速膨胀直至薄片分离。由于薄片层面带负电荷，端面带正电荷，分离后的薄片端面被吸引到另一薄片的层面，从而迅速形成三维空间的胶体结构，使体系黏度增大，其胶体的稳定性不随温度变化而改变，可以对农药水悬浮液起到良好的稳定作用。

使用方法：合成硅酸镁铝凝胶一般以水化后的水分散液使用，不宜直接以粉状固体混入使用。水化时含量一般采用2％～4％，水化可用冷水浸泡24h或加热煮沸后放置2～4h，同时要不停的搅拌，然后再稀释至工业产品所需的浓度。硅酸镁铝的主要特点介绍如下。

① 胶体性能　分散在水中能水化膨胀形成"半透明-透明"的触变性凝胶，且成胶不受温度限制，在冷水和热水中都能分散水化。

② 耐酸、碱和溶盐　在水分散液中加入少量酸、碱、盐等电解质不会使胶体变稀、絮凝，对电解质有较大的相容性；胶体稳定性能良好。

③ 悬浮性良好　在以水为介质的体系下是不溶性固体微细颗粒的悬浮剂，能使密度较高的矿物质、盐类和有机物悬浮在水中，悬浮性能超过其他有机、无机悬浮剂。

④ 复配性优良　在悬浮液中，适宜于与非离子表面活性剂、阴离子表面活性剂、高分子表面活性剂复配，起到增稠、稳定和协同作用。

3. 海藻酸盐

海藻酸盐别名为藻朊酸钠、褐藻酸、海带胶以及褐藻酸钠，是白色或黄色粉末，无臭无味，具有良好的增稠性、胶凝性、泡沫稳定性、保水性，系天然有机高分子电解质，溶解后形成透明黏稠液，中性以及pH＞12时成胶束状态，pH＜3时形成不溶性凝胶。与淀粉、明胶等互溶性好，与淀粉有叠加效应，有一定的成膜能力，不溶于乙醇含量大于30％的溶液。

海藻酸盐溶液的一个重要特点是具有较高的溶液黏度。由于海藻酸盐的相对分子质量较大，分子链也较长，高分子链呈无规则线团，彼此间易发生缠结，缠结的结果是流动单元变大，增大了对流动的阻力，因而导致黏度迅速增高。相对分子质量越大，其溶液的黏度也越大，其增稠效果也越好。当选用海藻酸盐作增稠剂时，应尽量选用相对分子质量大的产品，浓度为0.5％以下。当水合的海藻酸盐与少量钙离子作用时，会大大增高溶液黏度。这是由于海藻胶与钙离子作用时，钙离子在两个相邻糖醛酸羧基间起桥作用，导致分子间产生交联，增大了分子体积和缠结作用，致使黏度增加，因此添加少量钙离子可以提高增稠效果。

4. 聚乙烯醇

聚乙烯醇（PVA）是一种不由单体聚合而通过聚醋酸乙烯酯水解得到的水溶性聚合物，是一种用途相当广泛的水溶性高分子聚合物，性能介于塑料和橡胶之间，有纤维和非纤维两大用途。聚乙烯醇树脂系白色固体，外形分絮状、颗粒状、粉状三种；无毒无味，无污染，可在80～90℃水中溶解，其水溶液有很好的粘接性和成膜性；能耐油类、润滑剂和烃类等大多数有机溶剂；具有长链多元醇酯化、醚化、缩醛化等化学性质。聚乙烯醇的物理性质受化学结构、醇解度、聚合度的影响。

溶解性 PVA 溶于水，水温越高则溶解度越大，但几乎不溶于有机溶剂。PVA 溶解性随醇解度和聚合度而变化。部分醇解和低聚合度的 PVA 溶解极快，而完全醇解和高聚合度 PVA 则溶解较慢。一般规律，对 PVA 溶解性的影响，醇解度大于聚合度。PVA 溶解过程是分阶段进行的：亲和润湿—溶胀—无限溶胀—溶解。PVA 具有合成方便、安全低毒、产品质量易于控制、价格便宜和使用方便等特点。因此，PVA 是具有再次开发潜力的优良农药制剂辅料。

5. 聚乙烯吡咯烷酮

聚乙烯吡咯烷酮（PVP）是由乙烯基吡咯烷酮聚合而得的均聚物、共聚物和交联聚合物系列产品，分子量 5000～700000，是一种非离子型高分子化合物。聚乙烯吡咯烷酮为无臭、无味的粉末或水溶液，易溶于水、醇、胺及卤代烃中，不溶于丙酮、乙醚等。PVP 具有优良的溶解性、生物相容性、生理惰性、成膜性、膜体保护能力和与多种有机、无机化合物复合的能力，对酸、盐及热较稳定，对皮肤、眼睛无刺激或不致敏，具有广泛的用途。

PVP 按其平均分子量大小分为四级，以 K 值表示，不同 K 值分别代表相应的 PVP 平均分子量范围。K 值实际上与 PVP 水溶液的相对黏度有关，而黏度又是与高聚物分子量有关的物理量，因此可以用 K 值来表征 PVP 的平均分子量。通常 K 值越大，其黏度越大，黏接性越强。

目前 PVP 已发展成为非离子、阳离子、阴离子三大类，工业级、医药级、食品级三种规格，相对分子质量从数千至一百万以上，随着其原料丁内酯价格的降低以及优异独特的性能必将展示其发展的良好前景。

6. 羧甲基纤维素钠

羧甲基纤维素钠（CMC）又称为纤维素胶、改性纤维素，白色或微黄色粉末，无臭无味，易溶于水形成高黏度溶液，不溶于酸及甲醇、乙醚、丙酮、氯仿等有机溶剂。在水中的分散度与醚化度和其相对分子质量有关。羧甲基纤维素钠溶液黏度受其相对分子质量、浓度、温度及 pH 的影响，且与羟乙基或羟丙基纤维素、明胶、黄原胶、海藻酸钠、阿拉伯胶和淀粉等有良好的配伍性，即协同增效作用。

对热稳定，在 20℃ 以下黏度迅速上升，45℃ 时变化较慢，80℃ 以上长时间加热可使其胶体变性而黏度和性能明显下降。在 pH＝7 时，羧甲基纤维素钠的黏度最高，pH 为 4～11 时，较稳定。钙盐、镁盐不能使 CMC 溶液产生沉淀，但能使它的黏度下降。羧甲基纤维素水溶液属于非牛顿性的，表现在假塑性和触变性两方面。在农药水悬浮剂中使用 CMC 能够降低失水量，调整黏度，增加触变性等。

7. 聚丙烯酸钠

聚丙烯酸钠（sodium polyacrylate）属于合成胶，白色粉末，无臭无味，吸湿性极强，是具有亲水疏水基团的直链高分子聚合物，可以缓慢溶于水形成极黏稠的透明液体。加工方法：丙烯酸或丙烯酸酯与氢氧化钠反应得丙烯酸钠单体，除去副生的醇类，经浓缩、调节 pH 值，以过硫酸铵为催化剂聚合而得。增稠原理是由于分子内许多阴离子基团的离子现象使分子链增长，表现黏度增大，形成高黏性溶液。聚丙烯酸不溶于乙醇、丙酮等有机溶剂，遇高价金属离子形成不溶性盐，引起分子交联而凝胶化沉淀。同时受热，酸以及盐的影响很小，pH＝4.0 以下时聚丙烯酸产生沉淀，遇碱则黏度增大。

由于分子量会随温度的升高、加入时间过长而降解，其溶液黏度也会随之降低，而温度太低其在水中的溶解性又变差，因此，聚丙烯酸钠的溶解使用温度在45～50℃为最佳。聚丙烯酸钠久存黏度变化极小，不易腐败，随着分子量增大，自无色稀薄溶液至透明弹性胶体。

三、影响增稠剂性能的因素 ▪▪▪▪

1. pH 值

在增稠剂的合成过程中，首先是用氨水将丙烯酸中和成盐，中和液的 pH 值直接影响到反应的聚合速率和产物的增稠能力。pH 值较低时，酸性条件有利于引发反应，产物转化率也高，因为烯酸含量相对较高，且其反应活性大，但同时会降低树脂中离子浓度，网络内的静电斥力和渗透压随之变小，吸水增稠的能力下降，甚至产生爆聚现象。pH 值较高时，会减慢引发反应，降低产物转化率，因为丙烯酸铵的聚合活性小于丙烯酸；同时使树脂中离子浓度增加，但过高的离子浓度会增加树脂的可溶部分，增加了吸水溶胀后立体结构的排斥力，也会导致增稠力下降。

2. 单体种类及用量

合成增稠剂的常用单体有丙烯酸、多羟基单体、酰胺类单体、磺酸基类单体及丙烯酸酯类单体等。不同单体在增稠剂中起到的作用不同，如丙烯酸单体吸水性较强，但耐电解质性能较差；非离子单体的吸水性较差，但耐电解质性能较好。而且在以不同单体进行的反相乳液聚合反应中，每个大分子链上带不同的亲水基团，如—COOH、—CONH$_2$，不同亲水基团的相互作用可以改变共聚物大分子的结构与性能，因而对产物的增稠性能影响很大。所以在制备增稠剂时要根据使用环境来选择不同单体或复合单体，并且要选择适当比例，探索出吸水性和耐电解质性能都较好的增稠剂。

3. 交联剂用量

无交联结构的增稠剂实际上就是一些带有亲水基团的大长链无规律地互相缠绕在一起，所以其增稠力和保水性都不理想。在增稠剂吸水的初期阶段，外部水分子很容易进入体系内部，这是因为体系内外的渗透压较大，使增稠剂体系溶胀，等溶胀到一定程度后，大分子链与链之间的间隙变大，而其间的束缚力减小，则链与链之间开始做相对运动，导致增稠剂的增稠力和保水性都不理想。聚合时加入交联单体，就能把不同的长链在物理结构上连接在一起，使聚合物形成交联网状结构，即使在溶胀后，也有链与链之间的束缚力可以限制其相对运动，从而能更好地维持立体网状结构，而水分子也由于亲水基团的吸引和空间网状结构的束缚作用被牢牢束缚住，增强了增稠剂的各项性能。

4. 反应温度

聚合反应时，会放出大量的热，使反应体系的温度急剧上升，且很难控制。若温度过高，会导致反应爆聚，聚合物分子量大小差异很大。分子量过大的增稠剂易产生粗粒子，而分子量过小的增稠剂其增稠效果不理想。但如果温度过低则使反应引发不彻底，影响单体的转化率。并且在反应后期，如果温度达不到反应的要求，会使反应不彻底，有剩余的单体残留在产品中，降低产物的增稠性能。所以综合来说，必须严格控制聚合反应时的温度，使之在适宜的条件下，平稳地进行聚合反应，从而使产物的分子量大小均匀，没有粗粒子，最终使增稠性能良好。

5. 乳化剂用量

在反相乳液聚合法制备增稠剂的实验中，大多使用 Span 系列的乳化剂作为体系的乳化分散剂，如 Span-80；在聚合完成后添加 HLB 值比较高的表面活性剂使之转化为水性增稠剂，这时常用的表面活性剂为 Tween 系列，即所说的转相剂。在增稠剂贮存过程中如果两种表面活性剂不能很好地协同，会使得产品破乳凝块。在选择乳化剂种类及其用量时要充分考虑 HLB 值和被包裹及分散剂的相容性。

第八节　消泡剂

泡沫是气体分散于液体中的分散体系，气体是分散相（不连续相），液体是分散介质（连续相），液体中的气泡上升至液面，形成少量液体构成的以液膜隔开气体的气泡聚集物。农药在制剂加工、运输和使用过程中极易形成泡沫，可能原因有：①由于剪切、研磨、搅拌等带入大量空气，从而产生物理性的泡沫；②表面活性剂选择不当，或者用量过多，易产生泡沫；③有些制剂加工过程中必须要进行高速剪切、研磨或搅拌等，会产生过多的热量，从而产生泡沫；④在研磨过程中，研磨介质的用量过多，会产生泡沫；⑤制剂中某些成分发生化学反应，产生的气体容易滞留在体系的表面和内部，进而形成泡沫。

农药在生产、运输和使用中，由于种种原因会产生大量的泡沫，直接影响生产效率和使用效果。农药行业中需要消泡主要有两种场合：一是某些农药液剂加工生产和包装。因为有农药助剂，特别是以农药表面活性剂为基础的乳化剂分散剂、润湿剂、渗透剂、悬浮剂、增稠剂、各种喷雾助剂，都是能产生泡沫的物质，而且有的泡沫还比较稳定，不易及时破灭。因此，农药水剂、溶液剂、各种乳油、水基性胶悬剂、油悬剂、微乳状液、粗乳状液等生产过程中及包装罐装过程中都会产生不希望的泡沫，此时则需要消泡剂。二是农药应用技术中，特别是现代化的各种喷雾施药技术，往往在配制喷液时和操作过程中因助剂和机械冲击产生泡沫。当这些泡沫积累到一定程度后，不仅妨碍液面的观测计量，而且使喷雾作业产生断续现象，影响喷雾质量。即使在人工操作的各种喷施工具中，除了专门为泡沫喷雾技术设计的装置外，泡沫可能使药液溢出、沾染皮肤或设施，诱发事故。故多有防泡沫和消灭泡沫的要求。

一、消泡方法

消泡就是破坏泡沫的稳定性，主要采用物理法消泡和化学法消泡两种。化学法消泡在农药制剂加工和使用中应用最为广泛。

1. 物理法消泡

从物理学角度来考虑，消除泡沫的方法主要有：放置挡板或滤网、机械搅拌、静电、冷冻、加热、蒸气、射线照射、高速离心、加压、减压、高频振动、瞬间放电和超声波等。对农药制剂加工来说，产生的物理性泡沫可通过冷冻、加热、加压及减压等一些有效的方法来消除。由于表面活性剂选择不当或者用量过多而产生的泡沫，需要更换表面活性剂的种类或调整用量；由于加工过程中产生热量使体系温度升高而产生大量的泡沫，需要添加冷却装置；研磨介质的用量不宜过多，否则会带入大量的空气，因此要确定研磨介质的用量与制剂质量或体积之间的关系。但是这些方法共同的缺点是：其使用受环境因素的制约性较强，消泡速率不高，也不能保证在运输和使用过程中不再产生泡沫。

2. 化学法消泡

从化学角度来考虑，消除泡沫的方法主要包括化学反应法和添加消泡剂的方法。

化学反应法包括：①起泡性物质的消除；②起泡性物质的不活化；③pH值的改变；④电解质的加入等。起泡性物质的消除和不活化是针对由于化学反应而在体系中引入的反应性气泡，通过减少泡沫的产生来实现消泡的，该种物质即为消泡剂。

适当加入消泡剂是改善体系消泡效果的有效手段，消泡剂通过降低膜弹性和表面黏性，使在体系中已经存在的气泡破裂。一般在农药制剂加工过程中，大多采用添加一定量的消泡剂进行消泡，如10％丙草醚悬浮剂、10％螺螨酯悬浮剂、20％甲维·虫酰肼悬浮剂、20％虫酰肼悬浮剂、2.5％高效氯氟氰菊酯水乳剂等多个配方中都添加了消泡剂，主要是为了避免加工过程中产生气泡对体系产生不良的影响。

目前，添加一定量的消泡剂是最常用、最有效的手段。消泡剂是以低浓度加入到起泡液体中，能控制泡沫的物质之总称。消泡剂已经在农药制剂加工和使用中占据了主导地位，其用量也在不断地增加。

二、消泡剂的分类

消泡剂按照不同的分类标准可以分出不同的类型。按形式可分为固体颗粒型、乳液型、分散体型、油型和膏型五大类；按消泡剂在不同工业生产中的应用可以分为纺织工业消泡剂、造纸工业消泡剂、涂料工业消泡剂、食品工业消泡剂和石油工业消泡剂等；按消泡剂的化学结构和组成不同可以分为矿物油类、醇类、脂肪酸及脂肪酸酯类、酰胺类、磷酸酯类、有机硅类、聚醚类、聚醚改性聚硅氧烷类消泡剂等。

（1）有机消泡剂 矿物油类、酰胺类、低级醇类、脂肪酸及脂肪酸酯类、磷酸酯类等有机物消泡剂的研究应用较早，属于第一代消泡剂，其具有原料易得、环保性能高、生产成本低等优点；缺点在于消泡效率低、专用性强、使用条件苛刻等。

（2）聚醚型消泡剂 聚醚类消泡剂是第二代消泡剂，主要活性成分是环氧乙烷-环氧丙烷嵌段共聚物，分子量一般要大于3000。包括直链聚醚、由醇或氨为起始剂的聚醚、端基酯化的聚醚衍生物三种。聚醚类消泡剂具有无毒、无味、无刺激、抑泡能力强、易在水中分散等优点。此外，还有些聚醚类的消泡剂具有耐高温、耐强酸强碱等优良性能。缺点是使用条件受温度限制、消泡能力较差、破泡速率低等。

（3）有机硅消泡剂 有机硅类消泡剂（第三代消泡剂）是目前农药、食品、发酵、造纸、化工生产、黏合剂、胶乳、润滑油等行业中使用较广泛的一类消泡剂，消泡性能好，破泡速率快，挥发性低，对环境无毒害，无生理惰性，使用范围广，在水及一般油中的活性高，有广阔的应用前景和巨大的市场潜力，但是抑泡性能较差。因此，这类消泡剂可以与脂肪酸、酰胺、聚醚等其他具有消泡、抑泡活性的表面活性剂复配，这样既可以提高有机硅消泡剂的抑泡能力，又能降低产品的成本。

有机硅消泡剂如按其物理性状分类，则大致可分为油状、溶液型、乳液型、固体型四类；其中乳液型有机硅消泡剂适用范围最广，既可应用于非水相体系，也可应用于水相体系。

（4）聚醚改性聚硅氧烷类消泡剂　聚醚改性聚硅氧烷消泡剂（第四代消泡剂）同时兼有聚醚类消泡剂和有机硅类消泡剂的优点，有时还可以根据其逆溶解性重复利用。除此之外还具有其他许多优异的特性，包括消泡效力强、逆溶解性、自乳性、稳定性等，是消泡剂的发展方向。

由于聚醚改性聚硅氧烷类消泡剂具有无毒、无害、高效、多功能及生理惰性等特性，越来越受到厂家的青睐。它能迅速溶于水中，可单独使用，也可与其他处理剂配合使用，稳定性好，不发生破乳漂油现象，也无沉淀物产生，对非水相体系同样也有效。聚醚改性聚硅氧烷类消泡剂是目前最理想的新品种，有很好的发展前景。

三、消泡剂的品种 ▪▪▪▪

（1）AT230　耐碱型有机硅抑泡剂、消泡剂，具有更好的耐碱性、抑泡性，极少的加入量便能发挥优异消泡效果，并能很好抑制泡沫再生。产品特点：①低添加加量具有优异消泡、抑泡及脱泡性能，可很好地控制泡沫再生；②较好的耐碱及耐高温特性；③较高的活性含量，非常适合农药制剂厂再加工或再稀释；④具有良好的相容性，在高温下也有出色的乳液稳定性；⑤不含烷基酚及二氧芑类物质。

（2）AT277　专为高温水相体系设计的耐久性有机硅抑泡剂，黏度低，分散快，特别适合非离子、阴离子水相体系的消泡及抑泡。产品性能稳定，可在较高的温度或较宽的 pH 值范围内使用。产品特点：①高效能的高温型有机硅抑泡剂；②消泡速度快，抑泡性好；③能在较高温度及较宽 pH 值范围内使用；④易溶于水，分散快，使用简便，尤其适用于非离子制剂体系的生产作业。

（3）SAG622　黏度低，分散快，尤其适用于非离子和阴离子体系的消泡及抑泡。它亦可在较宽的温度和 pH 值 4～12 范围内使用。产品特点：①高效能的高温型有机硅抑泡剂；②消泡速度快，抑泡耐久性好；③易溶于水，使用简便，尤其适用于非离子表面活性剂体系的生产作业；④应用范围宽；⑤贮存稳定性极佳。

（4）KY-2118　一种新型、高效的乳液型消泡剂。该产品具有优良的耐碱性、化学和机械稳定性、消泡迅速和抑泡持久性，并且在水中有良好的分散性，产品无毒无公害。其产品性能在国内同类产品中处于领先水平。

（5）BD-3037　自乳化高效消泡剂，结构式或组分含特殊改性的聚硅氧烷性能特点。本品特别适合用在高温、酸碱或剪切力存在的条件下，以及需要持续保持消泡、抑泡活性的场合，具有极好的耐热性和耐酸碱性及化学稳定性，可在很宽的温度范围内广泛用于各种恶劣体系的泡沫消去和抑制。

（6）CF980　在生物制品发酵中作消泡剂，如黄原胶、衣康酸、氨基酸、L-苯丙氨酸等多种发酵中，也可作发酵工艺后提取中消泡剂。

（7）CF580　特种消泡型表面活性剂与改性聚硅氧烷在特定条件下精制而成的复合型消泡剂。本品克服了以往单一型有机硅消泡剂耐久性差、抑泡时间短的缺点，可以满足整个发酵周期控制泡沫的要求，不需要添加泡敌产品，使用量根据发酵周期以及原辅料起泡特性的不同而定。由于无毒，消泡抑泡性能优越，本品被广泛地采用在各类抗生素、柠檬酸、谷氨酸、酵母、糊树脂等多种发酵消泡工艺中。

（8）SXP-107　采用进口原料，专为高温、高压、酸碱等使用条件苛刻的环境而研制的长效抑泡型聚醚改性有机硅消泡剂。本品选择亲水性强、抑泡持久的聚醚共聚物和疏水性强、破泡迅速的聚硅氧烷为主要成分复配生产。本品不同于一般的乳液消泡剂，它具有自乳化特性，在经受高温灭菌后，能自动恢复乳液状态，不会在发泡体系中破乳、漂油、分层，具有耐高温、高压，耐酸、碱，高剪切，消泡迅速，抑泡持久的极佳性能。由于采用了高效分散剂，在发泡体系中分散均匀，消泡、抑泡效果显著，与同规格普通有机硅消泡剂相比，仅需60％用量即可达到消泡、抑泡要求，性价比较高。

（9）消泡剂3911　一特别设计，专门应用于农药水性体系上的消泡剂。消泡剂3911稳定性极佳，使用容易；在预防泡沫产生上有显著功效，并能迅速地消灭泡沫。产品特点：①用量少，高浓缩，高效能，高经济效益，应用范围广的抑泡及破泡剂；②特别设计用于水性体系的抑泡及破泡剂；③低黏度，易溶于水，分散性佳，使用简单方便；④消泡迅速，耐久性好；⑤贮存稳定性极佳。

目前，在农药行业中应用最广泛、效果普遍反映好的是有机硅酮系消泡剂。有机硅酮的有效物有机硅酮既不溶于水，也不溶于植物油和高沸物油，因而对许多（水相、油相）起泡系统都有效。消泡力和抑泡力强，一般只要1～100mg/L用量即产生好效果。成本低，且不影响产品质量。它的热稳定性、化学稳定性都很好，可在碱性酸性介质及广泛温度范围内应用。特别是化学和生理惰性，使它可以直接用于像医药、食品发酵等要求相当严格的部门。

农药用有机硅消泡剂多数是有机硅酮乳状液型，用于水相系统。这类有机硅酮乳状液已有多种配方组成和制法。除了Tween-80外，适合制备甲基硅酮乳状液的乳化剂还有甲基纤维素，部分水解的VPA 88％～90％等。

当然，农药消泡剂也有用其他类型的，如C_8～C_{10}脂肪醇、C_{10}～C_{20}饱和脂肪酸及其酯（包括癸酸、月桂酸、棕榈酸及其酯）、非离子及其复配物，如ATMOS300、ArnoxBP系列、Chimipal PE300、Emcol 14、Nofoam、NOPCOPO-10等。

第九节 其他助剂

除前面介绍的农药载体、溶剂及助溶剂、乳化剂、分散剂、润湿剂和渗透剂、增稠剂、消泡剂等主要助剂之外，还有很多农药助剂，如稳定剂、增效剂、展着剂、防漂移剂、掺合剂、崩解剂、警示剂、抗氧化剂、防冻剂等。现将这些助剂分别简要介绍如下。

一、稳定剂

1. 概念和作用

农药稳定剂（stabilizer）是能防止及延缓农药制剂在贮运过程中有效成分分解或物理性能劣化的助剂。农药制剂稳定性是指农药制剂在运输或贮藏条件下的化学及物理性能的稳定程度。农药原药和制剂不稳定的表现常从外观、物理及化学性能、制剂特性变化可知。

（1）外观　如变色、色泽变暗变深、浑浊，分层，絮凝和沉淀等。

（2）物理及化学性能　如结晶、结块、黏度增大，凝胶化；有效成分含量降低；溶解性、分散性、乳化性、润湿性、展布性、悬浮稳定性降低；酸、碱性 pH 变化；气味等。

（3）制剂特性　如粒度及其分布；生物活性；毒性（包括对人畜、鱼毒和试验动物的毒性）等。

农药稳定剂按照功能分主要有两大类：一是保持和增强产品物理及物理化学性质的助剂，包括防结晶、抗絮凝、抗沉降、抗硬水、抗结块的助剂，称为物理稳定剂；二是化学稳定剂，包括防分解剂、减活化剂、抗氧化剂、防紫外线辐照剂、耐酸碱剂等，它们主要是保持和增强产品化学性能稳定性，特别是防止和减缓有效成分的分解，保证产品在有效期内各项性能指标符合要求。

2. 稳定剂的种类

按稳定剂化学结构、作用特征为基础进行分类，主要有：①表面活性剂及以它们为基本活性组分的产品；②溶剂，包括稀释剂和载体；③其他化合物。

（1）表面活性剂及以此为基础的稳定剂　表面活性剂用作农药稳定剂始于 20 世纪 50 年代有机磷农药的兴起和发展。目前，表面活性剂稳定剂研究已扩大至各类农药和各种加工剂型，是三大类稳定剂中作用最多，用途最广的一类。表面活性剂稳定剂主要有两种形式：单体和以表面活性剂为基础的混合物，后者包括与其他类型稳定剂或惰性组分联用的形式。化学结构上大体又可分为有机磷酸酯表面活性剂稳定剂和其他类型表面活性剂稳定剂。

① 有机磷酸酯类稳定剂。属于阴离子型助剂。除了具有稳定性外，在制剂里主要功能还有乳化剂、分散剂、防漂移剂、防尘剂和流动性改善剂等。按结构划分有 7 类：烷基磷酸酯及其烷氧化物，包括单酯和双酯；醇 EO 加成物磷酸酯及其衍生物；烷基酚 EO 加成物磷酸酯及其衍生物；脂肪酸聚氧烷烯酯磷酸酯及其衍生物；烷基芳烷基酚、芳烷基酚 EO 加成物磷酸酯及其盐类；亚磷酸酯，包括醇 EO 加成物亚磷酸和烷基亚磷酸酯，双酯和三酯等；烷基胺 EO 化物磷酸酯及其他磷酸酯等。

② 其他表面活性剂稳定剂。分为非离子、阴离子和阳离子型稳定剂，属于非离子型稳定剂的有 EO 加成物及衍生物醚类、酯类和其他结构。前者又可分为端羟基封闭者、EO 加成物和 EO-PO 嵌段共聚物三类。

a. 端羟基封闭者　针对有机磷农药和其他化学不稳定性农药配制乳油而设计的。是具有稳定性的乳化剂和分散剂。

b. 环氧乙烷加成物醚类　针对不同农药品种和加工剂型选用的醇、烷基酚等 EO 加成物。通式 $RO(EO)_n H$（R 为 H、$C_1 \sim C_8$ 烷基，$n=1 \sim 5$ 整数），用作有机磷杀虫剂、杀菌剂 EC 的稀释剂，并具稳定作用。

c. 酯类稳定剂　如 $C_{11}H_{25}COO(EO)_{15}H$、甘油单硬脂酸酯、失水山梨醇脂肪酸酯聚氧乙烯醚（Tween 类）。By 改性产品。

d. 脂肪胺 EO 加成物，EO-PO 加成物及其衍生物　如 POE(3) N-月桂基三亚甲基二胺、POE(45) N-硬脂基三亚甲基二胺等。

③ N-大豆油基三亚甲基二胺，POE(15) N-大豆油基三亚甲基二胺，POE(3) N-椰子油基三亚甲基二胺和 POE(24) N-椰子油基三亚甲基二胺等。

属于阴离子稳定剂的种类除磷酸酯和亚磷酸酯外，还有硫酸盐和磺酸盐。后者可分为电中性盐和一般磺酸盐。属于阳离子稳定剂的现有季铵盐的几个品种。

（2）溶剂稳定剂　溶剂主要用于液体制剂的稀释剂或载体，对液体制剂（如乳油、溶液剂、UL、VF、SC 和 OF 以及静电喷雾制剂等）性能有重要影响，因此应用较广泛。除稳定作用外，还包括溶剂、助溶剂和其他作用，专用性较强，用量范围广，常与其他稳定剂联用。目前，已发现和应用的有芳香烃类、醇、聚醇、醚和醇醚，酯以及其他。

① 芳香烃溶剂作稳定剂　如 Tenneco 500/100 用于毒死蜱乳油的环萜烯醇。

② 一元醇、二元醇及聚醇作稳定剂　异戊醇、异丙醇、甲醇、乙醇等一元醇；$C_4 \sim C_8$ 具有侧链的二元醇。

③ 醚和醇醚稳定剂　烷基乙二醇醚，包括单甲醚（$CH_3 OCH_2 CH_2 OH$）、单乙基醚（$C_2 H_5 OCH_2 CH_2 OH$）、单丁基醚（$C_4 H_9 OCH_2 CH_2 OH$）、苯基醚等；还

有单丙基醚（$C_3H_7OCH_2CH_2OH$）。醇醚包括丁基二甘醇乙醚、醋酸二甘醇乙醚、三亚乙基二乙二醇醚等。

④ 酯类溶剂稳定剂　2-乙氧基乙醇乙酯、单低级烷基乙二醇醚乙酸酯。

⑤ 酮和其他　环己酮、乙腈、β-蒎烯、松节油、羧酸酐二氧六环、四氢呋喃、二甲亚砜、二甲基甲酰胺和矿物油等。

（3）其他稳定剂　主要为有机环氧化物稳定剂及其他稳定剂，应用面很广，专用性极强。

① 有机环氧化物稳定剂　大体可分为环氧化植物油及其衍生物、脂肪酸酯环氧化物及其衍生物两类。前者主要用作乳油特别是有机磷乳油稳定剂。常常和其他稳定剂联用。

a. 环氧化植物油和衍生物　常用的几种植物油环氧化物包括大豆油、亚麻仁油、菜籽油、棉籽油以及妥尔油环氧化物产品。如环氧化大豆油：Admex711、Drapex68、G-61、Kronos S 等；环氧化亚麻仁油：Admex ELO、Drapex104 等；环氧化妥尔油：Admex746、Flexol EP8 等。

b. 环氧化脂肪酸酯及其衍生物　环氧化甲基硬脂酸酯、二环氧基丁基硬脂酸酯、环氧化脂肪酸辛基酯。后者包括苯基甘油双酯 EO 化甘油酯、甘油基甘油醚、甘油基双或三甘油醚、芳基甘油醚和丁基甘油醚、乙二醇-丙二醇双甘油醚、丙二醇-丙三醇双甘油醚、聚丙二醇-丙三醇双甘油醚等。

② 其他稳定剂　如丁氧基丙三醇醚作对硫磷和甲基对硫磷 EC 稳定剂。CH_3CSNH_2 用于亚胺硫磷 EC。用作稳定剂的还有碳酸盐（碳酸氢钠、氧化钙、碳酸钠、碳酸钾和碳酸钙等）、水溶性碱金属或碱土金属盐（硫酸盐、磷酸盐、$CaCl_2 \cdot 4H_2O$、$MgCl_2 \cdot 4H_2O$ 等，用量 $0.3\% \sim 5\%$）等。$NH(C_2H_4OH)_2$ 和 $N(C_2H_4OH)_3$ 与表面活性剂稳定剂联用。顺丁烯二酸、酒石酸等用于除草剂 EC。无机铵如硫酸铵、无机铁盐如 $FeSO_4$ 用于杀菌剂和杀虫剂。芳香二胺用于性激素制剂。羟基蒽醌、$FeCl_2 \cdot 6H_2O$、锡或铝化合物用于除草醚悬浮剂。金属盐和卤化物稳定三环唑-杀螟松混剂。氨基羧酸酯和多元羧酸酯稳定二硫代二烷基氨基甲酸酯等。

二、增效剂

1. 概念和作用

农药增效作用主要相对原药单剂而言，包括两个方面：毒效的增加和生物防效的增加。增效剂是指明显增强农药活性而本身无或几乎无活性的物质。作用机制主要是抑制或弱化靶标（害虫、杂草、病菌等）内部的对农药活性物的解毒系统，从而延缓药剂在防治对象内的代谢，加速或增加生物防效。

农药增效剂作为一大类农药助剂，对于杀虫剂、除草剂和杀菌剂而言，其增效剂的作用机制各不相同。农药增效剂的基本功能是显著提高药剂的活性，降低用量和成本、减少环境污染。好的增效剂能数倍、数十倍提高防效。正确选用可延缓或阻止部分有害物对农药的抗性产生，延长来之不易的农药品种的生命期。

2. 增效剂的种类

增效剂主要分为以下几类。

（1）植物性增效剂　如芝麻油、食用油、苦豆子、黄果茄、川楝素、苦楝油、d-柠檬酸、聚天冬氨酸、茶皂素、松节油衍生物、黄腐酸、腐殖酸类等。

（2）MDP 化合物　已商品化的有增效醚、增效环、增效砜、增效酯、增效醛、增效菊、增效散和增效特，是目前杀虫剂的主要增效剂。

（3）烷基胺和酰胺类化合物　有 SKF-525A、Lilly18947、增效胺、拮抗氯磺胺剂和酞酰亚胺等。

（4）丙炔醚和酯类　有 RO-5-8019、NIA16824、萘基丙炔醚和对氯硝基苯丙炔醚等。

（5）有机磷酸酯和氨基甲酸酯类　包括二异丙基对氧磷、三甲苯磷、脱叶磷、增效磷、甲基增效磷和丁基-O-甲基氨基甲酸酯。

（6）其他类型化合物　滴滴涕的同系物 DMC、FDMC、八氯二丙基醚、某些苯并硫杂重氮盐、硝基苯硫氰酸酯、烷基及芳基硼酸酯等。

三、崩解剂

1. 概念和作用

崩解剂可定义为能够使片（粒）剂在水中或其他液体中易于崩解，从而促进药物悬浮释放，以达到较佳稳定性和药效的助剂。崩解剂的主要作用是消除黏合剂的黏合力与片剂压制时承受的机械力，使片剂变为细小颗粒，进而变为粉末，并能促进药物溶出。

崩解剂在农药制剂开发中主要应用于水分散粒剂和泡腾片剂等具有崩解性的剂型。在水分散粒剂配方研究中加入崩解剂，可以加快水分散粒剂的颗粒在水中崩解成可悬浮的细粒，促使有效成分溶出，使制剂具有较好的悬浮性和分散性。在泡腾剂配方研究中，加入崩解剂能够引起泡腾片剂溶胀崩碎成细小颗粒，从而使有效成分迅速溶解分散。除加入助崩解剂，还需加入酸碱系统，遇水产生二氧化碳使泡腾片崩解，又叫泡腾崩解剂。

2. 崩解剂的种类

崩解剂按其结构和性质可分为以下几种。

① 淀粉及其衍生物　经过改良变性后的淀粉类物质，其自身遇水有较大膨胀特性，如淀粉、羧甲基淀粉、改良淀粉等。

② 纤维素类　吸水性强，易于膨胀，常用的有低取代羟丙基纤维素、微晶纤维素等。

③ 表面活性剂　可增加片剂的润湿性，使水分借片剂的毛细管作用迅速渗透到片芯引起崩解。需要与其他崩解剂合用起到辅助崩解作用。如吐温-80、月桂醇硫酸钠、硬脂醇磺酸钠等。

④ 泡腾混合物　即泡腾崩解剂，借遇水能产生 CO_2 气体的酸碱中和反应系统达到崩解作用。此类崩解剂一般由碳酸盐和酸组成。常见的有：酒石酸混合物加碳酸氢钠或碳酸钠等。

崩解剂按溶解性能分类如下。

① 水溶性崩解剂　如泡腾混合物、羧甲基纤维素钠、羟丙基纤维素、海藻酸钠、硫酸铵、尿素、氯化钠盐类等。

② 水不溶性崩解剂　如淀粉、羧甲基淀粉、交联聚维酮等。

3. 崩解剂的品种

① 羧甲基淀粉钠　对用如磷酸钙等疏水性辅料的片剂崩解效果较好。特别适用于难溶于水的药物的崩解。用量一般在 4%～8%。遇酸会析出沉淀，遇多价金属盐则产生不溶于水的金属盐沉淀。

② 羟丙基淀粉　优良崩解剂，以本品60%、微晶纤维素20%、硅酸铝20%混合后，将其混合物 20%～25% 加入到片剂中压片，可制得较优良片剂。

③ 羟丙基淀粉球粒　一种快速崩解剂，与药物颗粒混合即可直接压片。片剂含量均匀，无裂片、黏冲现象，硬度、抗磨损均较好。

④ 低取代羟丙基纤维素　兼具黏结崩解作用，对不易成型的药品可改善片剂的成型和增加片剂的硬度。一般用量为 2%～5%。

⑤ 交联羧甲基纤维素钠（CIVIC-Na）　在水中能吸收数倍于自重的水，膨胀而不溶解，有较好的崩解作用。对于用疏水性辅料压制的片剂，崩解作用更好，用量可低至 0.5%。

⑥ 交联聚乙烯吡咯烷酮　片剂的崩解剂，遇水使其网状结构膨胀产生崩解作用。其吸水后不形成胶状溶液，不影响水分继续进入片芯，故崩解效果较淀粉或海藻酸类等好。

⑦ 微晶纤维素　为海绵状的多孔管状结构，在加压过程中易变形，具有较强的毛细管作用，吸水膨胀性弱，常和其他膨胀性好但毛细管能力弱的崩解剂合用，尤其用于有助于液体原药吸附的崩解性制剂中。

⑧ 表面活性剂　利用某些表面活性剂的润湿作用，增加一些疏水性药物片剂

与水之间的亲和力，可改善其崩解问题。常用的表面活性剂有吐温-80、溴化十二烷基三甲铵、十二烷基硫酸钠、硬脂醇磺酸酯等。

⑨ 泡腾崩解剂　用于要求片剂迅速崩解或药物迅速溶解的处方。组成分为酸-碱系统，遇水产生二氧化碳而使片剂崩解。

4. 崩解剂的选择和加入

崩解剂在配方筛选和加工过程中的加入方式和选择对于农药崩解性制剂的崩解质量和药剂的溶出效果以及生物效应有重要影响。

（1）崩解剂的选择原则　崩解剂的选择直接关系到制剂的崩解时限、药物释放度、生物利用度、发泡量、pH 等指标是否符合质量标准。

① 合理选用崩解剂　根据酸碱要求、崩解时限、原药的性质来合理选择崩解剂。

② 崩解剂用量的合理确定　一般情况下，崩解剂用量增加，崩解时限缩短。然而，若其水溶液具黏性的崩解剂，其用量愈大，崩解和溶出的速率越慢。一定要反复通过小试和中试放大确定用量。

（2）崩解剂的加入方式　崩解剂加入方法是否恰当，将影响崩解和溶出效果。应根据具体对象和要求分别对待，加入方法有三种。

① 内加法　在制粒前加入，与黏合剂共存于颗粒中，一经崩解，便成颗粒，有利于溶出。

② 外加法　加到经整粒后的干颗粒中，存在于颗粒之外、各个颗粒之间，因而水易于透过，崩解迅速，但溶出较差。

③ 内外加法　一般将崩解剂分为两份，一份按内加法加，另一份按外加法加入。亦有建议内加 $50\%\sim75\%$，外加 $25\%\sim50\%$。

就崩解速度而言，外加法＞内、外加法＞内加法；就溶出度而言，内、外加法＞内加法＞外加法。

表面活性剂作辅助崩解剂的加入方法也有三种：溶于黏合剂内；与崩解剂混合加入干颗粒；制成醇溶液喷于干颗粒中，其中第三种方式加入崩解时限最短。

四、抗氧化剂 ▪▪▪▪

抗氧化剂是一类能够有效阻止或延缓自动氧化的物质，为了抑制 O_2 对氧化反应的作用，就有必要加入抗氧化剂。抗氧化剂本身是一种还原剂，与原药同时存在时，抗氧化剂遇氧后首先被氧化，对易氧化的药物成分起到保护作用，从而保证药物制剂的稳定性。在自氧化过程中，抗氧化剂的作用是提供电子或有效氢离子，供给自由基接受，使自氧化链反应中断。抗氧化剂的种类如下。

1. 抗血酸及其浒生物

抗坏血酸及其衍生物中用作抗氧化剂的有抗坏血酸钠、抗坏血酸钙、异抗坏血酸及其钠盐、抗坏血酸棕榈酸酯和抗坏血酸硬脂酸酯等。由于它们本身极易被氧化，能降低介质中的含氧量，即通过除去介质中的氧而延缓药物氧化反应的发生，因此是一类氧的清除剂。

抗坏血酸类起作用时，本身被氧化并降解，其过程包括两个方面：一种是在有氧的条件下，先氧化（提供一个氢）成单氢抗坏血酸，或称抗坏血酸自由基，进而再氧化成脱氢抗坏血酸。脱氢抗坏血酸在有氧条件下，可再加水分解，使内酯环开裂而成为2,3-二酮古罗糖酸，再经氧化而成单酸，或歧化（脱羧基）成来苏糖酸（或木糖酸）。另一种是在无氧条件下，经各种中间阶段而形成呋喃、2-羟基糠醛等物。

抗坏血酸是水溶性的，但它的衍生物抗坏血酸棕榈酸酯和抗坏血酸硬脂酸酯是脂溶性的。在配制剂型时一般选用抗坏血酸或抗坏血酸钠。

2. 亚硫酸钠盐

亚硫酸钠是一种还原剂，能与水中溶解氧反应生成硫酸钠。水中呈游离状态的氧被还原剂亚硫酸钠固定下来，使它不能与其他物质反应。亚硫酸氢钠具有二氧化硫臭味，具有还原性。水溶液呈酸性，主要用于酸性药物的抗氧化剂。焦亚硫酸钠是由两分子亚硫酸氢钠脱水而成的，在水溶液中，焦亚硫酸根离子可水解成亚硫酸氢根离子，而亚硫酸氢根离子容易被氧化，可以作为多种药物制剂的抗氧化剂。

3. 叔丁基羟基茴香醚

叔丁基羟基茴香醚（BHA）是由2-叔丁基羟基茴香醚（简称2-BHA）和3-叔丁基羟基茴香醚（3-BHA）两种异构体以9：1的比例混合而成的混合体。BHA有一个活性羟基，因此只能提供一个氢。

BHA作为抗氧化剂对热较稳定，在弱碱条件下也不易被破坏，故有较好的持久能力。有一定的酚味和一定的挥发性，可与碱土金属离子作用而呈粉红色。能被水蒸气蒸馏，故在高温制品中，尤其是在水煮制品中易损失。BHA的相对毒性略低于BHT，易溶于油脂而不溶于水。

4. 二丁基羟基甲苯

二丁基羟基甲苯（BHT）只有一个活性羟基，只能提供一个氢原子与氧自由基作用。BHT抗氧化剂在一般的油溶性制剂中比较稳定，但因在高温下不稳定使得在配制过程中需要高温加热的油溶性制剂不宜添加 BHT，为了达到更好的抗氧化效果，一般情况下与 BHA 合用。

5. 特丁基对苯二酚

特丁基对苯二酚（TBHQ）是一种二酚类抗氧化剂，可提供两个氢而使自己成为醌。TBHQ 具有比 BHA 等更好的抗氧化能力。它不会因遇到铜、铁之类金属而发生呈色和风味方面的变化，只有在碱性条件下才会变成粉红色。对热的稳定性优于 BHA 和 BHT，它的沸点高达 298℃。

五、防冻剂 ▪▪▪▪

防冻剂（antifreeze agent）是一种能在低温下防止物料中水分结冰的物质，亦称冰点调节剂或抗凝剂，它可以提高农药产品在低温寒冷条件下的稳定性。防冻剂的使用主要是防止产品在贮存、运输过程中出现结冻现象，以免影响制剂的使用。符合要求的防冻剂必须具备以下三个条件：①防冻性能好；②挥发性低；③不会破坏有效成分，对有效成分的溶解越少越好，最好不溶解。在我国，以水为介质的农药产品，其配方不仅要适用于在我国南方高气温条件下生产、贮存和应用，而且也要适用于北方地区的寒冷条件。前者可以稍加甚至不加防冻剂，而后者则必须添加防冻剂，以防变质。

防冻剂主要有醇类、醇醚类、氯代烃类、无机盐类等。常用的防冻剂有甲醇、乙醇、异丙醇、乙二醇、丙二醇、丙三醇、二甘醇、乙二醇丁醚、丙二醇丁醚、乙二醇丁醚醋酸酯、二氯甲烷、1,1-二氯乙烷、1,2-二氯乙烷、二甲基亚砜、氯化钠、醋酸钠、氯化镁等，尿素和硫脲对乳液也有防冻效果。

六、防漂移剂 ▪▪▪▪

1. 概念和作用

农药防漂移剂（drift-proof agent or retardant）是防止和减轻农药施用和加工工艺中因药粒漂移引起危害的助剂总称。农药施用时对邻近作物、建筑物和各种外露设施，对牲畜、鱼以及环境的污染、危害，很大部分来自施药时的漂移。施药药液未达目标作物或有害物的所有化学部分偏移了施药目的，成为无用或有害物，可总称为漂移物。农药漂移是造成利用率低、直接经济损失的重要因素。

农药防漂移剂的作用主要有两方面：①农药制剂生产过程中的防漂移。这类漂移主要发生在粉剂、粒剂和片剂等固体剂型加工中，其中以粉剂、粉粒剂、可湿性粉剂和细粒剂、可溶性粉剂加工时比较普遍。这类防漂移剂主要用来防止和减少工艺过程中的粉尘及漂移，属于工艺助剂的一种。②农药喷施中的防漂移。目前施用化学农药技术中洒、喷、弥雾、气雾法，或多或少都有漂移问题。特别是喷施各类粉剂、乳油、液剂、悬浮剂、ULV 制剂、气溶胶、烟剂熏蒸等，漂移时常发生。航空施药漂移最突出，危害较重。地面喷施因随机阵风或气流也有农药漂移问题。应用防漂移剂的作用就是减少和降低喷雾药液（滴）的漂移。

2. 喷雾防漂移剂

喷雾防漂移剂组成及应用如下。

（1）抗蒸腾剂　喷雾中细雾滴的存在和发展是最易漂移的部分。因此，从制剂药液和药械及喷施技术上减少细雾滴十分必要。雾滴在运行传递过程中，水分和可挥发组分的蒸发是造成大量细雾滴的重要原因，抗蒸腾剂的主要作用就是减缓气化，抑制蒸发，防止雾滴迅速变细而产生漂移。现在，抗蒸腾剂的组成变化很广，活性组分也有多种，既含有表面活性剂基剂，又有非表面活性剂组分，特别是某些水溶性树脂或聚合物，还有溶剂或其他组分。

（2）黏度调节剂　主要是提高喷液黏度，适当增大雾滴尺寸，减少细雾滴。常用为水溶性表面活性剂、水溶性树脂或聚合物等。如有触变性能的多糖树胶（黄原酸胶等）、羟乙基纤维素、聚丙烯酸钠、聚丙烯酰胺等。

（3）沉积作用助剂　如 STAPUT Deposition AID（NALCO 公司农业化学品分公司），对绝大多数农药喷液用量 0.5%，适合航空和地面喷雾装置。农药沉积率达 30% 以上，高于通用展着剂的效果。

3. 固体制剂加工用防尘剂

防尘剂又称抗尘剂（anti-dusting agent），是用于减轻各种粉剂、可湿性粉剂、母粉、粉粒剂、细粒剂、微粒剂、可溶性粉剂、油分散性粉剂、干胶悬剂和水分散性粒剂等固体制剂加工工艺过程中起粉尘，防止生产和施粉中粉尘污染环境，损害工作者健康所使用的一类助剂。低浓度粉剂用的防尘漂移剂主要有如下几类。

（1）二乙二醇、二丙二醇、丙三醇等用于 2% 杀螟硫磷、速灭威和敌百虫粉剂防尘，用量 1%。

（2）烷基磷酸酯防漂移剂。10 碳以上的脂肪酸，以二元酸为主，含有少量一元酸和三元酸，对 2% 速灭威、2% 杀螟硫磷粉剂是一个有用的防漂移剂。

（3）烷氧化磷酸酯防漂移剂。

（4）丙三醇 EO/PO 加成物防漂移剂。用于 2% 杀螟硫磷和甲萘威粉剂在用量 1% 和 2% 效果好。推荐防漂移加成物平均分子量最好在 2000～6000。

（5）植物油和动物油脂为基础的粉剂防漂移。植物油包括亚麻仁油、大豆油、棉籽油、蓖麻油和棕榈仁油等，动物油脂包括鲸油、海豚油、鳕鱼肝油等。用量 0.2%～2.5%，能明显降低低浓度粉剂的漂移性，改善流动性，对分散性和吐粉

（散布）性都有不同程度的改进。

可湿性粉剂生产中所用防尘剂有乙二醇、二乙二醇、聚乙二醇、聚烯烃、液体石蜡、机油以及壬基酚聚氧乙烯醚等，作为45％和50％灭多虫可湿性粉剂和粉尘抑制剂效果良好，用量3％。

七、掺合剂 ▪▪▪▪

掺合剂（compatibility agent）又称配伍剂，也称偶合剂（coupling agent），是一类有助于农药化学品（包括化学农药及农药-化肥、农药-微量元素、农药-化肥-微量元素）之间的相容性物质，用于制剂加工和农药喷施。基本作用是解决农药制剂加工，包括混剂、农药-化肥复合制剂和农药微量元素复合制剂，和农药桶混应用技术、农药化肥联用技术以及农药-化肥和/或微量元素联用技术中相容性问题。

通常两种或两种以上不同化学性质物理性质的药剂用物理方法结合在一起会出现相容性问题。通常有三种表现方式，即化学相容性、物理相容性和生物学相容性。化学相容性不发生明显的有害的化学反应。物理相容性是不发生明显的不希望的物理变化。生物学相容性，又称生物学的可配伍性，是化学药剂混合物在规定条件下使用时，各组分仍保持原有性能，特指对有效成分的生物活性，不会产生任何有害的生物效应，或有碍于药效的发挥。解决相容性可用两种技术：一是适当的混配技术、通过试验重新选择可行的原药及加工剂型配方；二是通过试验选用适当的助剂-掺合剂。

农药掺合剂通常分为制剂配方用和喷施联用两大类。后者主要解决喷液相容性剂稳定性问题，防止喷雾液浑浊、絮凝沉降、分层结晶等，还可以使已分层的喷液加入掺合剂后立即再混合均匀，保持适当的稳定期。此时的掺合剂具有悬浮剂或再悬浮剂功能。因此，可将其归入喷雾助剂之列。

1. 掺合剂组分

通常，制剂配方用掺合剂绝大多数是表面活性剂复配物。有同类表面活性剂复配物的，更常用的是不同类表面活性剂复配物，以非离子-阴离子复配物为主。用途为：①农药-液体化肥复合制剂用；②农药混剂用。而喷雾用掺合剂组成多数是同类表面活性剂复配物，以阴离子常用，只有少数非离子-阴离子复配物。

掺合剂的有效成分主要是阴离子和非离子两类农药表面活性剂，只有少数除草剂的掺合剂有阳离子组分，两性表面活性剂基本不用。

（1）阳离子掺合剂组分　主要包括：①烷基酚聚氧乙烯醚磷酸酯，单酯、双酯及混合物；②脂肪醇聚氧乙烯醚磷酸酯，铵盐和烷基胺盐；③脂肪硫醇聚氧乙烯醚磷酸酯，异丙铵盐；④双烷基酚聚氧乙烯醚磷酸酯，胺盐、烷基胺盐；⑤烷基酰胺丁二酸半酯磺酸异丙胺盐；⑥烷基酚聚氧乙烯醚丁二酯磺酸异丙胺盐；⑦烷基苯磺酸盐及烷基胺盐；⑧α-烯基磺酸异丙胺盐；⑨烷基酚聚氧乙烯醚甲醛缩合物硫酸盐；⑩脂肪醇硫酸盐。

（2）非离子掺合剂组分　主要包括：①烷基聚氧乙烯（丙烯、丁烯）醚；②烷基酚聚氧乙烯（丙烯、丁烯）醚；③聚烷氧基缩合物；④烷基芳基聚烷氧基醚；⑤脂肪酸及脂肪酸多元醇酯的烷基衍生物；⑥环氧乙烷与环氧丙烷嵌段共聚物。

2. 掺合剂的应用

（1）不同农药品种、不同类型制剂的桶混应用　桶混有两类潜在相容性，化学相容性和物理相容性易观察到，生物学上的相容性要通过药效对比才能决定。物理不相容性是不同剂型或产品桶混经常遇到的问题。在桶混中，乳油的溶剂会聚集可湿性粉剂产品，产生油性聚集物，从而产生淤泥、沉淀或者明显分层。因此，使用不同类型制剂不同品种时，加到喷雾桶中的顺序十分重要。美国 Eli Lilly 公司推荐如下加料顺序：首先干胶悬剂 DF 或 WG，其次可湿性粉剂，再各种水基性胶悬剂，然后溶液剂，最后乳油。

（2）农药-化肥桶混应用　目前应用的农药主要是除草剂、杀菌剂和杀虫剂乳油、可湿性粉剂、水基性胶悬剂、干胶悬剂和水分散性粒剂与 28% 或 30% 含氮肥料、尿素、硝酸铵之类液体化肥桶混共喷施用。在应用上是为了使拖拉机和喷雾装置必须横跨田间时穿越次数最少，作物自由生长较容易，节省工钱。

农药-液体化肥桶混联用时经常遇到化学相容性和物理相容性问题。曾有农药-液体化肥的球罐法相容性试验推荐，首先加入可湿性粉剂，第二加入各种水基性胶悬剂，最后加入液剂和乳油。

（3）农药-液体化肥复合制剂用掺合剂　通常由液体化学农药和液体化肥制成乳油形态。配方设计中心是具有乳化能力的掺合剂，是特种乳油和特种乳化剂的设计。特殊性是指被乳化体系含有相当数量的液体化肥，它们都是强电解质化合物，要求乳化剂在大量高浓度电解质粒子（钾、铵离子等）存在下具有好的分散性、乳化性和乳状液稳定性，因此这是具有掺合性的特种乳化剂。

八、警示剂

1. 染料的作用

农药剂型加工中常用到一些染料，它们的作用主要有以下三个方面。

（1）防伪　染料有很复杂的化学结构，即使同一种色谱染料的结构也有很大差异。因此，剂型加工过程中可以根据所加入的染料作为一种防伪手段。

（2）美饰　如不加入染料，固体制剂多以灰、白、褐色为主，影响美观。因此，为了改变其外观，需要加入一些染料使产品具有美观效果。

（3）警示　农药有除草、杀菌、杀虫等几大类。为了防止误用，人们常常通过外观色谱进行区分。特别是杀鼠剂，使用警示颜色便于人们区分。

2. 染料的种类

农药加工主要是利用染料的显色特征。染料类别很多，在农药加工中可以分为水溶性和油溶性两大类。

（1）水溶性染料　使用时遇水后可显色，使用时也可加水溶解，多用于水基性剂型加工中。固体剂型和液体剂型均可以加入此类染料，主要以酸性染料、碱性染料、直接染料、中性染料、阳离子染料、食品染料为主。

（2）油溶性染料　主要用于各种溶剂类剂型中，农药的溶剂多以苯、醇、酮、醚、植物油类为主，油溶性染料在溶剂中的溶解情况并不相同，选用时应先了解其应用性能。

3. 染料的使用方法

染料的使用方法有内加法和外加法两种。

内加法将染料直接加入到液体剂型中，或将粉体染料加入到粉体农药中，然后再进一步加工成各种剂型。外加法一般将染料溶于水中，成为染料液体，再通过各种喷雾设备涂于颗粒剂表面。

染料在液体制剂中的使用较为简单，可以在搅拌釜中直接加入。但在固体制剂中的添加相对复杂，如果是粉体制剂，可以在粉碎前加入，也可以在粉碎后加入。其中粉碎前加入染料的比表面积会增大，外观显色相对明显。颗粒剂型加入染料一般有两种方法：一种是造粒前与各种助剂一起加入，造粒时加水显色，如水分散粒剂的加工多采用此方法；另一种方法是造粒后进行包衣染色，即造粒后将颗粒放入流化床中，染料加水溶解，颗粒在被热风吹动流化时向其进行喷雾包衣，染色后取出。此法特点是染料用量少，适合小批量产品的包衣。

4. 注意事项

（1）警示剂的组分　作为警示剂的染料是针对其应用对象添加的相应助剂，是商品染料，选用时应保证其内部组分不与农药的活性组分发生化学反应，否则会造成贮存稳定性不佳。

（2）pH值　每种染料显色都有一定的pH值范围，而农药的贮存也有pH值要求。在选用染料时一定选择相同的pH值应用范围，否则染料会变色，也会对农药活性成分有降解作用。

（3）加入量　染料的加入量视要求的外观而定，固体制剂一般不超过1％。根据实际应用，大部分在0.2％～0.5％之间。

（4）活性要求　所选择染料与农药活性成分应互为惰性，以保证贮存稳定，外观不易变色。如果见光保存，还要选择耐晒性能好的染料。

随着我国进入农药生产和制造大国，农药剂型加工对农药助剂的要求越来越高，我国对农药助剂的创新和变革也迫在眉睫。①及时更新法律法规，禁止使用有毒的有机溶剂和助剂，鼓励开发和使用环保型的农药助剂。②重点开发高效、低毒、环境友好的农药及农药助剂. 例如微生物表面活性剂、生物表面活性剂以及绿色表面活性剂，在农药助剂应用之前严格遵照法律法规对其进行登记，并对其安全性进行评价。③将计算机辅助技术应用于农药新助剂的开发及应用，逐步建立农药助剂数据库，使现代电子技术和农药科学有机结合。④加强助剂的开发研究和新制剂及新助剂的配方试验，在大力开发农药新剂型的同时，减少或限制对环保不利的剂型生产。深入研究助剂的安全性，加强对农药助剂管理，对于提高农药管理水平，增强我国农药制剂工业在国际市场的竞争力有着重要的现实意义。

参 考 文 献

[1]　Basheva E S，Simeon S，Nikolai D D. Foam boosting by amphiphilic molecules in the presence of silicone oil. Langmuir，2001，17（20）：969-979.

[2]　Basu S and Shravan S. Preparation and characterization of petroleum sulfonate directly from crude. Petroleum Science and Technology，2008，26（13）：1559-1570.

[3]　Cases J M，Grillet Y，Francois M，et al. Evolution of the porous structrure and surface area of palygorskite under vacuum thermal treatment . Clays and Clay Minerals，1991，39（2）：191-201.

[4]　Guerrini M M，Lochhead R Y，Daly W H. Interactions of aminoalkylcarbamoyl cellulose derivatives and sodium dodecyl sulfate. 2. Foam stabilization. Colloids and Surfaces A：Physicochemicai and Engineering Aspects，1999，147：67-78.

[5]　Park J K，Choy Y B，Oha J M，et al. Controlled release of donepezil intercalated in smectite clays. International Joumal of Pharmaceutics，2008，359（1-2）：198-204.

[6]　Robert A. Entry and spreading of alkane drops at the air/surfactant solution interface in relation to foam and soap film stability. J Am Chem Soc，1993，89（2）：4313-4327.

[7]　Simms J A. A new graft polymer pigment dispersant synthesis. Progress in Organic Coatings，1999，35（1-4）：205-214.

[8]　Sunjs，Policello G A. Performance of trisiloxane alkoxylate blends as agrochemical adjuvants// The Proc of the 18th Asian-pacific Weed Sci Soc Conf. May 28-June 2，2001. Beijing：Standards Press of China，2001：571-576.

[9]　Tadros T F. Influence of addition of a polyelectrolyte，nonionic polymers，and their mixtures on the rheology of coal/water suspensions. Langmuir，1995，11（12）：4678-4684.

[10]　Tadros Th F. Steric stabilisation and flocculation by polymers. Polymer Journal，1991，23（5）：683-696.

[11] Zsolt N, Gyorgy R, Kalman K 1 foam control by silicone polyethers mechanisms of cloud point antifoaming. J Colloid Interface Sci, 1998, 207 (2): 386.

[12] 白庆华, 李鸿义. 增稠剂的研究进展. 河北化工, 2011, 34 (7): 46-48

[13] 蔡新华, 钱小君. 油脂抗氧化剂的研究进展. 粮食与食品工业, 2013, 20 (4): 33-36.

[14] 曹卫春. 黄原胶对酸性乳饮料稳定性影响的研究. 食品科技, 2006, 87-90.

[15] 常贯儒, 陈国平. 聚醚改性硅油型消泡剂研究进展. 科技信息, 2010, (18): 26, 29.

[16] 陈天虎, 王健, 庆承松, 等. 热处理对凹凸棒石结构、形貌和表面性质的影响. 硅酸盐学报, 2006, 34 (11): 1406-1410.

[17] 陈蔚林. 农药新剂型和助剂的研究开发概况. 安徽化工, 2002, 115 (1): 4-6.

[18] 陈桢, 任天瑞. 丙烯酸-苯乙烯磺酸钠-甲基丙烯酸羟乙酯共聚物分散剂的合成及其分散性能研究. 过程工程学报, 2008, 8 (2): 240-247.

[19] 董立峰, 李慧明, 王智, 张保华. 40%戊唑醇·多菌灵悬浮剂配方的研究. 湖北农业科学, 2013, 52 (13): 3053-3055.

[20] 董立峰, 李慧明, 王智, 张保华. 农药加工过程中泡沫的问题及对策. 现代农药, 12 (1): 13-16.

[21] 董丽娟. 海藻酸盐修饰的药物载体的制备及应用. 北京: 中国科学技术大学, 2011.

[22] 董元彦, 路福绥, 唐树戈. 物理化学. 北京: 科学出版社, 2008.

[23] 冯建国, 路福绥, 郭雯婷, 等. 增稠剂在农药水悬浮剂中的应用. 今日农药, 2009, (5): 17-22.

[24] 冯建国, 路福绥, 武步华, 等. 有机硅消泡剂在农药加工中的应用现状和展望. 农药科学与管理, 2010, 31 (1): 30-33.

[25] 付颖, 叶非, 王常波. 助剂在农药中的应用. 农药科学与管理, 2001, 22 (1): 40-41.

[26] 葛成灿, 王源升, 余红伟, 等. 泡沫及消泡剂的研究进展. 材料开发与应用, 2010, 25 (6): 81-85.

[27] 郭瑞, 丁恩勇. 黄原胶的结构、性能与应用. 牙膏工业, 2007, (2): 36-39.

[28] 华乃震. 农药分散剂产品和应用 (Ⅰ). 现代农药, 2012, 11 (4): 1-10.

[29] 华乃震. 农药分散剂产品和应用 (Ⅱ). 现代农药, 2012, 11 (5): 1-5, 53.

[30] 黄成栋, 白雪芳, 杜昱光. 黄原胶 (Xanthan Gum) 的特性、生产及应用. 微生物学通报, 2005, 32 (2): 91-98.

[31] 黄建荣. 现代农药剂型加工新技术与质量控制实务全书. 北京: 北京科大电子出版社, 2005.

[32] 黄良. 悬浮剂润湿分散剂选择方法研究. 农药学学报, 2001, 3 (3): 66-70

[33] 黄茂福. 消泡机理与消泡剂. 染整科技, 2001, (1): 40-48.

[34] 黄树华, 陈铭录, 王家保. 我国农药乳化剂现状和发展的探讨. 现代农药, 2006, 5 (6): 7-11.

[35] 黄树华, 王家保. 我国农药乳化剂的研究和生产进展. 现代农药, 2003, 2 (1): 24-26.

[36] 姜志宽, 陈超. 增效剂的应用与研究进展. 中华卫生杀虫药械, 2006, 12 (3): 155-160.

[37] 蒋凌雪, 马红, 陶波. 农药助剂的安全性评价. 农药, 2009, 48 (4): 235-238.

[38] 李慧, 路福绥, 王祜英, 等. 聚羧酸类分散剂在农药悬浮剂中的应用进展. 中国农药, 2011, (3): 46-49.

[39] 李明, 路福绥, 王秀秀, 等. 20%二甲戊乐灵水乳剂的研制. 农药, 48 (12): 889-891.

[40] 凌世海. 从农药液体制剂中的溶剂谈农药剂型的发展. 安徽化工, 2010, 36 (5): 1-6, 8.

[41] 凌世海. 固体制剂. 第3版. 北京: 化学工业出版社, 2003.

[42] 凌世海. 农药助剂工业现状和发展趋势. 安徽化工, 2007, 33 (1): 2-7.

[43] 刘安华, 周兴平, 吴璧耀. 水溶性分散剂的合成以及性能研究. 功能高分子学报, 1997, 10 (1): 56-60.

[44] 刘广文. 染料加工技术. 北京：化学工业出版社，2009.

[45] 刘国信. 常见农药辅助剂简介. 山西果树，2005，(2)：46-47.

[46] 刘占山，柏连阳，王义成，等. 农药制剂中助剂安全性探讨及管理建议. 农药科学与管理，2009，30 (8)：21-25.

[47] 吕宁，吴志风，刘绍仁. 农药助剂的管理需逐步完善. 农药科学与管理，2007，25 (1)：24-26.

[48] 马立利，吴厚斌，刘丰茂. 农药助剂及其危害与管理. 农药，2008，47 (9)：637-640.

[49] 马洛平. 消除有害泡沫技术. 北京：化学工业出版社，1987.

[50] 马玉辉. 农药润湿渗透剂的选择与探讨. 精细与专用化学品，2006，(16)：22-23.

[51] 彭江涛，周渝，谭涓，等. 40％毒死蜱水乳剂的配方研究. 应用化工，2010，39 (11)：1786-1788.

[52] 乔凤云，陈欣，余柳青. 抗氧化因子与天然抗氧化剂研究综述. 科技通报，2006，22 (3)：332-336.

[53] 邵凤，陈云，张崇璞. 维 A 酸软膏中抗氧剂的初步筛选. 中国药房，2001，12 (12)：714-715.

[54] 邵维忠. 农药助剂. 第 3 版. 北京：化学工业出版社，2003.

[55] 沈晋良. 农药加工与管理. 北京：中国农业出版社，2002.

[56] 石伶俐. 提高农药沉积量的助剂增效技术研究. 北京：中国农业科学院，2006.

[57] 陶玲，任珺，白天宇，等. 凹凸棒黏土的产品开发与利用. 资源开发与市场，2012，28 (05)：416-419.

[58] 王秀秀，冯建国. 浅谈乳化剂在农药剂型加工中的应用. 剂型加工，2009，(10)：35-40.

[59] 王仪，张立塔，郑斐能，等. 助剂对高效氯氰菊酯在甘蓝叶片表皮渗透性的影响. 中国农业科学，2002，35 (1)：33-37.

[60] 王元兰，李忠海. 黄原胶溶液流变特性及应用研究进展. 经济林研究，2007，25 (1)：66-69.

[61] 王芸，吴飞，曹志平. 消泡剂的研究现状与展望. 化学工程，2008，156 (9)：26-28.

[62] 王早骧. 农药助剂. 北京：化学工业出版社，1994.

[63] 王志东. 聚合型分散剂在农药水分散粒剂中的应用. 世界农药，2007，29 (z1)：43-46.

[64] 韦薇，韦书庆，蓝宏彦，等. 20％虫螨脲悬浮剂的研制. 现代农药，2013，12 (4)：16-19.

[65] 卫乃勤，张立宪. 农药润湿渗透剂的探讨. 表面活性剂工业，1994，(1)：19-24，14.

[66] 巫庆珍. 论抗氧剂在注射液中延缓主要氧化变质的作用. 井冈山医专学报，2005，12 (4)：69-70.

[67] 吴志风，刘绍仁. 加拿大对农药助剂的管理. 农药科学与管理，2006，27 (2)：50-53.

[68] 肖进新，赵振国. 表面活性剂应用原理. 北京：化学工业出版社，2003.

[69] 徐永英. 造纸工业用化学消泡剂及其消泡机理. 造纸化学品，2000，(4)：23.

[70] 薛勇. 农药助剂的应用. 山西果树，2005，(3)：31-32.

[71] 阎果兰，靳利娥. 食品中抗氧化剂及发展趋势. 山西食品工业，2005，33 (3)：20-22.

[72] 杨杰，李红波，李晓辉，等. 氟环唑 60％悬浮剂的研制. 农药科学与管理，2013，34 (8)：22-24.

[73] 尹瑞峰. 8％烯效唑微乳剂的研制. 山东化工，2010，39 (10)：1-3.

[74] 于瀛. 我国硅藻土做农药载体的研究. 中国非金属矿工业导刊，2004，(1)：24-25.

[75] 于宏伟，段书德，牛辉，等. 绿色农药增效剂的研究进展. 江苏农业科学，2010，(2)：142-143，167.

[76] 张春华，张宗俭，刘宁，孙才权. 农药喷雾助剂的作用及植物油类喷雾助剂的研究进展. 农药科学与管理，2012，33 (11)：16-18.

[77] 张国生，汪灿明，郑瑞琴. 浅谈农药增效剂现状及其应用前景. 浙江化工，2000，4.

[78] 张国生，郑瑞琴. 乳化剂在农药领域中的应用. 精细与专用化学品，2003，11 (14)：3-5.

[79] 张亨. 消泡的研究进展. 精细石油化工进展，2000，1 (7)：44-48.

[80] 张俊. 凹凸棒石理化性质分析及其在废水处理中的应用研究. 贵阳：贵州大学，2006.

[81] 张清岑，黄苏萍. 水性体系分散剂应用新进展. 中国粉体技术，2000，6 (4)：32-35.

[82]　张清岑，刘小鹤，黄苏萍．超分散剂分子结构设计的研究．矿产综合利用，2002，(4)：15-19.

[83]　张宗俭．农药助剂的应用与研究进展．农药科学管理，2009，30 (1)：42-47.

[84]　郑彩华．15％茚虫威水悬浮剂的研究．安徽化工，2013，39 (5)：38-41.

[85]　郑承旺．丙烯酸共聚物分散剂的应用．丙烯酸化工与应用，2001，14 (2)：1-5.

[86]　周广文．现代农药剂型加工技术．北京：化学工业出版社，2013.

[87]　庄占兴，路福绥，刘月，等．表面活性剂在农药中的应用研究进展．农药，2008，47 (7)：469-475.

第三章 固体制剂

固体制剂包括粉剂、可湿性粉剂、可溶性粉剂、粒剂、水分散粒剂、泡腾片、烟剂等。这类剂型的物理状态为固态，一般农药有效成分、载体、助剂经混合、粉碎等工艺加工成型，通常使用袋装。载体在这类剂型中占有重要地位。使用方法广泛，可以喷粉、喷雾、放烟、灌根等。由于这类剂型为固体，包装、贮藏、运输等方便，且该类剂型不使用有机溶剂，对环境的负面效应小，是理想的农药剂型。

第一节 粉剂

粉剂（dusts）是由原药、填料和少量助剂经混合、粉碎至一定细度再混匀而制成的一种常用剂型。粉剂可以直接喷粉，使用方便；药粒细，较能均匀分布；撒布效率高，节省劳动力，特别适宜于水源供应困难地区和对暴发性病虫草害的防治。

粉剂是农药加工剂型中最早的一类，起源于20世纪30年代末期，主要是无机或植物性杀虫剂直接粉碎使用。到了20世纪40年代，随着有机杀虫剂的大量出现，不但有固体原药，也出现了液态原药。因此，填料除起稀释作用外，还要有吸附原药的载体作用。吸附性强的矿物填料也得到了空前发展，填料工业的发展反过来又促进了粉剂的发展，从这一时期到20世纪60年代中期，粉剂一直是农药加工剂型中的主要品种。到了20世纪70年代初期随着环境保护要求的提高，粉剂的生产呈下降趋势。如日本在1970年粉剂产量占各种制剂总量的56.8%，1978年下降到41.4%，到1980年下降到39.7%；一些发达国家如美国、德国等已经很少使用粉剂。我国 1981 年粉剂产量仍在 100 万吨以上，占各种制剂总量的 2/3。随着 1983 年，国内禁止生产滴滴涕和六六六原药，粉剂的比重随之下降。

一、粉剂的种类

粉剂一般分为两类：浓粉剂和田间浓度粉剂。浓粉剂的有效成分一般高于 10%，使用前需要稀释，主要供拌种、土壤中施用；田间浓度粉剂的有效成分含量低于 10%，可直接用于大田喷粉。按细度大小，粉剂可分为一般粉剂、无飘移粉剂、超微粉剂三大类。

一般粉剂（dustable power），也称通用粉剂或粉剂，其粉粒细度平均直径 10～30μm。一般粉剂中 10μm 以下粉粒占有相当大的比例。实验证明最容易飘移的是粒径在 10μm 左右的粒子，因此一般粉剂飘移较严重，它已逐渐被其他粉剂或剂型所代替。

无飘移粉剂（drift-less dustable power），即不飘移或飘移少的粉剂。粒径平均为 20～30μm，是 20 世纪 70 代初日本首先发明的。为克服传统粉剂的飘移性，将 10μm 以下微粒以机械筛除或加入聚凝剂如液体石蜡、淀粉糊等，将其凝结以减少飘移。

超微粉剂（fio-dust）是在由吸油率高的矿物微粉和黏土微粉所组成的填料中加入原药（其量约为普通粉剂的 10 倍）混合后，再经气流粉碎机粉碎到 5μm 以下的一种粉剂。撒布时粒子不凝集，以单一颗粒在空中浮游、扩散，然后均匀地附着在植株各个部位，因而防效好；此外，超微粉剂不像熏烟剂那样，使用时需加热，因此受热易分解的各种农药如有机磷农药都可以加工成这种制剂；超微粉剂可用常用的背负式动力喷粉机从户外向室内喷粉，具有施药简单、时间短、使用者安全等优点。这种粉剂由于粉粒细而易飘移，只能用在密闭的温室内，而不能在大田应用，粒子通过飘移扩散可均匀地附着在密蔽植株枝叶的正面和反面，防效高，省时、省工又安全。

三种粉剂的物理性状参见表 3-1。

表 3-1　三种粉剂主要物理性状比较

项　目	DL 型粉剂	一般型粉剂	FD 型粉剂
细度	95% 通过 320 目筛	95% 通过 320 目筛	95% 通过 320 目筛
平均粒径	20～25μm	10～30μm	<5μm
10μm 以下比例	<20%	50% 左右	100%
假密度	0.7～1.0g/cm³	0.5～0.7g/cm³	<0.1g/cm³
浮游指数	8～11	44～46	>85
流动性	<30s	30～60s	—
吐粉性	>700mL/min	>1100mL/min	>1100mL/min

二、粉剂的特点 ▪▪▪▪

（1）**粒度与药效** 粉剂的粒度通称为细度。粉剂的细度通常以能否通过某一孔径的筛目表示。现行的筛目有两种标准：筛目号数表示每英寸（1in＝2.54cm）宽筛网的筛线数目，例如，200号筛目的筛网，每英寸宽应有200条筛线，每平方英寸有40000个筛孔；筛目号数表示每平方厘米面积的筛网所有筛目个数。例如，1600号筛目即每平方厘米面积的筛网有筛孔1600个，每厘米筛网有线40条。这两种标准中的前者较为普遍采用，其筛目号数与其筛孔内径见表3-2。

杀虫剂或杀菌剂的粉剂在使用时无论是喷粉或泼浇，粉粒的大小和分布对其效果都有显著的影响。在一定粒径范围之内，原药粉碎愈细，生物活性愈高。如触杀性杀虫剂的粉粒愈小，则每单位质量的药剂与虫体接触面积愈大，则触杀效果愈强；在胃毒药剂中，药粒愈小愈易为害虫所吞食。因此，一方面要求药粒尽可能细，但另一方面，由于药粒过细，有效成分挥发加速，使药剂的持效期大为缩短，喷粉时容易飘移和容易从防治的面积上被风吹走而污染环境，反而会降低药效。所以，在确定粉剂的细度时，要根据原药的特性，权衡各方面的利弊，选择合适的粒径，以便充分发挥药效。

表 3-2 筛目号数与其筛孔内径对照表（美国泰勒标准）

筛目号数	筛孔内径/μm	筛目号数	筛孔内径/μm	筛目号数	筛孔内径/μm	筛目号数	筛孔内径/μm
10	1680	32	500	80	177	200	74
14	1190	35	420	100	149	250	63
20	840	42	350	115	125	270	53
24	710	48	297	150	105	325	44
28	600	60	250	170	88	400	37

（2）**流动性** 粉剂的流动性常以坡度角表示，一般要求粉剂的坡度角在65°～75°。坡度角大的粉剂流动性差，反之流动性好。粉剂流动性好，在粉碎过程中可避免机械的阻塞以及在包装过程中减少管路的阻塞，在使用时容易从喷粉器中喷出，并且喷出的粉剂不易絮结。

（3）**容重** 又称假密度，分疏松容重和紧密容重。在一定条件下，粉剂自由降落到一定体积的容器中，单位体积粉剂的质量称为疏松容重（g/cm³）。按规定条件，将盛有粉剂的容器从一定高度反复跌落一定次数后，所测得的单位体积的质量称为紧密容重（g/cm³）。

粉剂的容重决定包装袋的容积和仓库的大小。农药在地面覆盖度、因风雨所流失的程度、穿透叶丛能力、沉没水中之难易、加工处理和使用方便与否以及包装价格都受到粉剂容重的影响。粉剂的容重和所用填料的密度、有效成分的种类和浓度以及粉剂的细度有关。

（4）分散性　粉剂的分散性是指粉剂由喷粉器中喷出时粒子之间的分散程度，常以分散指数表示。

$$分散指数＝[(10-m)/10]×100$$

式中，10 为供测样品量，g；m 为吹入一定气流后，玻璃过滤器中残留物的质量。

粉剂的分散指数大的，则粒子之间凝聚力小，易分散，适宜于喷粉器喷粉，喷出的粉粒分布也均匀；反之，分散指数过小，则粉剂粒子易于凝聚，难喷撒，喷出的粉粒分布均匀性亦差，因此要求一般粉剂的分散指数应大于 20。

（5）吐粉性　吐粉性是指在一定条件下，喷粉器的喷粉能力，要求一般粉剂的吐粉性大于 1100mL/min，吐粉性可用下式表示：

$$吐粉性＝校正指数×1min 内吐出量(mL/min)$$

（6）浮游指数　浮游指数是表示粉剂飘移飞散程度的指数。浮游指数大的，粉剂容易飘移污染环境和邻近的作物，要求一般粉剂的浮游指数在 20～60，DL 粉剂要求小于 20，而利用浮游特性的微粉剂必须大于 85。

（7）水分　水分对粉剂的物理和化学性能有着重要的影响。粉剂中水分含量过高，在堆放期间不仅易结块，使粉剂失去流动性和分散性，给使用带来不便，而且还会加剧有效成分的分解，从而导致产品质量下降，药效降低。因此，必须严格控制粉剂中的水分含量。我国对粉剂水分含量一般规定在 1.5% 以下。

（8）黏着性　黏着性是指粉剂黏附于防治对象上的能力，粉粒的大小和形状是影响黏着性的主要因素。黏着性好的粉剂能均匀地、牢固地黏附而不易被气流和雨水冲走，能充分发挥药效。为了增强粉剂的黏着性，可在粉剂中添加少量的黏着剂。

（9）稳定性　稳定性是指粉剂在贮存期间吸潮、结块和有效成分分解的程度。

粉剂不易被水湿润，也不分散或悬浮在水中，故不能加水作喷雾使用。粉剂因粉粒细小，易附着在虫体或植株上，而且分散均匀，易被害虫取食。粉剂使用方便，适于干旱缺水地区使用。粉剂成本低，价格便宜，但附着性差，其残效期比可湿性粉剂、乳油要短，而且易污染环境。低浓度粉剂可直接喷粉用；高浓度粉剂供拌种、制作毒饵、土壤处理用。

三、粉剂的组成

粉剂一般是由有效成分和填料组成的。有的粉剂还含有少量的助剂，以增强粉剂的稳定性、黏着性和流动性。

（1）原药　无论是杀虫剂、杀菌剂、除草剂，还是植物生长调节剂，都可加工成粉剂。从总体上讲，杀虫剂加工成粉剂比杀菌剂和除草剂多。加工成粉剂的原药一般是熔点较高的固体原粉，也有的是液态原油。

（2）填料　一般要求含沙量低，以减轻磨损。酸碱度以不引起成分分解，不与有效成分发生化学反应为原则，一般在5～7范围内。主要填料如下。

① 硅藻土　其主要成分为 SiO_2，有的含量高达90％以上。硅藻土的结构是由蛋白石状的硅所组成的蜂房状晶格，有大量的微孔，有的孔径仅有几微米，比表面积很大。在粉碎中，随着粒度的减小而增加的面积对总面积影响很小。它具有假密度小、孔隙率大、吸附容量大的特性。因此，广泛用于制造高浓度粉剂或可湿性粉剂的填料，或者和吸附容量小的填料混合，用以调节粉剂的流动性。

② 滑石粉　又称为惰性粉。主要用作低浓度粉剂的填料，特别适合作有机磷粉剂的填料。由于它们的吸附容量小，不宜作为可湿性粉剂的载体。

③ 蒙脱石　蒙脱石在水中能吸附大量的水分子而膨润分裂成极细的粒子形成稳定的悬浮液。因此，它适合作可湿性粉剂的填料以及胶悬剂的黏度调节剂和分散剂，使胶悬剂体系稳定。大多数有机农药是极性有机化合物，可利用蒙脱石的极大的内表面的吸附作用加工成高浓度粉剂。另外，这类填料比表面积和阳离子交换容量大、吸水率大、活性点多，用它配制的有机磷粉剂贮藏稳定性差，所以不宜作为低浓度的有机磷粉剂的填料。

④ 膨润土　膨润土有大量的可交换阳离子和特大的表面积（一般在250～500m^2/g），故有较高的吸附容量，可加工高浓度可湿性粉剂。同时，膨润土能大量吸附水分子，自身膨润分裂成极细的粒子，形成稳定的悬浮液，膨润土含沙量很少，一般都在1％以下，这些均对于提高加工制剂的悬浮率大有好处。因此，膨润土是农药可湿性粉剂较好的载体。

⑤ 高岭土　一般用作低浓度粉剂的填料。但它的基本颗粒较之滑石、叶蜡石细，假密度小，孔隙率大，因此用它作液态或蜡状农药的填料时，在达到饱和吸附容量之前，有效成分的浓度也较之用滑石和叶蜡石为填料的高得多，因此它们也有可能作为较高浓度粉剂的填料。此外，即使它们的细粒结成块状，但在水中易分散，所以也很适合作可湿性粉剂的填料。

⑥ 陶土　我国农药粉剂和可湿性粉剂常用的载体。由于各地陶土所含成分极不相同，故其密度、硬度、含沙量和吸附性能等均不相同。一般来说，吸附能力高、含沙量少的可作为可湿性粉剂的载体。考虑到我国陶土资源丰富，各地几乎都有，既可就地取材，又可降低成本，故可对其性能测定后，选择使用。

⑦ 凹凸棒土　其多孔性和高吸附容量，适合作高浓度粉剂和可湿性粉剂的填料。

⑧ 白炭黑　人工合成的水合二氧化硅，含二氧化硅85％以上。比表面积、吸附容量和分散能力都很大。比表面积可高达100～200m^2/g，吸油率可达200mL/100g。故为农药可湿性粉剂的理想载体。白炭黑作为载体，价格较高，一般应用于高档高浓度的可湿性粉剂加工中，或与其他载体复配使用。

⑨ 复合填料　由两种或两种以上的填料配合而成。如用滑石粉为填料将液体农药加工成粉剂时，可加入少量吸附容量大的硅藻土或白炭黑，以便于粉碎和防止结块；黏土类作粉剂的填料可加入少量的硅石（二氧化硅）以改善粉剂的流动性；用复合填料作颗粒剂的载体有时可以达到不同释放速度、延长药效和增加药效等目的；为调整粒剂在水中的崩散性和扩展性，常在黏土载体中加入膨润土；具有一定性质的填料在数量上不能满足时，有时也将 2～3 种填料混合使用。

（3）其他助剂　为了充分发挥有效成分的药效，保证制剂的质量、方便使用和满足生产工艺的要求，在生产粉剂时，可加适量的助剂。

① 抗飘移剂　常用的抗飘移剂主要有二乙二醇、二丙二醇、丙三醇、烷基磷酸酯、烷氧化磷酸酯类、丙三醇的环氧乙烷或环氧丙烷加成物，以及棕榈油、大豆油、棉籽油等植物油类。

② 分散剂　常用品种有烷基磺酸盐、萘磺酸盐、烷基萘磺酸盐、烷基酚聚氧乙基醚磺酸盐、脂肪醇环氧乙烷加成物磺酸盐和烷基酚等。

③ 黏着剂　常用的黏着剂品种有天然动植物产品如矿物油、豆粉、淀粉、树胶等；表面活性剂类型的黏着剂如烷基芳基聚氧乙基醚、脂肪醇聚氧乙基醚、烷基萘磺酸盐和木质素磺酸盐等。

四、粉剂的加工 ▪▪▪▪

1. 粉剂的加工方法

粉剂的加工方法视原药和助剂的物理状态而定。如原药和助剂都是易粉碎的固态物，先将它们和填料按规定的配比进行混合、粉碎、包装；如果原药和助剂呈黏稠状，则将它们热熔后，再依次均匀地喷布于填料粒子表面，混合均匀后进行包装；如果原药和助剂都是液体状态，流动性又好，可直接喷布于填料粒子表面，混合均匀后进行包装；如配制混合粉剂，一种有效成分为固体，另一种为液体原油，先将固体原药和填料混合、粉碎后，再进行混合，同时在后混合过程中将液体原油喷入，混合均匀后再进行包装。

① 直接粉碎法　将原药、填料、助剂一起粉碎混合。

② 浸渍法　利用挥发性的溶剂如氯仿、丙酮、二甲苯、醇类等把原药溶解，然后与一定细度的粉状载体混拌均匀。由于溶剂价格贵，该法只在实验室内配制少量样品时使用。

③ 母粉法　先将原药和载体混合粉碎成高浓度的母粉，运输到使用地，再与一定细度的粉状载体混合成低浓度的粉剂出售使用。气流粉机等先进设备的使用和强吸附性填料的广泛应用，使母粉法成为可能，该法具有明显的优越性，贮藏稳定性提高，避免长途运输大量填料而节省了运费。因此，粉剂的加工法趋向于母

粉法。

2. 粉剂的加工工艺

粉剂加工工艺大体上分为：填料的干燥、冷却；填料、原药、助剂的混配、磨细、混合；农药粉剂产品的包装，共计六道工序。其中填料的干燥和冷却一般采用转筒干燥机和冷却机，整个干燥和冷却是连续操作。而混配、磨细、混合均系间歇操作，在混配工序中，其填料的计量和加入一般采用料斗半自动控制、机械投加的方式，而固体原药和助剂的计量、加入，基本上是手工操作。液体原油的加入国内有的工厂在雷蒙机前加入，也有的在混合机内加入，由于采用压缩空气喷加的自动计量装置，操作人员脱离了添加原油的现场，较为安全。磨细工艺的主要生产设备是雷蒙机，国内一般采用的大都是 4R-3216 型摆式磨粉机（即雷蒙机），其生产工艺大体为吹风型和吸风型两种。混合设备大都采用回转容器型的滚筒混合机，近几年来在我国发展了气流混合，有正压操作的沸腾混合，也有负压操作的真空混合。另外，新型混合设备——双螺旋锥型混合机和犁刀式混合机也开始使用。包装，以小口包装机为主，目前采用半自动化生产线进行后加工，整个农药粉剂加工生产工艺流程见图 3-1。

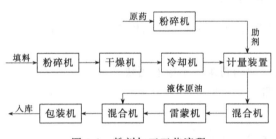

图 3-1　粉剂加工工艺流程

① 干燥　农药粉剂加工过程的第一道工序，主要任务是完成对农药粉剂填料的干燥。农药粉剂对水分要求较严，填料所含水分将直接影响到产品的质量，故填料的干燥是农药粉剂加工的重要环节。

农药粉剂加工的干燥形式基本上采用对流式干燥。主要设备为转筒干燥机、气流干燥机、立窑等。大部分工厂采用转筒干燥机，其干燥过程全部实现了连续化。

② 冷却　农药粉剂加工中的第二道工序，目的是将干燥后的填料进行降温，以利于下一步的粉碎、磨细。目前国内常用的冷却工艺主要有三种：料仓自然冷却、转筒冷却、气流冷却。

③ 配料　将农药原料、助剂及填料按一定的比例进行混配的一道工序。计量的准确程度和混配的分散均匀程度将直接关系到产品的质量和工厂成本。国内均采用一步混配法，配好的物料也不经混合机混合，直接送入雷蒙机去粉碎、研磨。填

料的称重一般采用料斗半自动计量方法。物料的进出称量斗全部采用星型给料机，物料的输送采用螺旋运输机和斗式提升机。磅秤上装有微动开关或水银触点，以自动发出计量结束信号；整个计量系统全都采用电器连锁进行控制，效果较好。

对于液体农药来说，有在进入雷蒙机前混配加入的，也有将原油直接喷入混合机进行混合，不再进行粉碎、研磨的。一般来说，原油在进入雷蒙机前加入，产品质量要好，但有毒物污染雷蒙机严重，特别对剧毒农药来说，会使不安全因素增加。原油在混合机内喷加，有毒物污染的设备必然减少，检修时较安全。但其产品易形成小团，原油分布不均匀，故最好再增加一道粉碎和混合步骤，以提高产品质量。

④ 磨细　磨细是农药粉剂加工中的关键工序，是直接保证产品细度指标的重要一环。由于粉碎及研磨设备的不同，磨细生产工艺也不同。通常采用的粉碎与磨细设备有万能粉碎机、雷蒙机、超微粉碎机和气流粉碎机等。

⑤ 混合　在农药粉剂加工中，混合过程是控制农药中有效含量均匀分布的一个重要步骤。目前常用的混合设备分为回转容器型和固定容器型两大类。

⑥ 包装　经过上述加工后的产品，通过自动包装机进行定量包装。

五、粉剂的技术指标

根据中华人民共和国化工行业《农药粉剂产品标准编写规范》规定，农药粉剂的技术指标如下：

① 外观，自由流动的粉末，不应有团块。

② 有效成分含量。

③ 杂质含量。

④ 水分，一般要小于 5％。

⑤ pH 值范围，根据实测结果而定。

⑥ 细度（通过 75μm 试验筛），一般要求≥98％或 95％。

⑦ 热贮稳定性　一般要求（54±2）℃贮存 14d，有效成分分解率≤10％。

1. 细度的测定方法

分为湿筛法和干筛法，是用一定目数的筛来筛分的，通过筛上残留量与总质量来计算，计算公式如下：

$$X = [(m - m_1)/m] \times 100\%$$

式中，m 为粉剂样品的质量；m_1 为筛上残余物的质量。

2. 粉剂流动性测定

将 10～15g 的粉剂样品放入漏斗中，用铅笔轻轻敲打 1～2 下漏斗的下口，如果粉剂开始流动（是指物质在标准漏斗连续成流、自由地流通至少15s），此粉剂流动性指数为0。如果此时不流动，则另称取（5±0.1)g砂，摇动使其充分混合均匀（至少5min），小心地倒入漏斗中，轻轻敲打漏斗下口，观察是否流动。若该混合物仍不能从小孔流出，放回玻璃瓶中，混入另一份（5±0.1)g砂，如此重复直到流动为止。粉剂流动性测定方法如图3-2所示。

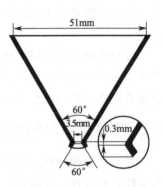

图 3-2　测定粉剂流动性装置

3. 粉剂的分散性指数测定

将被测样品在温度 20～25℃、湿度 60％～80％ 的室内放置 2d 后，称取 50g，放入 200mL 烧杯中，搅拌均匀。在普通天平上称取 10g，移到玻璃砂过滤器中，并使表面尽可能平整。然后开启空压机，使达到最大压力，调节空气变换器活塞。使两次空气压力表数为 $1kgf/cm^2$（$1kgf = 9.80665N$）。把加入试样的玻璃砂过滤器装在指定位置上，全部连接好后，开启空压机，以 35L/min 的风量通气 11s，停机关闭阀门，取下并称量玻璃过滤器中的残留物质量（W），按下式计算分散指数：

$$分散指数＝[(10-W)/10]×100％$$

4. 浮游指数的测定

将试样在散粉箱内散粉 30s，再将浮游在箱内的粗微粒子捕集到盛水的集尘管内，在波长 610nm 处测定透过率，按下式求出浮游性指数：

$$浮游性指数＝100-透过率$$

由于分光光度计的机种不同，测定值有偏差，采用特殊的分光光计或用标准粉剂进行比较测定，可消除由于机种的不同和散布条件的微小差别的影响，从而提高测定值的精确度。

第二节　可湿性粉剂

可湿性粉剂（wettable powders，WP）是由不溶于水的原药与载体、表面活性剂（润湿剂、分散剂等）、辅助剂（稳定剂、警色剂等）混合制成的粉碎得很细的易被水润湿并能在水中分散悬浮的粉状农药制剂。此种制剂在用水稀释成田间使用浓度时，能形成一种稳定的、可供喷雾的悬浮液。一般来说，可湿性粉剂是一种农药有效成分含量较高的干制剂。在形态上，它类似于粉剂；在使用上，它类似于乳油。可湿性粉剂顾名思义，是指可以湿法使用（即加水喷雾使用）的一种粉状制剂。但又因它能分散成稳定的悬浮液,也称为可分散性粉剂(dispersible powders)。

可湿性粉剂是我国农药四大基本剂型之一。这种剂型历史悠久,加工技术比较成熟,和乳油相比,它不需要有机溶剂和乳化剂。它又具有粉剂同样的优点,包装运输费用低,贮运安全方便等。

一、可湿性粉剂的性能指标

可湿性粉剂的性能是根据药效、使用、贮藏运输等各方面要求提出的。主要有流动性、润湿性、分散性、悬浮性、低发泡性、物理和化学贮藏稳定性、细度、酸碱度等。这些性能也是评价可湿性粉剂质量的主要因素。

(1)流动性 以坡度角表示,坡度角越大,流动性越差;反之,流动性好。可湿性粉剂的流动性通常用流动指数来表示,即为了产生"流动",必须往一份样品中加入的石英砂的份数(以质量计)。流动指数越高,流动性越差;反之,流动性越好。

(2)润湿性 包括两个内容:一是指药粉倒入水中,能自然润湿下降,而不是漂浮在水面;二是指药剂的稀释悬浮对植株、虫体及其他防治对象表面的润湿能力。由于植株、虫体等表面上有一层蜡质,如果润湿性不好,则药剂就不能均匀地覆盖在施用作物和防治对象上,并造成药液流失。

为了解决可湿性粉剂的润湿性,必须加入润湿剂。因此,影响润湿性的主要因素是原药的类型、用量和润湿剂的类型、用量。后者选得适当,就足以克服表面张力的影响,而获得良好的润湿性。可湿性粉剂的润湿性通常以润湿时间来表示,润湿时间越长,润湿性越差;反之,润湿性越好。联合国粮农组织(FAO)的标准为 $1\sim2min$(完全润湿时间)。

(3)分散性 指药粒悬浮于水介质中,保持分散成细微个体粒子的能力。分散性与悬浮率有直接关系,分散性好,悬浮性就好;反之,悬浮性就差。可湿性粉剂粒子越细,表面自由能越大,越容易发生凝聚现象,从而降低悬浮能力。为了克服凝聚现象,主要手段是加入分散剂。因此,影响分散性的主要因素是原药和载体的表面性质及分散剂的种类、用量。后者选得适当,就可以阻止药粒之间的凝集,从而获得好的分散性。分散性的好坏从悬浮率高低来衡量,悬浮率越高表示分散性越好;反之,则差。

(4)悬浮性 指分散的药粒在悬浮液中保持悬浮一定时间的能力。影响悬浮性的主要因素是制剂的粒径大小和粒谱宽窄。粒径越小,粒谱越窄,悬浮性就越好;反之,悬浮性就越差。对可湿性粉剂来说,$5\mu m$ 以下的粒子越多,就越有好的悬浮性。但是多数农药都是有机物质,黏韧性较大,不易粉碎成很细的粒子,所以采用气流粉碎机进行粉碎是提高悬浮性的重要途径之一。此外,选择适合的分散剂,也可以达到提高悬浮性的目的。因为分散剂使粒子在水中很好分散不发生团聚，自然提高了悬浮性。悬浮性的好坏以悬浮率来表示。悬浮率越高，悬浮性越好。

（5）细度　指药粉粒子的大小。通常用筛析法测定粒子大小和粒度分布，即以能否通过某一孔径的标准筛目来表示其粒子大小。我国采用泰勒标准筛（参见表3-1）。我国可湿性粉剂过去要求细度≥95％通过300目筛，其平均粒径一般在20～30μm，粒子粗，悬浮率低，产品质量差，随着粉碎机械的改变、助剂的开发，可湿性粉剂的质量将会得到很大的提高。

（6）水分　指可湿性粉剂中含水量的多少。水分对其物理和化学性能都有重要影响。若可湿性粉剂中水分含量过高，在堆放期间易结块，而且流动性降低，给使用带来不便，过高的水分还会加剧有效成分的分解，导致产品质量下降，药效降低。我国目前采用≤2％的标准。

（7）起泡性　通常以可湿性粉剂配制成稀释液，搅拌均匀后一分钟的泡沫体积来表示。泡沫体积越大，起泡性越大；反之，起泡性越小。可湿性粉剂要求低起泡性。联合国粮农组织（FAO）的标准为泡沫体积小于25mL，个别制剂小于45mL。我国尚未控制这一指标。

（8）贮藏稳定性　指制剂在贮藏一定时间后，其物理、化学性能变化的程度。变化越小，贮藏稳定性越好；反之，贮藏稳定性越差。通常将其分为物理贮藏稳定性和化学贮藏稳定性。

物理贮藏稳定性是指产品在存放过程中，药粒间互相黏结或团聚所引起的流动性、分散性和悬浮性的降低。提高物理贮藏稳定性的办法是选择吸附性能高、流动性好的载体，确定适当的原药浓度和加入合适的润湿剂和分散剂。

化学贮藏稳定性是指产品在存放过程中，由于原药或载体的不相容性，引起原药的分解，使制剂的有效成分含量降低，降低得越多，说明化学贮藏稳定性越差。提高化学贮藏稳定性的办法是选择活性小的载体，提高原药浓度和加入合适的稳定剂。

通常用热贮稳定性来检验产品的质量，联合国粮农组织（FAO）规定（54±2)℃存放14d，其悬浮率、润湿性均应合格，有效成分含量与贮前含量相差在允许范围内，分解率一般不得超过5％。

二、可湿性粉剂的组成

1. 原药

可湿性粉剂对水稀释后多用于叶面、土表及水面喷雾。一般来讲，用同一种农药防治同一种害虫，可湿性粉剂优于粉剂；持效性方面优于可溶性粉剂；触杀效果略差于乳油。防治卫生害虫时，对墙壁进行滞留性喷雾，其防效要优于乳油。

固体原药，熔点较高，易粉碎，适宜加工成粉剂或可湿性粉剂。如需制成高浓度或需喷雾使用时，则应加工成可湿性粉剂，但很少加工成乳油。如果原药不溶于常用的有机溶剂或溶解度很小，那么该原药大多加工成可湿性粉剂。大多数杀菌剂原药都是固体，且不溶于常用的有机溶剂，化学性质稳定，故大多加工成可湿性粉剂。

原油如需制成中等浓度及以下的制剂，也可加工成可湿性粉剂，但更高浓度的可湿性粉剂很难加工。

防治卫生害虫用的杀虫剂，主张加工成可湿性粉剂。主要考虑到采用滞留性喷雾时药效高、持效长的特点，并可避免有机溶剂对人的危害。

近年来，由于大量优质助剂的开发和商品化、标准化载体及高吸油率合成载体的生产，加工设备和技术的成熟，使可湿性粉剂的研制、开发更加完善。目前，杀虫剂、杀菌剂、除草剂的很多品种大量加工成可湿性粉剂。不但原粉大量加工成可湿性粉剂，而且原油也成批地生产可湿性粉剂。因此，仅从技术可行性的角度来看，可以说，大多数农药均可加工成可湿性粉剂。

2. 助剂

可湿性粉剂的主要助剂有润湿剂、分散剂、稳定剂等。

（1）润湿剂 按来源不同，润湿剂可分为两类，即天然产物润湿剂和人工合成润湿剂。茶枯、皂角粉、无患子粉、蚕沙等属于天然产物润湿剂，该类润湿剂来源方便，但效果不如人工合成润湿剂。人工合成润湿剂是指人工合成的用作润湿剂的表面活性剂。按照合成润湿剂的化学结构，可分为阴离子型和非离子型两类。

① 阴离子型表面活性剂类的润湿剂：硫酸盐类如月桂醇基硫酸钠，磺酸盐类如十二烷基苯磺酸钠、拉开粉、单烷基苯聚氧乙烯基醚丁二酸磺酸钠等。

② 非离子型表面活性剂类的润湿剂：如月桂醇（基）聚氧乙烯基醚（JFC）、辛基酚（或壬基酚）聚氧乙烯基醚等。

（2）分散剂 分散剂的种类较多，常用的分散剂有以下几种：亚硫酸纸浆废液及其干涸物；以木质素及其衍生物为原料的一系列磺酸盐；以萘和烷基萘的甲醛缩合物为基础的一系列磺酸盐；一部分分子量较大的硫酸盐（SOPA）；环氧乙烷与环氧丙烷的共聚物及另外两类，即水溶性高分子物质和无机分散剂等。

（3）其他助剂 如渗透剂、展着剂、稳定剂、抑泡剂、防结块剂、警色剂、增效剂、药害减轻剂等。

3. 载体

载体是农药可湿性粉剂必不可少的原料。使用载体的目的主要是将农药原药、助剂均匀地吸附、分布到载体的粒子表面，使农药稀释成为均匀的混合物。目前我国可湿性粉剂的载体主要有膨润土、高岭土、活性白土、凹凸棒土、硅藻土、白炭黑等，有时还将载体复配使用。

三、可湿性粉剂的加工工艺 ▪▪▪▪

可湿性粉剂的生产工序大体上可分为：填料的干燥、冷却、填料、原药、助剂的混配、磨细、混合，可湿性粉剂产品的包装，共计六道工序。其中填料的干燥和冷却一般采用滚筒干燥机和冷却机，整个干燥和冷却采用连续操作。而混配、磨细、混合均系间歇操作。在混配工序中，其填料的计量和加入一般采用料斗半自动计量、机械投加的方式，而固体原药和助剂的计量加入，基本上是手工操作。磨细工序的主要生产设备是雷蒙机，国内一般采用的大都是 4R3216 型摆式磨粉机（雷蒙机），其生产工艺大体为吹风型、吸风型和全排风型三种。近几年来有一些厂家也使用了 CX350 型超微粉碎机进行微粉碎，虽产品质量有所提高，但因从填料加工开始，到成品产出的整个生产过程仅是二次粉碎、一次混合，故产品的细度和悬浮率与国外仍有较大差距。混合大都采用滚筒混合机进行混合，近年来也在推广使用双螺旋锥型混合机等新型设备。农药可湿性粉剂典型的生产流程如图 3-3 所示。

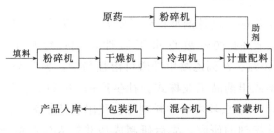

图 3-3 农药可湿性粉剂加工流程

四、可湿性粉剂加工实例 ▪▪▪▪

实例一：40％虫螨脒可湿性粉剂

原药：虫螨脒（含量 97％）	41.245％
分散剂：Morwet D-425	3.5％
润湿剂：Morwet EFW	1.5％
载体：高岭土	加到 100％

实例二：80％莠去津可湿性粉剂

原药：Atrazine	80％
分散剂：Morwet D-425	2.00％
润湿剂：Morwet EFW	1.00％
载体：高岭土	加到 100％

实例三：50％百菌清可湿性粉剂

原药：Chlorothalonil   53.0％

分散剂：Morwet D-425   3.00％

润湿剂：Morwet EFW   2.00％

载体：高岭土   加到100％

注：1. Morwet D-425：烷基萘磺酸甲醛缩聚物的钠盐。

2. Morwet EFW：烷基萘磺酸盐和阴离子湿润剂的混合物。

第三节 可溶性粉剂

可溶性粉剂（soluble powder，SP）是指在使用浓度下，有效成分能迅速分散而完全溶解于水中的一种剂型。外观呈流动性粉粒。此种剂型的有效成分为水溶性的，填料可是水溶性的，也可是非水溶性的。

一、可溶性粉剂的发展

从20世纪60年代起，这种剂型得到了发展，发现最早、吨位较大的品种是联邦德国拜耳公司生产的80％敌百虫可溶性粉剂；继后有美国切夫隆公司（Chevron）生产的50％、75％乙酰甲胺磷可溶性粉剂，氰胺公司生产的65％野燕枯可溶性粉剂；日本武田药品工业株式会社生产的50％巴丹可溶性粉剂以及瑞士山道士公司生产的50％杀虫环可溶性粉剂等。我国农药制剂工作者也从20世纪60年代就开始了可溶性粉剂的研究，先后研制成功并投入生产的有80％敌百虫可溶性粉剂和75％乙酰甲胺磷可溶性粉剂等。其中敌百虫和乙酰甲胺磷可溶性粉剂曾有小批量产品打入国际市场。近年来这种剂型产量上升，品种迅速增加。

目前农药剂型正向着水性、粒状和环境相容的方向发展。而高浓度可溶性粉剂正符合这一发展趋势，因而很有发展前途。但是可溶性粉剂也只是剂型的一个方面，不可能完全取代其他剂型。因为适用于加工成可溶性粉剂的原药毕竟有限，即使是水溶性好的农药，也要根据施药方式、作物生长期、作用机制等加工成多种剂型使用，以便做到经济、合理、安全用药，如乙酰甲胺磷颗粒剂用在花卉上，特别是盆栽花卉上就比可溶性粉剂安全、卫生。

二、可溶性粉剂的特点

可溶性粉剂是在可湿性粉剂的基础上发展起来的一种农药剂型，该剂型的原药必须溶于水或在水中溶解度较大，配方中载体或填料也溶于水（允许有少量不溶于水但与水亲和性较好、细度较高的填料），在形态和加工上与可湿性粉剂类似。

能加工成可溶性粉剂的农药是常温下在水中有一定溶解度的固体农药，如敌百虫、吡虫清、百草枯、草甘膦等；也有一些农药在水中难溶或溶解度很小，但当转变成盐后能溶于水中，也可以加工成可溶性粉剂使用，如多菌灵盐酸盐、巴丹盐酸盐、单甲脒盐酸盐、甲磺隆钠盐、杀虫环草酸盐、吡虫啉盐酸盐等。

可溶性粉剂浓度高，贮存时化学稳定性好，加工和贮运成本相对较低；由于它是固体剂型，可用塑料薄膜或水溶性薄膜包装，与液体剂型相比，可大大节省包装费用；它用过的包装容量也不像包装瓶那样难以处理，在贮藏和运输过程中不易破损和燃烧，比乳油安全。该剂型呈粉粒状，其粒径视原药在水中的溶解度而定。如水溶性好的乙酰甲胺磷加工成可溶性粉剂，其粒径可适当大一些，以避免使用时从容器中倒出和用水稀释时粉尘飞扬。就某一特定的制剂而言，要求细度均匀、流动性好、易于计量、在水中溶解迅速、有效成分以分子状态均匀地分散于水中。又因该剂型不含有机溶剂，不会因溶剂而产生药害和污染环境。该剂型在防治蔬菜、果园、花卉以及环境卫生的病、虫、草害上颇受欢迎。

三、可溶性粉剂的组成

可溶性粉剂是由水溶性原药、助剂和填料经加工制成的颗粒状制剂。该制剂用水稀释成田间使用浓度时，有效成分能迅速分散并完全溶解于水中，供喷雾使用。由于可溶性粉剂是供加水溶解后喷雾用的，所以商品制剂虽然外观是粉状，但配制好的药液是溶液状态而不是悬浮液。这种制剂的物理稳定性好，便于贮存和运输，使用也很方便。与可湿性粉剂相比，这种制剂不存在喷雾液的药剂微粒沉降不均匀的问题，也不会发生药液堵塞喷头的问题。

可溶性粉剂的制剂有效成分含量可达 50%～90% 不等，决定于农药原药在水中的溶解率和溶解速度。与可湿性粉剂相似之处是在制剂中也需要添加湿润剂，有些也需要配加消泡剂等助剂。可溶性粉剂的粉粒细度规格可以比较粗，但是为了保证制剂的溶解速度和计量取药的方便和准确，通常也要求粉粒细度达到 98% 以上通过 200 目标准筛。

可溶性粉剂中的填料可用水溶性的无机盐（如硫酸钠、硫酸铵等），也可用不溶于水的填料（如陶土、白炭黑、轻质 $CaCO_3$ 等），但其细度必须 98% 通过 320 目筛。这样，在用水稀释时能迅速分散并悬浮于水中，喷雾时，不致堵塞喷头。制剂中的助剂大多是阴离子型、非离子型表面活性剂或是两者的混合物，主要起助溶、分散、稳定和增加药液对生物靶标的润湿和黏着力的作用。

我国已经生产的可溶性粉剂比较重要的有 80% 杀虫单可溶性粉剂、80% 敌百虫可溶性粉剂、75% 乙酰甲胺磷可溶性粉剂等。植物生长调节剂赤霉素也可加工为可溶性粉剂使用。随着农药剂型多样化发展，可加工成可溶性粉剂的农药品种也越来越多。

四、可溶性粉剂的加工方法 ▪▪▪▪

加工可溶性粉剂有喷雾冷凝成型法、粉碎法和干燥法。现将每种方法所要求的原药性能、状态和应用实例列于表3-3中。

表3-3 可溶性粉剂的加工方法

方法	原药的性能和状态要求	应用实例
喷雾冷凝成型法	合成的原药为熔融态或加热熔化后而不分解的固体原药,它们在室温下能形成晶体,在水中有一定的溶解度	敌百虫、乙酰甲胺磷、吡虫清等
粉碎法	原药为固体,在水中有一定的溶解度	敌百虫、乙酰甲胺磷、杀虫环、野燕枯等
干燥法	合成出来的原药大多是其盐的水溶液,经干燥不分解而得固体物	杀虫双、多菌灵盐酸盐、杀虫脒盐酸盐、甲磺隆钠盐等

(1)喷雾冷凝成型法 德国拜耳公司生产的80％和90％敌百虫可溶性粉剂是用95％左右的结晶敌百虫配合填料和助剂经气流粉碎而制得的。我国敌百虫工业品大多在88％左右。对这一质量的块状原药采用气流粉碎工艺需要经多次粉碎,实施起来比较困难,而且也不能解决敌百虫原药热熔包装中工人中毒问题。因此,安徽省化工研究院采用喷雾冷凝成型法,于1978年完成了年产1500t的80％敌百虫可溶性粉剂的中试鉴定。该工艺的原理是将熔融敌百虫(或乙酰甲胺磷)与填料、助剂调匀的同时不断降低料温,使之形成无数的微晶。这样,物料从气流式喷嘴喷出的瞬间,只要塔的高度使得雾滴在塔内停留的时间大于雾滴和气体间完成热交换所需时间,在塔底即可得到粉粒状产品。

(2)粉碎法 粉碎所采用的粉碎机有超微粉碎机和气流粉碎机。制备高浓度可溶性粉剂大多采用气流粉碎机,对一些熔点较高的原药也可以采用超微粉碎机。

气流粉碎利用高速气流的能量来加速被粉碎的粒子(原药、填料和助剂)的飞行速度(往往达到每秒数百米),由于粒子之间的高速冲击以及气流对物粒的剪切作用,而将物粒粉碎至10μm以下。被压缩的高速气流通过喷嘴进入粉碎室时,绝热膨胀,温度低于常温,是"冷粉碎"方式,物料温度几乎不会上升,所以特别适合用来将低熔点的原药加工成高浓度的可溶性粉剂或高浓度母粉。实例如下:

① 80％敌百虫可溶性粉剂   组成(质量分数)/％

敌百虫原药(有效成分含量95％)   84.7

湿润剂W   1.0

分散剂S   2.0

白炭黑   12.3

② 75％乙酰甲胺磷可溶性粉剂   组成(质量分数)/％

乙酰甲胺磷原药（有效成分含量95%）	79.5
分散湿润剂	2.0
稳定剂H	1.0
白炭黑	17.5
③ 50%杀虫期可溶性粉剂	组成（质量分数）/%
杀螟期原药（有效成分含量84%）	59.5
无机盐	7.0
表面活性剂（烷基酚磺酸钙盐、聚氧乙烯三甘油酯）	20%
白炭黑	13.5
④ 50%杀螟丹可溶性粉剂	组成（质量分数）/%
杀螟丹盐酸盐（以有效成分100%计）	50.0
惰性成分	50.0
⑤ 65%野燕枯可溶性粉剂	组成（质量分数）/%
野燕枯原药（有效成分含量95%）	69.0
表面活性剂B	4.0
表面活性剂A	6.0
白炭黑	21.0

（3）喷雾干燥法 合成原药盐的水溶液（如杀虫双、单甲脒等），或经过酸化处理转变成盐的水溶液（如多菌灵盐酸盐），经过脱水干燥，得到固体物。采用滚筒干燥机、真空干燥机或箱式干燥机脱水，所得块状产品，再经粉碎，方可得到可溶性粉剂；采用喷雾干燥，在完成干燥脱水的同时，也可制得可溶性粉剂。其原理为：原药盐的水溶液，经雾化成雾滴，在干燥塔中沉降，只要它在塔内停留的时间大于水蒸发完成热交换所需时间，便可收集到粉粒状物料。

五、可溶性粉剂的质量检测及包装 ▪▪▪▪▪

控制可溶性粉剂的主要技术指标有细度、水中全溶解时间、水分、贮藏稳定性等。性能不同的原药，技术指标的要求也不完全相同。这些指标中以水中全溶解时间和热贮藏稳定性最为重要。因为高浓度可溶性粉剂的最大优点是在于它溶解迅速和在贮藏期有效成分分解率小，这样才能方便使用和保证产品质量。对细度的要求应根据原药的溶解性能和所采用的工艺而定。

① 有效成分含量 参照有关原药或已有制剂中的有效成分含量的测定方法进行。

② 细度 用干筛法和湿筛法进行测定。对细度为98%通过200目筛的可溶性粉剂，采用干筛法；对细度为98%通过320目筛的可溶性粉剂，采用湿筛法。详细操作步骤按照GB/T 16150—1995《农药粉剂、可湿性粉剂细度测定方法》

进行。

③ 可溶性粉剂中有效成分全溶解时间的测定　称取 5.0g 样品于 1000mL 的烧杯中，放置在（25±1）℃恒温槽中，加入 25℃的蒸馏水 500mL（相当于稀释 100倍），立即打开秒表，同时开启搅拌器，以 60~70r/min 的速度搅拌，分别于2min、3min、4min、…吸取上层液 10mL，分析溶液中有效成分的含量不再增加时的时间，即为全溶解时间。

④ 热贮稳定性　称取一定量的试样，密封于棕色广口瓶中或安瓿瓶中，置于一定温度的恒温箱中贮藏，到规定的时间取出样品，冷至室温后称取试样，测定有效成分的含量，按下式计算分解率（X）。

$$X = \frac{I_a - I_b}{I_a} \times 100\%$$

式中，I_a 为贮藏前试样中有效成分的含量，%；I_b 为贮藏后试样中有效成分的含量，%。

一般来说，可溶性粉剂易吸潮，多采用防水性能强的复合塑料膜包装。对一些臭味大的可溶性粉剂最好使用铝箔或其复合膜的材料包装；对毒性大的可溶性粉剂，如灭多威，美国曾采用水溶性的薄膜作内包装袋，这样，在使用时可将小包装袋直接投入水中，以避免粉尘对操作人员的接触毒害。总之，对可溶性粉剂的包装，要根据其特性，选择合适的包装材料，以保证产品的质量和使用者的安全。

第四节　粒剂

粒剂（granule，GR）是由农药原药、载体及助剂混合，经过一定的加工工艺而成的粒径大小比较均一的松散颗粒状固体制剂。

粒剂的种类很多，所依据的标准不同而分类各异。按颗粒在水中的解体性可分为解体型和不解体型；按防治对象可分为杀虫剂粒剂、杀菌剂粒剂和除草剂粒剂等；按加工方法可分为包衣法粒剂、挤出成型粒剂以及吸附法粒剂等。在科研和生产实际中，通常按照颗粒粒度大小分为大粒剂（粒度范围为直径 5~9mm）、颗粒剂（粒度范围为直径 1680~297μm，即 10~60 目）和微粒剂（粒度范围为直径297~74μm，即 60~200 目）。

一、粒剂的特点及发展

粒剂是农药的主要剂型之一，用于防治地下害虫、禾本科作物的钻心虫和各种蝇类幼虫。粒剂使用方便，效率高，可控制农药有效成分的释放速度，延长持效期。相对于粉剂和喷雾液剂等其他剂型，粒剂有许多显著的特性。第一，施药具有方向性。由于粒剂粒度大，下落速度快，施药时受风影响小，可实现农药的针对性施用。第二，由于制剂粒性化，能将高毒农药制剂低毒化，使粒剂可以通过直接撒施的方式施用。这是粒剂区别于其他剂型的显著特征。粒剂施用时无粉尘飞扬，不污染环境，且药粒不直接附着在植物的茎叶上，避免直接接触产生药害。如旱田用杀虫粒剂，经拌种、撒施或土壤处理后，有效成分通过根系吸收，上升移动来杀灭地上部害虫，而栖息在土壤里的害虫则被直接触杀。

农药粒剂为直接施用的农药剂型，其有效含量一般不能太高（小于20%），否则在施用过程中农药有效成分可能很难分布均匀。而当粒剂有效含量低于5%时，对使用大量载体的经济性必须加以考虑。因此，粒剂有效含量的选择十分关键，总体上讲，主要取决于以下几个方面的因素：①被防治生物的性质；②单位面积所需有效成分的量；③能准确施用粒剂产品的药械的能力；④产品价格。

粒剂最早的大田试验是从1946年开始的。20世纪50年代初，在美国得到普遍应用；20世纪60年代初，在日本开始大量使用，并成为主要剂型，主要包括除草粒剂和除草剂-化肥粒剂。20世纪60年代后期，由于环保科学的发展，为避免农药粉剂施用时微粒漂移对环境和作物的污染，农药粒剂得以在世界范围内普遍推广。近年来，农药粒剂在精准施药技术体系中得到进一步应用。

粒剂的研究在我国亦具有较长的历史，其使用日趋普遍。特别是近年来，随着我国经济的高速增长和农药科技的迅猛发展，农药粒剂研究与生产的体系日臻完善，质量大幅提高，并形成了一定的生产规模，已成为国内最重要、吨位最大的农药剂型之一。2011年，我国有近800个水基型、颗粒状制剂产品登记，占农药制剂登记总数的52%。目前处于登记有效状态的水基型、颗粒状剂型约有3700个，约占农药制剂总数的20%。高效、低毒的水基化、颗粒制剂已经成为我国农药工业未来的发展方向。

二、粒剂的组成 ▪▪▪▪

1. 原药

一般凡能加工成粉剂的原药均能加工成粒剂。目前已有近一半的原药品种可制成粒剂。

2. 载体

载体是指农药制剂中荷载或稀释农药的惰性物质。它们的结构特殊，具有较大的比表面积，吸附性能强。农药载体的主要作用一是作稀释剂，二是作吸附剂、增稠剂等。为了防止农药制剂在贮运和使用过程中与载体分层，农药载体还必须有一定的吸附性和胶体性能。常用的载体有如下几类。

（1）植物类　常见的有大豆、烟草、玉米棒芯、谷壳粉、稻壳、胡桃壳、锯木粉等。

（2）矿物类　包括：①元素类，如硫黄；②硅酸盐类，如高岭石族、蒙脱石族、滑石等；③碳酸盐类，如方解石和白云石等；④硫酸盐类，如石膏等；⑤氧化物类，如生石灰、镁石灰、硅藻土等；⑥磷酸盐类，如磷灰石等；⑦凹凸棒土，如凹凸棒石、海泡石等；⑧未定性的浮石；⑨工业废弃物，如煤矸石等。

（3）合成载体类　包括沉淀碳酸钙水合物、沉淀碳酸钙、沉淀二氧化硅水合物等无机物和部分有机物。

3. 助剂

（1）黏结剂　凡是具有良好的性能，能将两种相同或不同的固体材料连接在一起的物质都可称为黏结剂。通常将黏结剂分为亲水性黏结剂和疏水性黏结剂两大类。亲水性黏结剂系具有水溶性和水膨胀性的物质。包括天然黏结剂（淀粉、糊精、阿拉伯胶、骨胶及明胶等）、无机黏结剂（水玻璃、石膏等）以及合成黏结剂（聚乙烯醇、聚乙二醇、聚醋酸乙烯酯等）。疏水性黏结剂系溶于有机溶剂及热熔性的物质。包括松香、虫胶、石蜡、沥青、乙烯-醋酸乙烯共聚物等。

（2）助崩解剂　指能加快粒剂在水中的崩解速度的物质。多种无机电解质如$(NH_4)_2SO_4$、NH_4HCO_3、$NaCl$、$MgCl_2$、$AlCl_3$、$CaCl_2$等以及尿素和阴离子表面活性剂均具有这一作用。

（3）分散剂　系降低分散体系中固体或液体粒子聚集的物质。为使粒子在水中很好地崩解、分散，通常加入少量的分散剂。天然分散剂常见的有皂荚、茶籽饼、无患子、酸法纸浆废液等。合成分散剂主要为表面活性剂类物质，如烷基苯磺酸盐、木质素磺酸盐等，利于药剂扩散。

（4）吸附剂　在用液体原药造粒时，为使粒剂流动性好，需要添加吸附性高的矿物质、植物性物质或合成品的微粉末以吸附液体。这一类物质具多孔性，吸油率高，有利于延长残效。吸附剂的代表性物质有白炭黑（$SiO_2 \cdot nH_2O$）。此外，硅藻土、碳酸钙、无水芒硝、微结晶纤维等也可作吸附剂使用。

（5）润滑剂　在挤压造粒时，为降低阻力可添加0.2%左右润滑油，起到润滑作用。

（6）溶剂、稀释剂　在造粒时，为将原药溶解、低黏度化、改善原药的物性、或进行增量以达到均匀吸附的目的，通常加入溶剂或稀释剂。一般选用重油、煤油和石脑油等廉价易得的高沸点溶液作溶剂或稀释剂。

（7）稳定剂　延缓和防止原药分解及其制剂自发劣化的辅助剂。如表面活性剂、醇类、有机酸（碱）类、酯类、糠醛及其废渣等都对农药有效成分（主要为有机磷酸酯类）有一定的抑制分解作用。

（8）着色剂　为便于与一般物质区别起警戒作用，同时起到对产品分类作用，常在粒剂配方中加着色剂。对不同类别的农药粒剂，国内目前大多采用：杀虫剂-红色（涕灭威-紫色），除草剂-绿色，杀菌剂-黑色。红色可用大红粉、铁红、酸性大红等，绿色可用碱性绿、铅铬绿、酚菁绿等，黑色可用炭黑、油溶黑等，紫色可用碱性紫 5BN（甲基紫）等。

三、粒剂的加工方法

当农药粒剂的组成成分确定后，为达到不同的造粒目的，需选择相应的粒剂加工方法，即造粒工艺。在生产实践中，造粒工艺是由比较复杂的综合工艺操作所构成的，包括造粒操作、前处理操作和后处理操作等部分。如输送、筛分计量、混合、捏合、溶解以及熔融等操作过程就属于造粒工艺的前处理，而干燥、碎解、除尘、除毒以及包装等操作过程则属于造粒工艺的后处理。造粒工艺的基本原理可分为自足式造粒和强制式造粒两类。自足式造粒利用转动（振动、混合）、流化床（喷流床）和搅拌混合等操作，使装置内物料自身进行自由的凝集、披覆造粒，造粒时需保持一定的时间。强制式造粒利用挤出、压缩、碎解和喷射等操作，由孔板、模头、编织网和喷嘴等机械因素使物料经强制流动、压缩、细分化和分散冷却固化等而造粒。各种造粒方法的造粒原理及特征见表 3-4。

表 3-4　各种造粒方法的造粒原理及特征

造粒方法	造粒原理	特　　征
包衣造粒法	自足式	粒子表面湿润粉体的凝集
挤出成型造粒法	强制式	由螺旋挤出湿润粉体压缩成型
吸附造粒法	自足式＋强制式	分散的液滴被多孔的粒子吸附
流化床造粒法	自足式	流化床内粒子液滴附着的凝集
喷雾造粒法	强制式	溶液、熔融液经雾化分散成细粒，经干燥或冷却成型
转动造粒法	自足式	转动（振动、混合）中湿润粉体的凝集
破碎造粒法	强制式	将加工成的块状物再破碎成需要的粒度
熔融造粒法	强制式	熔融液经喷雾冷却固化
压缩造粒法	强制式	将粉体经模孔或轧辊压缩成型

一种原药选择何种加工方法制成何种类型的粒剂，除考虑因地制宜和经济运行成本外，还需考虑以下几个方面的因素。

（1）使用目的　防治有害生物时，若将农药施于土壤内，则以不解体型为宜。反之，若将农药施于稻田，则以解体型为宜。

（2）防治对象　一般不同类的粒剂可防治同一害虫，但不同类型的粒剂其药效不同，如包衣造粒法、捏合造粒法、吸附造粒法的粒剂均可防治土壤害虫，但其在土壤中有效成分的释放速度有很大差异，以包衣造粒法的释放速度最慢，持效期也最长。

（3）原药性状　液体原药多用吸附法，粉状原药多用包衣造粒法。

（4）产品要求　粒剂产品中有效成分的含量直接影响粒剂加工的类型。如捏合法可生产高含量的产品，而包衣造粒法所生产的产品含量则较低。

下面介绍几种主要的农药粒剂加工方法。

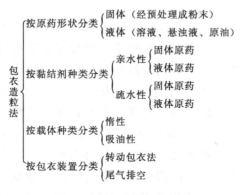

图 3-4　包衣造粒法的分类

1. 包衣造粒法

包衣造粒法又称包覆法，是以载体颗粒为核心，外面包覆黏结剂，利用包衣剂使药剂被牢固地黏着或包于颗粒载体上，使药剂层与黏结剂相互浸润而得到粒状产品的加工过程。包衣造粒依原药性状、黏结剂种类、载体种类和包衣装置等有不同的分类（见图 3-4）。

包衣造粒过程的影响因素是多方面的。一是受原药性状的影响。如液体原药由于流动性好而易于均匀包覆，操作周期短；而固体原药由于流动性差，结果恰好与之相反。二是受黏结剂的影响。如黏结剂的用量会对工艺操作和产品质量造成直接影响，用量过少则包衣不平，造成脱落，而用量过多会使颗粒发黏，影响操作。三是受包衣温度、时间以及包衣装置筒体填充度等工艺操作条件的影响。特别是包衣温度和时间，是影响工艺操作的主要因素。

包衣造粒工艺主要分为载体处理、黏结剂处理、包衣、干燥、包装等几个部分（见图 3-5）。载体先经破碎、筛分达到所需要的粒径范围，水分控制在1.0%～1.5%。

① 采用亲水性黏结剂包衣　用经筛分处理的常温载体加入黏结剂液，黏结剂液包覆于载体表面，外面再包上粉末状药剂。在这个操作过程中，必须保证黏结剂液层与粉末药剂层包覆均匀，两层互相胶结，包覆牢固。同时，协调载体、黏结剂与粉末药剂的配比关系，使包衣过程良好。

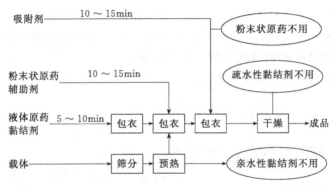

图 3-5　包衣造粒法工艺流程

② 采用疏水性黏结剂包衣　经筛分处理的载体通过预热达到一定的温度，将黏结剂熔融后包涂于载体表面，外面再包上粉末状药剂。随着物料温度的逐步下降，熔融态黏结剂逐渐凝固而将药剂黏结牢固。在操作过程中应注意载体预热温度，严格掌握包衣过程的温度变化，保证包衣操作稳定，产品质量良好。

包衣法对药剂的要求不太苛刻，不但适用于性质稳定的药剂，也适用于性质不太稳定的药剂，而且更适用于加工高毒农药粒剂，以提高施药安全性。同时，包衣法工艺较为简单，产品成本较低，适于大规模生产。因此，包衣法在国内外发展十分迅速，是农药粒剂造粒的主要方法之一。

2. 挤出成型造粒法

挤出成型造粒法有干法造粒和湿法造粒两种。干法造粒是将原药、载体和其他辅助剂均匀混合后，经挤压、破碎、整粒，制成所需颗粒的过程。湿法造粒则是将原药、载体和其他辅助剂混合均匀后加水捏合，经挤出造粒机制成一定大小的颗粒，再经干燥、整粒、筛分而得到颗粒产品的过程，粒子形状一般为球形或柱形。在农药工业领域，挤出成型造粒法大多为湿法造粒。

挤出成型造粒通常根据物料挤出造粒机的构造分为螺旋挤出型造粒、刮板挤出型造粒、自身成型挤出型造粒、活塞挤出型造粒以及滚动挤出型造粒五类（图3-6）。在农药粒剂生产中，多数采用螺旋挤出型侧面出料的造粒机。

图 3-6　挤出成型造粒法的分类

挤出成型造粒的填料来源广泛，粒径大小和物理化学性质可以自由调节，有效成分调节幅度大，适应性广。由于其主要操作集中在加水捏合和干燥处理，因此，对水和热敏感的原药需慎用此工艺。挤出成型造粒工艺流程长（见图3-7），适宜大吨位生产，是目前国内外应用比较多的农药粒剂生产工艺之一。

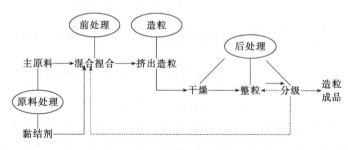

图 3-7　挤出成型造粒法工艺流程

3. 吸附造粒法

把液体原药（或固体原药溶解于溶剂中）吸附于具有一定吸附能力的颗粒载体中的一种生产方法。常用的载体有浮石、珍珠岩等矿物的加工品和经挤出成型、破碎造粒造出的颗粒。原油的加入可采用喷雾法、滴加法或一次投入法。吸附造粒法的分类主要依据原药性状、载体的形态以及载体的制备方法等（图3-8）。就原药形态而言，液态、油剂或水剂原药最宜采用吸附造粒法。固态原药在经溶解或熔融成液态后，也可以采用吸附造粒法。

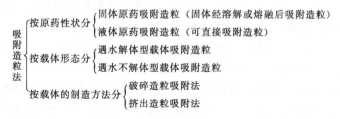

图 3-8　吸附造粒法的分类

（1）破碎造粒吸附工艺　适用于油状或水溶液原药（生产低含量产品）。工艺流程如图3-9所示。

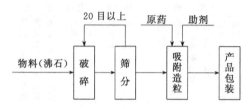

图 3-9　破碎造粒吸附法工艺流程

（2）挤出造粒吸附工艺　适用于油状或溶解及熔融的液状原药（生产高含量产品）。工艺流程如图 3-10 所示。

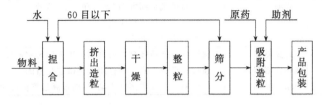

图 3-10　挤出造粒吸附法工艺流程

4. 流化床造粒法

粉体物料（农药或载体）在流动状态下，将有助剂（或农药）的液体以雾化形式喷入流化床内，与其他物料充分混合、凝集成粒、干燥、分级，短时间内完成造粒的过程（图 3-11）。所得产品具有多孔性、吸油率高、易崩解。

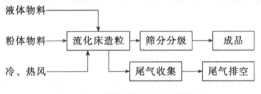

图 3-11　流化床造粒工艺流程

流化床造粒从进料开始到颗粒制品排出，这一过程是封闭运行的，没有异物混入。所得制品粒度分布较为均一，并且从溶液或熔融液可以直接得到粒状产品。与其他造粒方法相比，流化床造粒能够得到溶解性能好的制品，并可连续化生产。一般而言，小批量生产可以采用间断式造粒，大批的则以连续式造粒为宜。

5. 喷雾造粒法

将溶液、膏状物或糊状物、悬浊液和熔融液等液体形态物料向气流中喷雾，在液滴与气流间进行热量与物质传递而制得球状粒子的方法。喷雾干燥法（在造粒操作的同时进行干燥操作）和喷雾冷却法（经空气冷却固化）是喷雾造粒最常用的方法。喷雾造粒可依工艺流程、喷雾与气体流向以及雾化方法予以分类（表 3-5）。

表 3-5　喷雾造粒法的分类

类　别		特　征
按工艺流程系统分	开放式	载热体在系统中仅使用用一次,不循环使用
	封闭循环式	载热体在系统中组成封闭循环回路
	自惰循环式	系统中存在自制惰性气体装置
	半封闭式	介于开放式和封闭式之间

类　　别		特　　征
按喷雾与气体流向分	并流型	液滴与热风呈同方向(垂直和水平)流动
	逆流型	液滴与热风呈反相流动
	混合流型	液滴与热风呈混合交错流动
按雾化方法分	压力式喷雾	利用机械使液体具有较高压力进入回转室形成旋转型回转
	离心式喷雾	通过圆盘中心离心力作用达到微粒化目的
	气流式喷雾	以压缩空气或水蒸气为动力,通过高速气流使液体分散为细雾滴

喷雾造粒法造粒速度快,生产过程较为简单,所得产品大部分造粒后不需要再进行粉碎和筛分,且具有良好的分散性、流动性和溶解性,适于杀虫粒剂、杀菌粒剂、除草粒剂的连续化大规模生产。

四、粒剂的质量控制指标 ▰▰▰▰

粒剂产品必须达到规定的标准才能投入使用。因此,为保证粒剂产品质量,必须加强监测,严格执行其相应质量控制指标。农药粒剂产品的质量控制指标主要有以下几点。

(1) 抽样　按 GB/T 1605—2001 中的"固体制剂采样"方法进行。用随机数表法确定抽样的包装件,最终抽样量不少于 600g。

(2) 有效成分　有效成分含量的测定随农药的品种而异。在考虑原药稳定的情况下,确定其有效成分的下限值。对于除草剂、植物生长调节剂等易产生药害的品种,为保证使用安全,应同时规定有效成分的上限值。

(3) 粒度　粒径下限与上限的比应不大于 1:4,在产品标准中应注明具体粒度范围。

测定农药粒剂粒度一般采用筛分法。将标准筛上下叠装,大粒径筛置于小粒径筛上面,筛下装承接盘,同时将组合好的筛组固定在振筛机上,准确称取一定量的粒剂试样 (具体可参照相应标准,精确至 0.1g),置于上面筛上,加盖密封,启动振筛机振荡一定时间 (具体可参照相应标准),收集规定粒径范围内筛上物称量。试样的粒度 W_1(%) 按下式计算:

$$W_1 = \frac{m_1}{m} \times 100\%$$

式中,m 为试样的质量,g;m_1 为规定粒径范围内筛上物质量,g。

(4) 堆积密度　堆积密度由粒剂的配方和粒度来决定,在一般情况下为 1.0g/mL 左右。

(5) 水分　一般要求在 3% 以下,对不稳定的原药规定在 1% 以下。检测方法按 GB/T 1600—2001 中的"共沸蒸馏法"进行。

(6) 脱落率/硬度　不同的造粒方法用不同的指标来衡量,挤出成型法造粒

（解体型）用硬度表示，一般硬度≥85%（即破碎率≤15%），而对包衣法（非解体型）则采用脱落率表示，一般产品脱落率≤5%。

准确称取已测过粒度的试样50g，放入盛有一定数量（具体可参照相应标准）的钢球或瓷球的标准筛中，将筛置于底盘上加盖，移至振筛机中固定后振荡15min，准确称取接盘内试样质量（精确至0.1g）。试样的脱落率W_2(%)按下式计算：

$$W_2 = \frac{m_2}{m} \times 100\%$$

式中，m为试样的质量，g；m_2为接盘中试样的质量，g。

（7）热贮稳定性　通过不加压热贮试验，使产品加速老化，预测常温贮存产品性能的变化。

将20g试样放入具密封盖或瓶塞的玻璃瓶中，使其铺成平滑均匀层，置玻璃瓶于（54±2）℃的恒温箱或恒温水浴中，贮存14d。取出玻璃瓶，放入干燥器中，使试样冷至室温，在24h内完成对有效成分含量等规定项目的测定。

（8）热压稳定性　取10g粒剂样品放入特制的热压器中，其负荷量为60g/cm²。然后放入（50±1）℃恒温箱中贮存24h，观察粒剂形态变化。如经热压贮存后，样品无结块、黏结等现象，则为良好。

另外，粒剂产品的标志、标签、包装等还要符合相应的国家标准（GB 3796—2006）。

第五节　水分散粒剂

水分散粒剂（water dispersible granule，WG 或 WDG）又叫干悬浮剂（dry flowable，DF）或粒型可湿性粉剂（granule type wettable powder）。使用时放入水中，能较快地崩解、分散，形成高悬浮的分散体系。国际农药工业协会联合会（GIFAR）将其定义为：在水中崩解和分散后使用的颗粒剂，被认为是21世纪最具发展前景的农药剂型之一。

虽然WG加工技术较复杂，投资费用较大，成本较高，但是其突出的安全性，优良的综合性能和对环境保护的有利性，是其他剂型无法比拟的，因此，剂型的市场份额仍在不断扩大，其市场前景十分诱人，发展前景看好。尤其是在美国和英国，在1993年和1998年美国，WG剂型所占的市场份额分别为13%和19%，而英国则分别为5%和11%。五年之中美国几乎达到20%，已超过可湿性粉剂（1993年1998年可湿性粉剂分别为16%和15%）。国外农化公司也加大在我国的市场开发，在我国登记的WG剂型品种，从1998年4个增加到2010年近40个品种。经过欧美的推广和使用，WG充分显示出它的特有魅力，许多公司都花大力气研究它。

国内已经开始关注并开始深入研究开发 WG 剂型，并取得了一定的成绩，同时也带动了与此相关的学科、助剂、生产设备等的进一步发展。20 世纪 90 年代以前国内企业登记水分散粒剂产品数量寥寥无几，绝大多数为国外企业在我国登记的。截止到 1999 年年底，在登记有效期内的 23 个水分散粒剂产品中，属于国外企业的有 22 个，国内企业只有 1 个，仅占 4.3％；截止到 2012 年年底，取得过登记的水分散粒剂的 1084 个产品中，国内企业占 90.8％，国外企业只占 9.2％，其中许多产品都是国内企业自主研发并首家登记的。

一、水分散性粒剂的特点 ▪▪▪▪

水分散粒剂是在可湿性粉剂（WP）和悬浮剂（SC）的基础上发展起来的新剂型。由于 WP 粒度很细，生产和使用过程中都会出现粉尘飞扬现象，不仅直接危害人畜健康，而且造成环境污染。为避免上述现象的产生，20 世纪 70 年代出现了悬浮剂。将不溶于水的固体农药加工成水中可分散的液体制剂，平均粒径仅几个微米，悬浮率高，药效好，很快便被用户所接受。但在存放过程中常常出现分层、沉淀，再加上包装量大，贮运不方便等，农药加工工作者，做了进一步研究，推出更理想的新型 WG。WG 是颗粒剂的一种，具有粒剂的性能，但又区别于一般粒剂（水中不崩解型），即它能均匀分散在水中，这一点类似于 WP，但又不会像 WP 出现粉尘飞扬现象。WG 具备很多优点：

（1）没有粉尘飞扬，降低了对环境的污染，对作业者安全，并且可以使剧毒品种低毒化。

（2）与可湿性粉剂和悬浮剂相比，有效成分含量高，产品相对密度大，体积小，便于包装、贮存和运输。

（3）贮存稳定性和物理化学稳定性较好，特别是对在水中不稳定的农药，制成此剂型比悬浮剂要好。

（4）颗粒的崩解速度快，颗粒一触水会立即被湿润，并在沉入水下的过程中迅速崩解。

（5）颗粒在水中崩解后，很快分散成极小的微粒，崩解搅动后，经 325 目湿法过筛，筛上残留物不大于 0.3％。

（6）悬浮稳定性较好，配制好的药液当天没用完，第二天经搅拌能重新悬浮起来，不影响药效。

（7）分散在液体中的颗粒只需稍加搅拌，细小的微粒即能很好地分散在液体中，直到药液喷完都能保持均匀性。

世界上最早的 WG 农药产品是 20 世纪 80 年代由先正达（瑞士汽巴-嘉基公司）生产的阿特拉津除草剂和美国杜邦公司生产的嗪草酮除草剂。当时 WG 剂型的有效成分含量很低，而且生产制造成本较高，受到工艺和技术水平的限制，需采用特定的农药有效成分（高熔点、低水溶性，如阿特拉津）才能进行加工。WG 农药产生后受到广泛关注，在 20 世纪末成为安全、环保和可替代可湿性粉剂和水悬浮剂而大规模发展起来的新剂型，随着农药新助剂的不断开发和使用，以及造粒工艺技术和设备的不断进步，目前从技术上无论是亲水的、亲油的，是固体原粉还是液体原油，都可以加工成 WG。

二、水分散粒剂的组成 ▪▪▪▪

WG 剂型通常由以下几部分组成：有效成分 50%～90%；润湿剂 1%～5%；分散剂和黏结剂 5%～20%；崩解剂 0～15%；其他添加剂 0～2%；填料加至 100%。WG 由农药有效成分、助剂和填料经混合、粉碎后造粒而成，水分散粒剂入水后快速崩解、分散，搅动后能形成高悬浮的分散体系。在造粒过程中需要黏结剂的黏和作用，入水时需要润湿剂的润湿作用，以及崩解剂的快速崩解，通过分散剂的分散作用而形成高悬浮的分散体系。

（1）原药　加工成水分散粒剂的农药原药可以是杀虫剂、除草剂、杀菌剂、除藻剂等；也可以是固体原粉或液体的原油。

（2）分散剂　分散剂可促进难溶于水的固体颗粒等分散介质在水中均一分散，同时也能防止固体颗粒的沉降和凝聚。分散剂在 WG 中的主要作用：①分散剂对颗粒剂的崩解的促进作用；②颗粒剂在水中崩解后，分散剂可使其活性物的粒子分散开；③分散剂可以防止活性物的粒子发生聚结和絮凝而生成大颗粒从悬浮液中沉淀出来，并使沉淀物重新悬浮，以尽量减少沉淀引起的故障；④在喷药桶中分散剂能使整个溶液均匀一致，以确保喷洒的农药是均匀一致的。

目前，水分散粒剂配方中常用的分散剂有萘磺酸盐缩合物和木质素磺酸盐两类，大都是磺酸的钠盐、钙盐和铵盐，它们的性能与聚合度与磺化程度有关。一般来说，对某一活性物所选用的分散剂，须经试验才能找到理想的品种。木质素磺酸盐在水中溶解最快，但它的分散持久性能不好。萘磺酸盐缩合物的分散性较强，但成品在贮存中遇到潮湿时，分散性能会降低。因此，在同一配方中有时用两种分散剂，这样能起到相互增效的作用。

国外开发了一些水分散粒剂专用表面活性剂，已有：商品化的农用萘磺酸盐类表面活性剂，如 AKZO NOBEL 公司的 Morwet® 系列，包括萘磺酸盐单剂和萘磺酸盐混合剂，具有良好的润湿分散作用，特别是 Morwet D-425，是用于可湿性粉剂、悬浮剂、水分散粒剂的标准分散剂；Diamond shamrock 公司开发的 Sellogen 系列助剂；还有 Huntsman 公司开发的烷基磺酸盐类复合型表面活性剂 WLNO 系列等；羧酸盐类阴离子表面活性剂 Tersperse® 系列等。还有一些针对特定的原药而开发的相应的专用表面活性剂，如 PE75 是乙膦铝水分散粒剂的专用助剂，马来酸酐低聚物和 α-甲基苯乙烷低聚物组成的交替共聚物用于西玛津水分散粒剂中作分散剂，具有优良的分散效果。

（3）润湿剂　润湿剂在水分散粒剂中的润湿作用是指水溶液以固-液界面代替水分散粒剂表面原来的固-气界面的过程。在水分散粒剂配方中较少采用非离子型，因为其溶解速度比较慢。阴离子类有数种化合物类型：烷基萘磺酸盐、磺酰琥珀酸盐、木质素磺酸盐、烷基芳基磺酸盐。

随着制剂有效含量的不断增加，常用湿润剂的润湿效果已不能满足水分散粒剂剂型加工的要求，高表面活性、绿色环保的新型润湿剂是研究的主要方向。有机硅类表面活性剂降低溶液表面张力的能力远远高于常规表面活性剂，能极大促进药剂扩散，甚至可使药剂通过气孔进入植物组织。有机硅助剂在降低药剂用量、提高药剂耐雨水冲刷能力方面优于常规表面活性剂。有机氟类表面活性剂是迄今为止所有表面活性剂中表面活性最高的一种，一方面可以使表面张力降至很低的数值，另一方面用量很少。α-磺基脂肪酸甲酯（MES）是由天然动植物油脂经酯交换、磺化后制得的阴离子表面活性剂，对皮肤温和，生物降解性好，属于绿色环保型表面活性剂。

（4）黏结剂　某些农药粉末本身不具有黏性或黏性较小，水分散粒剂的造粒过程中需要加入黏性物质使其黏合起来，这时所加入的黏性物质就称为黏结剂。常用的黏结剂有明胶、聚乙烯醇、聚乙烯吡咯烷酮、聚乙二醇、糊精、可溶淀粉等。水溶性的黏结剂如聚乙二醇在配制分层型水分散粒剂中是必不可少的。它将水溶性农药或预配制的水分散性农药包覆住形成颗粒，适用于物理性质和化学性质不相同的农药复配。

黏结剂不仅起黏结作用，同时对制剂的性能有明显的影响。在配方中不加入黏结剂，造粒破碎率升高，润湿性和崩解性均受到影响；加入过量的黏结剂，黏度增加，颗粒虽吸水膨胀但浮于液面，润湿性差。所以应选用适宜的黏结剂，并控制其用量。

（5）崩解剂　崩解剂是为加快颗粒在水中崩解速度而添加的物质，具有良好的吸水性，吸水后迅速膨胀并崩解在水中，而且它可完全分散成原来的粒度大小。它所起的作用是机械性机制，并非化学性的。它的分子吸收水后膨胀成较大的粒度，或膨胀成弯曲形状并伸直，直至 WG 颗粒被分散成较小的碎片。由于崩解的机制是机械性的，所以在长期贮存或不合理贮存过程中是不容易失效的，而不像现在有时使用的润湿剂在贮存中是有可能降低效率的。

常用的崩解剂有多种无机电解质，如氯化钙、硫酸铵、氯化钠等，还有羧甲基纤维素钠、可溶性淀粉、膨润土、聚丙烯酸乙酯等。现在崩解剂的发展趋势是与表面活性剂复配，如在制备除草剂和植物生长调节剂水分散粒剂时，将固体表面活性剂十二烷基磺酸盐和硫酸铵混合，使制剂的分散效果提高。

（6）隔离剂　又叫防结块剂，配方中加入防结块剂是为了防止加工过程中结块，它与最终产品的性能无关。在制造中使颗粒包上很薄一层细粒，防止颗粒互相黏结，它的作用就像一薄层滑动滚珠，使各颗粒间容易滑动，而且不加外力如振动就可以流动。

最常用的隔离剂是硅胶。硅胶有两种，一种是研磨的无定形硅胶，另一种是气溶硅胶。前者是从饱和溶液中沉出再研磨的，粒度在 $2\sim100\mu m$ 之间；气溶硅胶是使二氧化硅熔融、升华，收集它的烟雾而成的，它的粒度比其他方法制得的更小，在 $0.005\sim0.02\mu m$ 之间。气容硅胶的表面积大，遮盖力强，虽然价格高，但用作隔离剂的用量很少。

三、水分散粒剂的配制 ▪▪▪▪

农药由于物理化学性质、作用机制及使用范围不同，WG 的配制方法也不同，进而加工工艺路线也不同。

（1）水溶性农药及盐化后的水溶性农药　这类农药分为液体和固体，液体的有杀虫双、草甘膦等，固体的有杀虫单、2，4-滴钠等。磺酰脲类高活性农药，几乎都不溶于水，可是很多品种能与 Na^+、K^+、Li^+ 成盐，变成水溶农药。液体农药可直接喷在或吸附在基质上，进行造粒得到水分散粒剂。这里的基质是指除活性成分以外的水分散粒剂的各要素，而这种基质本身，事前已制成了可湿性粉剂或悬浮剂。固体农药与基质混合粉碎，再进行造粒。

（2）水不溶性农药　不管是固体的，还是液体的，都可直接配制 WG。它的前体，一种是先制成可湿性粉剂，另一种是先制成悬浮剂；有的先将有效物预制成悬浮剂，然后再喷入粒基上制成 WG；有的与粒基充分混合，再用摇摆造粒或者挤压造粒。

例如，先将代森锰锌预制成 40％悬浮剂，然后将水溶性杀菌剂乙膦铝（<200 目）加入制成的黏稠浆物，含水量 20％以下，再进行挤压造粒，其悬浮率＞80％，搅拌下在水中分散 3min。按照同样道理，先将吡虫啉预制成悬浮剂，然后加入水溶性杀虫单，制成的 20％水分散粒剂分散性好，悬浮率高。

（3）微囊型的水分散粒剂　把一种或多种不溶于水的农药封入微囊中，再将多个微胶囊集结在一起而形成的水分散粒剂。这种功能化的水分散粒剂与其他水分散粒剂不同，突出特点是它具有以下功能：①降低有效成分分解率；②缓慢释放，降低药害，延长持效期；③可使不能混用或者不能制成混剂的农药混用或制成混剂。

例如，国外生产的甲草胺、莠去津 WG 混剂的配制。将甲草胺与多亚甲基聚苯基异氰酸酯（PAPI）于静止的混合器中混合，加到含木质素磺酸盐（Reax 88B）的液体中，通过高剪切作用的均质分散器形成水包油乳液，向该乳液流中加入六亚甲基二胺（HMD），将其混合液通到静止混合器中进行囊化反应，生成甲草胺微囊悬浮液。胶囊直径 $1\sim50\mu m$ 的水悬液与莠去津悬液混合成均匀的悬液，加入凝集助剂，通过 100 目过滤器进行喷雾干燥，得到甲草胺、莠去津 WG 混剂。

（4）分层的水分散粒剂　利用水溶性的聚乙二醇类作为结合剂，将水溶性农药或预制的水分散性农药包裹于本身具有水溶性或水分散性的颗粒基质上。这种水分散粒剂，生产方法简单，它主要适用于物理性质或化学性质上不同的农药混合制剂。例如二氯喹啉酸除草剂在酸性条件下稳定，磺酰脲类除草剂在碱性条件下稳定，二者混在一起，会加速分解，若采用分层包裹，则可避开干扰，得到稳定的水分散粒剂。

优选的结合剂有水溶性聚乙二醇（分子量一般在 3000～8000）固体及其衍生物（如酯或醚），分子量过高的会降低溶解速率。此外，呈液态的低分子量的聚乙二醇或丙二醇的聚合物及其衍生物也较理想。很多物质可用作颗粒载体基质，如尿素、硝酸铵、糖、硝酸钾（钠）以及水溶性固体农药等。

（5）用热活化黏结剂配制的水分散粒剂　它是由热活化黏结剂（HAB，含有一种或多种可迅速溶于水的表面活性剂）的固体桥，把快速水分散性或水溶性农药颗粒组合物与一种或多种添加剂连在一起的固体农药颗粒组成的团粒，其粒度在 150～4000μm，并具有至少 10% 的空隙，而农药颗粒混合物粒度在 1～50μm，以防止过早出现沉淀，甚至造成喷嘴/筛孔阻塞。

具体配制实例：将 72.86g 2，4-滴钠盐、1.14g 苯磺酸钠盐和 1g $NaHCO_3$ 一起研磨。然后把这种混合物与 25g Macol® DNP-150（<840μm）一起混合，把这些混合物加入到一种实验室双锥搅拌机中，并用加热枪使之加热到 77℃，此时可以看到颗粒的形成。停止加热并使颗粒冷却到 50℃，然后将其从搅拌机中取出，得到水分散粒剂产品。

四、水分散粒剂的加工工艺

水分散粒剂的制造方法很多，可分为"湿法"和"干法"造粒。所谓湿法造粒，就是将农药、助剂、辅助剂等，以水为介质，在砂磨机中研细，制成悬浮剂，然后进行造粒，其方法有喷雾干燥造粒、流动床干燥造粒、冷冻干燥造粒等。所谓干法，就是将农药、助剂、辅助剂等一起用气流粉碎或超微粉碎，制成可湿性粉剂，然后进行造粒，其方法有转盘造粒、挤压造粒、高速混合造粒、流动床造粒和压缩造粒等。常用的方法有喷雾造粒法、转盘造粒法和挤压造粒法等。

（1）喷雾造粒法　喷雾造粒分为两个工序；首先将原药与分散剂、湿润剂、崩解剂和稀释剂等一起在水中研磨得到需要的粒径，再加入其他所需助剂，调整其浓度和黏度，得到喷雾用的浆料，然后将浆料经喷嘴雾化成微小的液滴，射入喷雾容器（或塔）内，热空气与喷射滴并流或逆流进入干燥器。干燥所需的热空气由鼓风机吸入过滤器和加热器进入喷雾的容器，干净的热空气与料浆在造粒设备内与物料混合并蒸发料浆中的水分，得其产品。其工艺流程见图3-12所示。

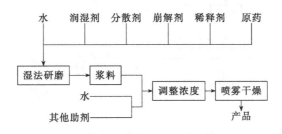

图 3-12 喷雾造粒工艺流程

本流程的关键是控制喷雾干燥的温度和粒径大小。一般喷雾温度控制在 $100 \sim 160℃$。温度太低，颗粒来不及干燥，造成粘壁或者"拉稀"现象；温度太高，对原药稳定性不利，而且浪费资源。粒径大小取决于喷嘴和气流速度。

（2）转盘造粒法　国际市场上销售的水分散粒剂多数都用此法生产。分两道工序：①将原药、助剂等制造成超细可湿性粉剂（载体多为各种土类和白炭黑等）；②向倾斜的旋转盘中，边加可湿性粉剂，边喷带有黏结剂的水溶液进行造粒（也有的黏结剂事先加入可湿性粉剂中）。造粒过程分为核生成，核成长和核完成阶段，最后经过干燥、筛分可得水分散粒剂产品，其工艺流程如图3-13所示。

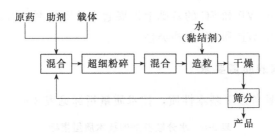

图 3-13 转盘造粒工艺流程

（3）挤压造粒　挤压造粒，首先制造超细可湿性粉剂，与转盘造粒前步相同，然后将可湿性粉剂与定量的水（或含有黏结剂）同时加入捏合机中捏合，制成可塑性物料，其中水分含量在 $15\% \sim 20\%$，最后将此物料送入挤压造粒机，进行造粒，通过干燥、筛分得到水分散粒剂产品，其工艺流程如图3-14所示。

（4）高强度混合造粒　美国苏吉公司认为喷雾造粒、转盘造粒等方法还有不足之处，如有粉尘、生产能力低、操作不易自动控制等，因此提出了制造 WG 的最新方法——高强度混合造粒法。它的基本设备是一个垂直安装的橡胶管，橡胶管中间装有垂直同心的高速搅拌器，搅拌轴上有一定数量的可调搅拌叶片，就像透平机一样，胶管内还装有一套能上下移动的设备，对橡胶管做类似按摩的动作。

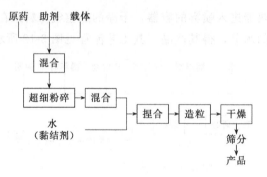

图 3-14　挤压造粒工艺流程

根据配方要求，将配好、研细的 WG 的粉料加入管子，粉料经搅拌器的作用在管内流动，水喷在流动的粉料上，由搅拌叶片产生高速剪切力造成粉粒极大的湍流，滚在一起形成小球粒，有一些粉料被甩到管壁并附着在那里，但管壁的柔性蠕动装置可使刚刚粘上的物料立即掉下，搅拌叶片将壁上掉下来的薄片打成碎粒，加入的粉料和水碰上碎粒时，碎粒起晶核的作用，团聚成较大的颗粒，干燥后得水分散粒剂。团粒的大小可用成粒机主轴的转速、装在该主轴上的叶片的迎击角以及所加液体的数量等因素加以控制。

五、水分散粒剂的质量要求及检测方法 ■■■

水分散粒剂是在 WP 和 SC 的基础上发展起来的颗粒剂，所以水分散粒剂的质量标准及检测方法和 WP 和 SC 有些类似。

1. 水分散粒剂的质量要求

水分散粒剂应具备以下基本性质，技术质量指标见表 3-6。

表 3-6　水分散粒剂的技术质量指标

指标名称	指标
悬浮率/%	≥85
润湿时间/s	≤30
pH(1%水溶液)	根据具体品种而定
持久起泡性(1min)/mL	≤25
水中崩解性/次	≤20
水分/%	≤2.5
分解率/%	≤5
热贮藏稳定性[(54±2)℃,14d]	指标基本不变

（1）颗粒的润湿、崩解速度快　水分散粒剂遇到水体会立即被湿润并在沉到桶

底之前几乎全部崩解开。联合国粮农组织（FAO）要求润湿时间低于30s。

（2）均匀的分散性 颗粒剂崩解后很快分散，稍加搅拌即能均匀分散在水中。崩解后粉粒细度不应超过加工该剂型的粉体细度300µm，以便能通过药桶中的滤网和防止堵塞喷头。

（3）悬液稳定性 分散在液体中的粉粒应稍加搅拌即能很好地悬浮在液体中，直到药液喷完也能保持很好的悬浮性。一般要求1～2h内分散体系稳定，FAO要求水分散粒剂悬液半小时内悬浮率大于85%。

（4）再悬浮稳定性 配好的药液如果一时未喷完，放置一段时间后，沉在底部的药粒经搅拌亦能重新在水中悬浮。一般要求24h后能良好再分散。

（5）无粉尘 制造出的WG中只有极少的细粉。颗粒要有足够的强度，经得起贮运中的磨损而不被破坏。

（6）颗粒的流动性好 颗粒粒度应均匀、光滑，容易从容器中倒出，在高温、高湿条件下贮存颗粒不互相黏结、不结块。

（7）贮存稳定性 产品贮存1年或2年后应该保持原有性能，即使在农户或商业贮存条件不好时，也能质量不变。

2. 水分散粒剂的质量检验方法

（1）分散性 测定分散性有三种方法。

① 量筒混合法 加98mL去离子水或选用载体（硬水等）于100mL量筒，称取2g（或标签使用剂量）样品加入量筒内，颠倒10次，每次约2s，记录30min、60min时的沉积物；60min后再颠倒10次，使之完全分散，静置24h后，记录沉积物再分散而颠倒的次数，颠倒次数低于10者通常认为合格。

② 量筒混合过滤法 检验分散性的最常用方法。该法只讲特定时间的分散性，30min后滤出沉淀，确定悬浮率，主要缺点是不能提供再分散性。

③ 长管实验 它强调水分散粒剂极度稀释系统。这种稀释作用通过加大较大粒子间的距离以缩小范德华力，随水分散粒剂在水中的极度稀释，使只有分散剂对分散起作用。取1.0g样品于50mL烧杯中，加入30mL要求硬度的水，搅拌3min得浆液，取浆液5mL于50mL量筒，再用45mL水稀释，颠倒10次（2s/次），转入倾斜玻璃管（1.8cm内径，长120cm，含80cm高要求硬度的水）侧面，用少量水清洗量筒，5min和15min后记录管底沉积物，超过0.5mL则不合格。

（2）润湿性 刻度量筒试验法测得的润湿性具有代表性。取500mL 342mg/L硬水于500mL刻度量筒中，用称量皿快速倒入1.0g样品于量筒中，不搅动，记录99%样品沉入筒底的时间。

（3）崩解性 以测定崩解时间长短来表示，一般规定小于3min。25℃下，向含有90mL蒸馏水的100mL具塞量筒（内高22.5cm，内径28mm）中加入样品颗粒（0.5g，250～1410μm），之后夹住量筒中部，塞住筒口，以 8r/min 的速度绕中心旋转，直到样品在水中完全崩解。

六、水分散粒剂的工艺实例 ▪▪▪▪

1. 40%毒死蜱水分散粒剂

毒死蜱	56.0%
分散剂 Morwet D-425	10.0%
分散剂 Morwet EFW	2.0%
分散剂 UDET 950	2.0%
分散剂 Narvon F-3	28.0%
分散剂 Daxad 27	2.0%
柠檬酸	适量

2. 80%敌草隆水分散粒剂

敌草隆	84.50%
分散剂 Morwet D-425	8.0%
分散剂 Morwet EFW	2.0%
高岭土 AG-1	5.5%

3. 63%代森锰水分散粒剂

代森锰	74.0%
分散剂 Morwet D-425	9.0%
分散剂 Morwet EFW	3.0%
白炭黑	14.0%

第六节　泡腾片

农药泡腾片剂（effervescent tablet，EB）属于片剂中的特殊剂型，由原药、泡腾剂、润湿剂、分散剂、黏结剂、崩解剂和填料经粉碎、混合、压片制成，是使用时遇适宜的酸和碱后同水起反应释放出二氧化碳而快速崩解的一种片剂。泡腾剂是一种发展较晚、技术新颖的特殊剂型，根据加工后成品形态差异，可分为泡腾片剂、泡腾粒剂（effervescent granule）和泡腾胶囊（effervescent capsules）等。

泡腾技术是指在药物制剂中加入碳酸盐与有机酸，通过遇水后产生 CO_2 气体而调节药剂释放行为的一种技术。最早应用于医药领域，随着药用高分子材料和制剂技术的发展，20世纪70年代后，日本首先将泡腾技术应用于制备农药除草剂泡腾片，到1997年开始推广使用，目前该技术已基本成熟。近年来，泡腾片剂已研究的种类有草达灭、杀草丹、利谷隆、敌死蜱、西玛津、草枯醚等除草剂，百菌清、噻菌灵、甲基硫菌灵等杀菌剂，二嗪农、叶蝉散、马拉硫磷等杀虫剂。在日本已商业化的产品有9%灭藻醌泡腾片剂，施用后在水田中发泡，并释放出有效成分，几小时后，由于扩散剂的作用，在水田中有效成分均匀一致，达到杀灭靶标的目的。

随着安全、生态、环保和可持续发展理念的深入人心，人们对农药的使用越来越严格，农药剂型研发也向安全、友好、高效、经济和方便的方向发展。泡腾片剂作为一种相对较新的农药剂型，顺应了这种发展趋势，受到市场青睐，其水基化、施用方便、高效安全的特点尤为突出。从经济学角度看，开发农药泡腾片剂具有良好的投入产出比，可节省药物运输费用，长期成本收益可观。目前，国内已有多种除草泡腾片剂相继开发成功并投放市场，在助剂优化和加工工艺改善基础上，杀虫杀菌泡腾片剂也开始进入市场。

一、泡腾片剂的特点 ▪▪▪▪

独有的酸碱泡腾体系及崩解组分使泡腾片剂有了自我崩解扩散的能力，形成了农药泡腾片剂自身的许多优良性能，其突出特点主要表现在以下几个方面。

（1）使用方便，施药者容易掌握。泡腾片剂在使用时无需专门的施药器械，施药者可将泡腾片剂投入一定量的水中配制成喷洒溶液使用，而水稻田专用泡腾片剂使用更为直接，只需按规定剂量将泡腾片剂直接抛施到稻田内即可。

（2）省工省力，提高了工效。泡腾片剂在水稻田中可以直接投放使用，如1hm²水稻田施药时间只需十几分钟，工效较常规农药得到明显提高。此外，除草剂泡腾片剂持效时间可长达40～50d，可使水稻在整个生长季节内不受杂草的危害，大大减少了施药次数。

（3）对周边作物安全。当除草剂配制成泡腾片剂使用时，可以直接抛施到稻田间，避免了除草剂的蒸发飘移，防止对周围敏感作物产生药害。

（4）贮藏安全，质量稳定。泡腾片剂在贮存、运输过程中不易破损或变形，有效成分含量在较长时间内不易降低；此外，泡腾片剂的特殊包材也使药物不受光线、空气、水分等外界因素的影响，药物稳定性较高，那些化学性质不够稳定的原药均可考虑制成泡腾剂。

（5）崩解性能优越，扩散均匀。泡腾片剂入水后立即发泡，依靠崩解剂内部产生的推力使泡腾片剂崩解扩散，将有效成分均匀地分散在水中，发挥药效。田间检测结果表明，泡腾片剂抛施到稻田中12min后可自动扩散到100m²的稻田范围内，

1d 后泡腾片剂中的有效成分可均匀地扩散到稻田内的每一处。

二、泡腾剂的组成

（1）有效成分　除草剂、杀虫剂、杀菌剂和植物生长调节剂均可作为泡腾剂的有效成分，尤其是具有内吸性和安全性的农药更为合适，水田直接投入使用的泡腾片剂以除草剂居多。使用的原药可以是水溶性以及水不溶性固体或液体，若是液体则应首先吸附在硅藻土、凹凸棒土、白炭黑、蛭石等多孔性载体上。

以水溶性农药制备的泡腾片剂，在水中能分散形成均一、透明的均相稳定溶液；而水不溶性的农药在水中分散后则形成悬浮液，该悬浮液为非均相液体系统，有着固有的热力学及动力学不稳定性，在重力作用下，悬浮液中的不溶性农药及助剂微粒会表现出聚集、沉降的现象。

（2）泡腾崩解剂　由酸碱系统和适宜的助崩解剂组成。其中酸系统主要采用有机酸，也可以是无机酸，以水溶性固体酸最好，如酒石酸、柠檬酸、水杨酸、磷酸、亚硫酸钠（钾）、六偏磷酸钠（钾）等；碱系统主要有碱式碳酸盐，如碳酸氢钠、碳酸钠、碳酸氢钾、碳酸钾以及碳酸氢铵等碳酸盐。以上酸系统和碱系统可使用一种或两种以上组合而成。最常用的泡腾崩解剂为碳酸钠或碳酸氢钠、酒石酸、柠檬酸。

助崩解剂是指一些具有助崩解作用的物质，它们可使泡腾片剂入水后溶胀崩碎成细小颗粒，从而使活性成分均匀悬浮于水中，发挥药效。理想的助崩解剂不仅能使泡腾剂崩解为细小颗粒，而且还能将颗粒崩裂为细粒。助崩解剂的作用是克服黏结剂和造粒过程中所需的物理力，黏结剂的黏合力强，助崩解剂的崩解作用必须更强。常用的助崩解剂有干燥淀粉、微晶纤维素、海藻酸及其盐类、羧甲基淀粉钠和超级羧甲基淀粉钠等。

（3）其他助剂　除有效成分、崩解剂之外，还须加入稀释剂、黏结剂、表面活性剂、润滑剂及助流剂等，否则崩解后的粒子较粗、分散不均。

① 润湿剂和分散剂　常用的润湿剂和分散剂有：拉开粉、十二烷基硫酸钠、NNO、木质素磺酸盐、十二烷基苯磺酸钙等阴离子表面活性剂；烷基聚氧乙烯醚、OP 系列、602、1601、1602、BY 系列等非离子表面活性剂，以及阴离子型和非离子型复配物。

② 崩解助剂　可使片剂形成空隙，入水后迅速破裂成小颗粒。主要种类有硫酸铵、无水硫酸钠、氯化钙、表面活性剂、膨润土、聚丙烯酸乙酯等。

③ 吸附剂　主要用于吸附液体农药，使其流动性好，以轻质无活性物质最佳，也可以是多种吸附剂的混合，常用的品种有硅藻土、凹凸棒土、白炭黑、浮石、煅烧珍珠岩、煅烧浮石、蛭石和植物纤维性载体等。

④ 黏结剂　使泡腾片剂成型并且具有一定硬度，最好是能完全溶解于水，熔

沸点温差小的，常用种类有明胶、聚乙烯醇、淀粉、糊精、黏结剂 C、聚乙烯吡咯烷酮、高分子丙烯酸酯、乳糖等。

⑤ 流动调节剂　为了使压制成的泡腾片剂易于从压片机中脱模，要加流动调节剂。主要品种有滑石粉、硬脂酸、硬脂酸镁等。

⑥ 稳定剂　常用磷酸氢二钠、丁二酸、己二酸、草酸、硼砂等来调节泡腾片剂的 pH 值，以保证有效成分在贮存期的稳定。

⑦ 填料　主要用作调节泡腾片剂中有效成分的含量，常用的品种有高岭土、轻质碳酸钙、膨润土、无水硫酸钠、乳糖、锯末等。

三、泡腾片剂的加工方法

1. 泡腾片剂的制备方法

普通制备方法主要包括：干法制片、湿法制片、直接压片、非水制片。

（1）干法制片　把药物与辅料混合物压成粒或片或块状，再粉碎成干颗粒后压片的方法。制片时，滚压或重压制片，适用于大尺寸而不能以湿法制片的物质。酸性与碱性成分可一起制粒或分别制粒，于压片前混合即可。

重压法需重复操作保证小剂量的有效成分含量均匀。制粒时还需要外加润滑剂以保证机器运转平稳。此法产品的色泽很难分布均匀。该法制粒所用轮转式干压机或滚筒平压机价格较贵，对辅料要求高，故规模化生产应用较少，多在实验室中应用。

（2）湿法制片　制粒时将酸、碱分别制粒，干燥、混匀，进行压片，避免酸、碱接触，制剂的稳定性强。传统的方法是将酸性成分与产气成分分别制粒、干燥与碾磨。压片之前将两种颗粒混合。此操作法需两次制粒过程及一道清洁操作。必须注意，包含活性成分的颗粒通常是弱酸性或弱碱性的，并且掺合色素时可能产生两种不同色泽的颗粒。这一系统可以引进新的设计，如在溶出时改变色泽，用多层片产生多层泡腾反应，以及将有配方禁忌的成分隔开。

（3）直接压片　制片时，将药物和辅料混匀后直接压片。此法中片剂成分的混合与压制不经过中间制粒步骤，需仔细选择原料规格以得到自由流动和可压缩的混合物。粒子大小及成分密度的不同会产生问题，这是由于发生分离以及采用大模圈及某种形式饲料斗引起的困难。极易吸潮的物质在使用前需要干燥，而常用的泡腾片成分如碳酸氢钠（或钾）直接压片性很差。虽然现在能得到许多喷雾干燥物质的包衣或微囊化的可压缩形式，但这类物质一般溶解很慢或易产生浑浊的分散体系。

（4）非水制片　制片时将配方中各组分用非水黏合剂（无水乙醇、异丙醇等）制片，此法是制备泡腾颗粒最方便的方法，不需要高度专门化的控制系统或操作设备。目前，许多药厂采用乙醇制粒。此法优点是能充分除去成分中的剩余水分，减少干燥时间。除非若干成分部分或完全溶解于制粒液体，否则非水制粒常需要加黏合剂。

2. 泡腾片剂生产工艺路线

泡腾剂由崩解剂、扩散剂、润湿剂、黏结剂、助流剂和载体等组成，泡腾片剂的加工方法是先将物料混合，经过粉碎、造粒，再用压片机制成一定形状后干燥而成。生产场地的一般要求是相对湿度20%～25%，温度15～25℃为宜。另外，泡腾片剂成品的包装材料应有较好的防水性，通常以金属箔衬聚乙烯，水稻田用泡腾片剂则可用水溶性包装材料（如聚乙烯醇水溶性薄膜、水溶性纤维素等）包装成袋。

泡腾片剂生产的工艺流程主要包括两条线路，如图3-15和图3-16所示。

如图3-15所示，将原药（如原药为液体，先用吸附剂吸附成固态粉末）、助剂和填料混合，经气流粉碎机粉碎至数微米，再经混合机混合，同时加入黏结剂浆液，混匀后，再加入流动调节剂，混匀，压片，包装。

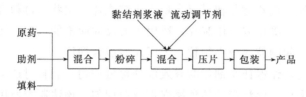

图3-15　泡腾片剂生产工艺示意（一）

如图3-16所示，将原药助剂填料混合粉碎后加入黏结剂和流动调节剂，混合造粒，然后干燥进行筛分，过细的颗粒重新造粒，过粗的颗粒回去重新粉碎，符合标准的颗粒压片后包装。

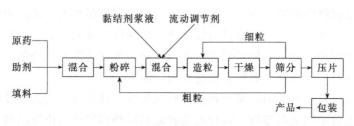

图3-16　泡腾片剂生产工艺示意（二）

四、泡腾片剂的质量检测方法

（1）制剂外观　采用目测法进行，制剂外观应为光滑无粗糙颗粒、无脱落破碎、大小均匀的药片。

（2）崩解时间的测定　将制作好的泡腾片剂投入装有水的水槽中，水层厚度为5～7cm，计时开始，泡腾片入水即开始自然崩解，直到药剂完全分散时计时结束，要求制剂崩解时间≤7min。

（3）悬浮率的测定　根据国际农药分析协会委员会（CIPAC）的方法测定 MT15 可湿性粉剂在水中的悬浮率。在试验的初期用总固物悬浮率来测定制备的泡腾片剂，在最后分析方法确定之后再测定有效成分悬浮率。

测定时用电子天平称取 0.5g 泡腾片剂，投入装有 30℃ 的 250mL 标准硬水的具塞量筒中，水浴 30min 后快速吸出上部 9/10 的溶液，过滤剩下的 1/10，烘干后计算总固体物悬浮率。

悬浮率测定的公式：

$$悬浮率 = \frac{10}{9} \times \frac{100(c-Q)}{c} \times 100\% = \frac{111 \times (c-Q)}{c} \times 100\%$$

$$c = \frac{ab}{100}$$

式中，a 为经过适当加速贮存之前或之后测的样品质量分数，%；b 为取样的质量，g；c 为配制悬浮液所取样品中有效成分质量，g；Q 为留在量筒的 25mL 悬浮液中样品的质量，g。

（4）热贮稳定性　按照国家标准中关于泡腾片剂的热贮稳定性试验条件，在 (54±2)℃ 的条件下贮存 2 周，检测有效成分的分解率，以及制剂的外观。要求外观均匀光滑，有效成分分解率不大于 6%。

有效成分分解率（X）按照下式计算：

$$X = \frac{有效成分原始含量 - 热贮后有效成分含量}{有效成分原始含量} \times 100\%$$

国际农药分析协作委员会（CIPAC）和世界粮农组织（FAO）对农药泡腾片剂的质量控制的主要指标为：外观为白色片剂；有效成分含量≥25%；pH 值 3～8；悬浮率≥80%；崩解时间≤7min；持久起泡性 1min 时≤25mL；湿筛试验，过 75μm 筛率≥98%。

五、泡腾片剂加工实例 ▪▪▪▪

32.5% 苯醚甲环唑·嘧菌酯泡腾片的制备：苯醚甲环唑（12.5%）、嘧菌酯（20%）、碳酸氢钠（20%）、酒石酸（20%）、分散剂 YUS-WG5（4%）、分散剂 YUS-TXC（4%）、润湿剂 YUS-LXC（2%）、交联聚乙烯吡咯烷酮（PVPP）（6%）、聚乙二醇 6000（2%）、聚维酮 K30（4%），白炭黑补至 100%。

第七节　烟剂

烟剂（smoke generator，FU）又称烟雾剂或烟熏剂，由农药原药与燃料、助燃剂和助剂等成分均匀混合加工而成，引燃后有效成分以烟雾状分散悬浮于空气中。烟剂按其用途分为农用烟剂和卫生烟剂两种，应用于农业生产中防治病虫害的烟剂称农用烟剂。按其防治对象可分为杀虫烟剂、杀菌烟剂、杀鼠烟剂、家用卫生杀虫烟剂（蚊香）等。按其性状可分为烟雾罐（预装在罐中的混合烟剂）、烟雾烛（烛状可点燃烟剂）、烟雾筒（预装在发射筒中的烟剂）、烟雾棒（棒状可点燃烟剂）、烟雾片（片状可直接点燃烟剂）以及烟雾丸（丸状熏烟剂）等。按热源的提供方式可分为加热型、自燃型和化学加热型等。

一、烟剂的特点及发展

烟剂是一种古老而又年轻的农药剂型。古时人们就采用焚草发烟的方法来驱除害虫，如将艾蒿、除虫菊燃烧来杀灭蝇蚊，用烟草秆、鱼藤酮燃烧防治蚜虫等。烟剂的最大特点是药剂的分散度高，并以烟雾的形式充满保护空间，有着巨大的表面积和表面能，使得药剂的穿透、附着能力大大增强，覆盖的表面积大大增加并且分散均匀，能充分发挥药剂的触杀、胃毒、内吸、渗透以及抑制呼吸作用等综合生物效能，从而提高药效。特别适合作物、森林生长茂密和保护地及室内使用。对于防治隐蔽的病虫鼠害，上述作用更为突出。

烟剂在施用形式上，既不是喷雾，也不是喷粉，而是"放烟"。这种施药方式不需要任何施药器械，也不需要水，简便省力，工效高。因此，在交通不便、干旱缺水的地区使用，更具有特殊意义。但烟剂的使用受环境影响较大，一般在密闭的环境条件下使用效果才好。同时，也不是所有农药都可以加工成烟剂使用，只有原药在发烟条件下不分解易挥发，才能做成烟剂。另外，烟剂在加工贮存、运输、使用过程中都有着火爆炸的危险。

目前，烟剂的应用主要集中在温室大棚、林业、卫生害虫方面，少量应用在防霉、消毒等方面。从当前国内厂家正式登记的上百个烟剂品种来看，产品总体上趋于老化，功能较为单一，不能有效地发挥烟剂的优势。如杀菌剂主要以百菌清、腐霉利等几个老品种为主，而杀虫剂多是一些毒性较高的有机磷产品，如敌敌畏等。

随着现代农业和农药工业的快速推进，烟剂的发展面临新的机遇和挑战，呈现出新的发展态势。一是向环保绿色型方向发展。近年来，随着人们生活水平的提高和环保意识的增强，农产品质量安全问题受到高度关注。人们越来越注重食品的品质，无公害食品、绿色食品逐渐成为新宠。而在这些食品当中，农药残留问题首当其冲。这就首先要求烟剂产品必须向高效、低毒、低残留的方向发展，即绿色发展。二是向多功能速效型方向发展。目前国内的烟剂产品功能较为单一，不仅时常耽误了施药的最佳时间，而且造成不必要的资源浪费。因此，在烟剂品种的开发上应以病虫害同时防治的产品为佳。同时，基于对生物靶标的作用机制及施药环境的影响，烟剂在品种的选择上应注重其防治的速效性。三是向改良载体安全型方向发展。烟剂要最大限度地发挥效能，其载体作用不容忽视。

二、烟剂的组成 ■■■■■

烟剂的组成分为两部分，即主剂和供热剂。主剂由农药原药组成，供热剂则由燃料、助燃剂和助剂组成。

1. 主剂

指具有杀虫、杀菌等生物活性的一种或几种农药原药，是烟剂的有效成分。施用烟剂时，其主剂——原药首先通过受热气化或升华，然后在空气中遇冷而成烟（雾）。这种特殊的施药方式决定了并不是所有的农药均可作为烟剂主剂。

换言之，用作烟剂主剂的原药必须符合一定条件。除根据防治对象选用高效、低毒的农药外，用作烟剂主剂的农药还应遵循以下原则：①燃烧时能迅速气化或升华，成烟率高；②在常温下或燃烧过程中，不易与烟剂中的其他组分相互作用；③在600℃以下的短时高温下，不易燃烧，热分解较少。

2. 供热剂

由燃料、助燃剂和助剂按照一定比例构成。它是烟剂的热源体，为主剂挥发提供热量，能进行无烟燃烧和发烟。改变供热剂的组成或配比，可以改善其燃烧和发烟性能，以满足主剂挥发成烟所需的热量和最佳温度。

（1）燃料　是供热剂的主要成分。用作烟剂的燃料应满足以下几点要求：①在150℃以下不与氧气作用（燃点太低，易引起自燃），但在200～500℃时与少量氧气即能发生燃烧反应，放出大量热；②在燃烧时不产生对保护对象有害的物质；③易粉碎，不吸潮，价格低等。常用的燃料有木粉、木屑、木炭、煤粉、淀粉、白糖、纤维素、尿素、硫脲、硫黄、硫氰酸铵、锌粉、铝粉、植物油残渣、废纸布和硝化纤维等。常以木粉或木炭与其他燃料混用，调节燃烧性能，达到需要的目的。

（2）助燃剂　又称氧化剂，是能帮助和支持燃料燃烧的物质，有较高的含氧量和一定的氧化能力，以供给燃料燃烧所需的氧和热，保证燃烧反应持续稳定地进行。助燃剂在150℃以下要比较稳定，在150～600℃时能分解释放出氧气，同时要求对一般撞击和摩擦的敏感度较低，不易爆炸，不易吸潮等。常用的助燃剂有$KClO_3$、$NaClO_3$、KNO_3、$NaNO_3$、NH_4NO_3、$KMnO_4$等氯酸盐、硝酸盐和高锰酸盐，以及多硝基有机化合物等。

（3）助剂　指能改善烟剂燃烧和发烟性能的一切添加剂。根据在烟剂中所发挥的作用，助剂可分为如下几类。

① 发烟剂　在高温下能挥发，冷却后迅速成烟的一类物质，能增大烟剂燃烧发烟过程中的烟量和烟云浓度。发烟剂受热挥发形成的烟云粒子是主剂在大气中的

载体，以帮助农药的飘移与沉降，对保护对象无害。常用的发烟剂有 NH_4Cl、NH_4HCO_3、萘、蒽、松香等。

② 导燃剂 能降低烟剂燃点，促进引燃并加速燃烧的物质。一般在燃点高不易引燃或燃烧速度缓慢的烟剂配方中加用。导燃剂燃点较低，还原性强，如硫脲、二氧化硫脲、硫氰酸铵等。

③ 阻燃剂 为一类不可燃物质，用于消除烟剂燃烧过程中产生的火焰或燃烧后残渣中的余烬。能消焰的阻燃剂称消焰剂，如 Na_2CO_3、$NaHCO_3$、NH_4Cl、NH_4HCO_3等。能消除残渣中余烬的阻燃剂称阻火剂，是一类惰性物质，如陶土、滑石粉、石灰石、石膏等。在残渣易产生余烬的烟剂配方中加入适量的阻火剂，能降低烟剂残渣的温度，阻止残渣中可燃物质的继续燃烧而灭火，为烟剂安全使用提供保障。

④ 降温剂 也称缓冲剂，作用与导燃剂相反，是能大量吸收或带走燃烧热量，降低燃烧温度，减缓燃烧速度的助剂。常用于燃点低、易引燃或燃烧速度过快、温度过高的烟剂配方中。常用的降温剂有 NH_4Cl、NH_4HCO_3、硅藻土、白炭黑、膨润土、滑石粉、ZnO、MgO 等。

⑤ 稳定剂 在常温下可防止烟剂中有效成分和有关助剂在贮藏过程中分解及相互作用的物质。常用的稳定剂有 NH_4Cl、高岭土、惰性无机物等。

⑥ 防潮剂 为一类非水溶性物质，能在烟剂界面或烟剂粉粒表面形成蜡膜或油膜，防止烟剂吸潮（燃料和助燃剂等易从空气中吸潮而不能引燃）。常用的防潮剂有柴油、润滑油、锭子油、高沸点芳烷烃、蜡类等。

⑦ 加重剂 是一种特殊的发烟剂，其形成的烟微粒密度大，使整个烟云加重，不易升空。含有加重剂的烟剂称重烟剂。重烟剂的烟云靠近地面飘移、沉降，受气候条件（特别是风）影响小，对矮秆作物田间的使用，有特殊意义。常用的加重剂有对硝基酚、水杨酸、S、$FeCl_3$、$ZnCl_2$、$SnCl_2$等。

表 3-7　烟剂中各组分含量

组分	主剂（有效成分）	供热剂										
		燃料	助燃剂		助剂							
			氯酸盐或硝酸盐	硝酸铵	发烟剂	导燃剂	阻燃剂	降温剂	稳定剂	防潮剂	加重剂	黏结剂
含量/%	5～15	7～20	15～30	30～45	20～50	0～5	0～15	0～20	0～10	0～5	0～20	0～10

⑧ 黏结剂 能将烟剂粉粒黏合并使烟剂成型和保持一定机械强度的黏胶性物质。多在线香、盘香、蚊香片中采用。常用的黏结剂有酚醛树脂、树脂酸钙、虫胶、石蜡、糊精、石膏等。

综上所述，主剂、燃料、助燃剂和发烟剂是烟剂的基本组成部分，其他组分可根据加工配制的实际情况予以选择（各组分含量见表 3-7）。

三、烟剂的加工方法

与其他农药剂型相比，烟剂的加工配制难度较大。一个理想的烟剂，既要燃烧迅速、彻底、成烟率高、药效好，又不能在燃烧过程中产生明火或燃烧后留有余烬，同时还要保证在贮运、使用过程中有效成分的稳定性和安全性等。一般而言，烟剂的加工配制都先按供热剂、主剂、引线三部分分别加工处理，然后进行混合、组装或成型处理。

（1）供热剂的加工　供热剂的加工配制方法主要分为干法、湿法和热熔法三种，其中以干法最为常用。

① 干法　将燃料、助燃剂和其他助剂分别粉碎至 80～100 目，按比例混合均匀后，用塑料袋包装即成粉状固体供热剂。此法是最简单的加工配制供热剂的方法，几乎适用于所有参与加工配制供热剂的助燃剂。

② 湿法　将助燃剂溶于 60～80℃的水中，制成饱和溶液，然后加入燃料和其他助剂，搅拌均匀后经干燥、粉碎即成供热剂。此法助燃剂渗透于燃料之中，易引燃，燃烧性能比干法配制的烟剂好，适用于在热水中溶解度较大且不易燃烧的助燃剂和燃点高的燃料。但此法较为烦琐，且在干燥粉碎时易着火，故不常用。

③ 热熔法　在铁锅中加助燃剂质量 2%～3% 的水（少量水可以降低助燃剂熔点）与粉碎后的助燃剂，混合加热至全部熔化后，停止加热并立即加入干燥的燃料，充分拌匀，趁热取出粉碎至 4mm 以下细度，再与其他助剂混拌均匀。此法具湿法配制的优点，生产的供热剂含水量低，点燃和燃烧的性能均佳，但加工过程危险性大（比湿法更危险），只适用于熔点低的助燃剂（如 NH_4NO_3）和燃点高的燃料（如木粉及木炭组成的供热剂）。

（2）引线的制作　一般而言，烟剂在使用时都是通过引线引燃的。引线由燃料和助燃剂组成，与烟剂紧密接触，燃点比烟剂低。引线燃料包括麻刀纸、棉纸、毛边纸、文昌纸、木炭、硫黄、木粉、树脂、锑粉、铁粉等，引线助燃剂包括硝酸盐、氯酸盐和高锰酸钾等。其制作方法主要有以下两种。

① 浸药法　将文昌纸或麻刀纸（占引线 45%～35%）在 KNO_3 或 $NaNO_3$（占引线 55%～65%）饱和溶液中浸 2～3 次，晾干后裁剪成条，搓成纸捻即可。

② 药粉引线　首先将助燃剂和燃料粉碎，按照一定比例混合均匀制成引燃剂，然后包卷在棉纸条内，再将其拧成双股纸绳即可。常用的引燃剂包括 70% 硝酸钾、16% 硫黄与 14% 木炭组成的黑药，70% 氯酸钾与 30% 木粉组成的白药以及 50% 高锰酸钾与 50% 还原铁粉组成的紫药等。

（3）烟剂的组装　烟剂的组装成型方法主要有混合法、隔离法和分层法三种，其中以混合法较为常见。

① 混合法　顾名思义，是将主剂和供热剂的各组分放在一起混合配制的方法。首先，将分别加工好的主剂、供热剂直接混匀，然后根据需要，按一定量分装在塑料袋、硬纸筒等传热不良的容器内，埋好引线，开好出烟孔，接缝处和出烟孔用蜡纸封牢，使用时撕下出烟孔纸条，点燃引线即可。混合法适用于农药性质稳定、不与供热剂等发生反应的固体原药。如 30％百菌清烟剂即由百菌清（35％）、NH_4NO_3（10％）、KNO_3（10％）、甘蔗渣（20％）等混合加工而成。

② 隔离法　又称分离法，是指将主剂与供热剂分别加工、隔离包装存放，使用时再组装在一起的方法。即主剂装在塑料软管中，供热剂装在塑料袋或纸筒中，使用时将装有主剂的塑料软管插入供热剂内。此法适用于农药易挥发、分解或混合后易与其他组分发生反应的液体或溶于液体溶剂的固体农药。

③ 分层法　将主剂与供热剂分上下两层装于包装筒或盒中的方法。即包装时将配制好的供热剂放在包装筒下部，主剂则放在包装筒上部，两者之间用塑料薄膜或铝箔隔开。该法可防止农药有效成分在发烟过程中燃烧和分解。配制过程中，有的主剂可以不经粉碎或只粉碎成较粗的颗粒，也可以将主剂加热熔化后倒入包装筒上部。此法适用于易燃和易分解的低熔点蜡状或固体农药。

四、烟剂的质量控制指标 ▪▪▪▪

（1）农药含量　应大于或等于标明的含量。

（2）成烟率　烟剂有效成分成烟率大于 80％。

（3）燃烧现象　要求一次性点燃引线，无明火、火星，浓烟持续不断，有冲力。燃烧时间，杀虫烟剂要求每千克燃烧 7～15min，杀菌烟剂则要求每千克燃烧 10～20min。

（4）安全试验　取烟剂样品 100g，设置 3～5 个重复，置于（80±2）℃恒温箱内，每隔 2h 观察 1 次，连续观察 72h，无样品自燃者即为合格产品。

（5）细度　10g 烟剂样品要求 90％以上通过 80 目筛。

（6）水分　要求水分控制在 5％以下。

（7）强度　对于成型烟剂，要求能承受压力、切割、跌失的强度，用强度计（硬度计）测定，要求大于 637MPa（$6.5kgf/cm^2$），或从 1m 处自然下落不折断即为合格。

第八节　除草地膜

除草地膜是伴随地膜栽培技术而产生的农药剂型。它是普通地膜在生产过程中加入选择性化学除草剂或有色母粒及助剂制成的一种具有除草功能的复合膜。显而易见，除草地膜兼具除草功能和普通地膜保温、保墒及促进作物增产、早熟的作用。它不仅具有普通地膜的优点，而且由于控制杂草，比普通地膜还要增产10％～20％，因此有着广阔的应用前景。随着农药剂型加工业的发展和现代农业进程的加快，除草地膜呈现出多功能的发展趋势。如在含阳光屏蔽剂的除草地膜领域，一种新型双色除草地膜已于2011年问世，该除草地膜具除草防虫等多项功能，特别适合绿色有机农产品的生产需要。随着材料工业的迅猛发展，今后除草地膜的载体将会更加绿色、环保。

一、除草地膜的种类及特点 ▪▪▪▪

除草地膜在生产和使用过程中对人畜是比较安全的。根据所含除草活性成分及除草机制的不同，除草地膜分为含除草剂的除草地膜和含阳光屏蔽剂的除草地膜两类。

（1）含除草剂的除草地膜　这类除草地膜通常有单层和双层两种，根据涂药层所在的位置又可将其分为以下三类。

① 单层双面含药除草地膜　该类膜在国内最常见，生产工艺较简单。先将除草剂、助剂和树脂混合好或做成母粒，然后在普通地膜挤出机上经吹塑成膜。

② 单层单面含药除草地膜　该类膜生产工艺较复杂，利用涂刷、干燥工艺将除草剂涂于普通地膜的一面。这类膜的药剂虽然只涂在单面，但部分也能扩散到外层。

③ 双层单面含药除草地膜　该类膜在国外应用较多，生产成本较高，系双层复合除草地膜，内层含有除草剂及助剂，外层为保护层，防止除草剂扩散流失。需要注意的是，这类膜因只单面含药，故使用时应将药面贴地。

含除草剂的除草地膜虽然涂药层各异，但它们有一些共性。首先，基本组成相同，是除草剂和普通地膜的二合体。即均以不同型号的聚乙烯树脂为成膜材料，均含有不同种类的除草剂和助剂。其次，除草机制相同，均借助于土壤墒情逐步溶解膜中除草剂，在地表形成药层，从而达到杀死杂草种子或幼苗的目的。即覆用后，膜下地表层土壤中的水分在阳光照射下受热蒸发变成蒸汽，其后这些蒸汽在膜下遇冷凝结成水珠而附于膜表面，致使混于或涂于膜表层的除草剂被溶解萃取出来，并随这些水珠一起落回地表土层而形成一层带有除草剂的薄土处理层，位于这些薄土处理层的杂草种子或幼苗吸收除草剂后即中毒死亡。根据这个原理，在使用这一类除草地膜时要做到播种后地面尽可能平整，使地膜与地面充分接触。

（2）含阳光屏蔽剂的除草地膜　这种除草地膜是在低密度聚乙烯树脂、线性低密度聚乙烯树脂中加入一定比例的有色母粒和助剂，经吹塑而成的一种有色地膜。它通过地膜本身的颜色，阻隔杂草进行光合作用的有效光线，达到杀灭杂草的目的。因此，这种除草地膜无药害、杀草周期长，可使作物根系发达，有利于改善作物品质，不过这种地膜影响地温升高。

含阳光屏蔽剂的除草地膜品种有黑色地膜、黑白两面地膜、绿色地膜等，其中以黑色地膜最为常见。黑色地膜是在树脂中加入炭黑或炭黑母粒，经吹制而成的。黑膜有阻隔阳光作用，可显著抑制杂草生长；也有降低地温的作用，高温季节有利于根系生长，适用于草害严重、增温不是主要矛盾的地区，也可用于移栽作物或夏秋播种的西瓜等作物。由于黑色膜本身能吸收大量热量，而又很少向土壤中传递，表面温度可达 50～60℃，因此耐久性较差。

二、除草地膜的加工方法

1. 含除草剂的除草地膜加工方法

如前所述，含除草剂的除草地膜有单层双面含药、双层单面含药和单层一面涂药的区别。在生产实践中，国内以单层双面含药除草地膜最为常见，其工艺流程见图 3-17。

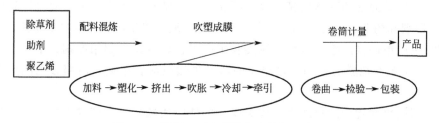

图 3-17　单层双面含药除草地膜加工流程

总体上讲，单层双面含药除草地膜的加工工艺较简单，就是在对成膜材料聚乙烯树脂加工的同时，向其中加入化学除草剂。但由于聚乙烯的惰性很强，一般情况下难以和其他物质相混溶，因此在加工过程中通常需要选用不同功能的助剂来完善工艺。换言之，单层双面含药除草地膜就是在一定工艺条件下，由聚乙烯、除草剂和助剂组成的混合物通过挤出吹塑机吹制成型而得的除草地膜。

（1）原料的选择

① 除草剂　选作除草地膜的除草剂除去必要的药效外，通常必须在220℃时有较好的热稳定性。这是因为聚乙烯吹塑工艺一般要加热到200℃，最高可达220℃。不过，当除草剂热稳定性不够时，可根据其分解物的不同，选择加入相应的热稳定剂，使其保持稳定。

② 助剂　在生产除草地膜时必须加入助剂。第一，加入助剂能够促进聚乙烯和其他物质相混溶。具体来说，就是加入适量的亲油性表面活性剂。第二，是由除草地膜的除草原理决定的。除草地膜是通过蒸汽在膜面遇冷凝结成的水，将膜中除

草剂萃取出来，最终杀死杂草或杂草种子的。而聚乙烯吸水率很低，欲使冷凝水均匀附着在其表面是困难的，因此必须选用一种亲水的表面活性剂来实现。总而言之，只有加入助剂才能保证膜的除草活性及贮存稳定性。

③ 聚乙烯树脂　除草剂及助剂的加入会降低生产中的膜泡强度及成品率，得到的产品的机械强度达不到标准要求。因此，必须选用适当型号的树脂及配比。通常线性聚乙烯成膜性好，强度高，加入适量的该种原料，可很好地解决膜的机械强度及成膜率问题。

（2）加工过程

① 配料混炼　配料有两种方法。其一是将除草剂和助剂做成母粒，然后再将此母粒与聚乙烯进行成膜加工。其二是将除草剂、助剂和聚乙烯三者在高速混合机中混匀，再加工成膜。此法相对节省能量。但不管采取何种方法，都必须使配料混炼均匀，否则将影响药剂在膜中的分散性。

② 吹塑成膜　这一过程包括升温、加料、提料、喂料以及吹胀等。首先，将挤出机各段升温。具体工艺条件要求是，加料段150~160℃；压缩段170~180℃；挤出段175~190℃；机颈及机头180~185℃。挤出机保温处理毕，即向其料斗中加入已制备好的配料，然后启动挤出机电机。需要注意的是，操作时先开低速，其后根据进料情况再调整转速。将挤出熔融物料前段封闭，由压缩空气管通入空气，形成管状膜泡，再将其缓缓提起，通过人字板喂入夹辊牵引成膜，最后经导辊送入卷取装置。管状膜泡送入夹辊以后，用压缩空气将膜泡继续吹胀，达到要求宽度后，以定量的空气在膜泡中稳压运转。

③ 卷筒计量　待膜的宽窄、薄厚调整合格后，再将其卷在成品卷上，其质量按卷重要求成卷，此即为成品。

2. 含阳光屏蔽剂的除草地膜加工方法

含阳光屏蔽剂的除草地膜是在基础树脂中加入一定比例的有色母粒和助剂，经吹塑而成的一种除草地膜。在这类地膜中，以黑色地膜最为常见。其加工流程见图3-18。

图3-18　黑色母料加工流程

在黑色地膜中，聚乙烯混合料占85%~90%，黑色母料占10%~15%。生产工艺过程与双面含药单层除草地膜的过程基本一样。生产黑色微膜，由于炭黑的加入，吹膜难度大为增加，对微膜强度、破膜次数、着色均匀性都有很大影响。为解决这些问题，在吹塑前增加色母料制造工艺。此即黑色地膜与双面含药单层除草地膜在生产加工中的区别。色母料系将专用炭黑与适量的助剂预先混合好，再与基料按一定比例在双螺杆挤出机中进行充分混炼、挤出、切粒而制得黑色母料。

三、除草地膜的质量控制 ■■■■

（1）产品规格　除草地膜产品规格允许误差、外观、物理力学性能测定，分别按 SG 369、GB 1039、GB 1040、HG 2-167 的有关规定和测定方法进行。

（2）膜中除草剂含量的测定　在试料膜中按不同部位随机取样不少于 10 块，每块 7～10g，将其剪成碎片（约 3mm×3mm）混匀，称取其中片 30g（精确到 0.1g），放入事先缝好的纱布袋中（共取两袋封好口）待萃取。将纱布袋（两只分别试验）放入 500mL 平底烧瓶中，再加入 200mL 石油醚，放置冷凝器，在 76～82℃下回流 12h，倾出萃取液，上述操作重复三次，后两次加石油醚为 150mL，三次萃取液并入三口烧瓶中。将上述三口瓶上置冷凝器，加热至无馏分馏出时止。即得到两组样品的浓缩物，再按一定标准进行色谱分析。

（3）热贮稳定性　取 30g 除草地膜，在（54±2）℃的烘箱中，贮放 2 周，其平均分解率要小于农药剂型分解率的要求。

第九节　饵剂

饵剂（bait，RG）又称毒饵（RB），不同文献定义有所差异，刘步林在《农药剂型加工技术》第二版将其定义为：引诱目标害物取食而设计的制剂；朱成璞在《卫生杀虫药械应用指南》中定义为：将杀虫有效成分加入卫生害虫喜食的饵料中，引诱害虫进食以杀灭的剂型，固体称为毒饵，液体称为毒液。

综合上述，狭义的饵剂是指针对目标害物的取食习性而设计的，将胃毒剂与目标害物喜食的饵料混合经加工而成，通过引诱目标害物取食以杀灭目标害物的制剂，一般由饵料、胃毒剂和添加剂组成。而广义的饵剂是指针对目标害物的某种习性而设计的，通过引诱目标害物前来取食或发生其他行为而致死或干扰行为或抑制生长发育等，从而达到预防、消灭或控制目标害物的目的的一种剂型。

饵剂中的"原药"与农药基本概念中原药的含义不同，这里的"原药"可能是原粉或原油，也可能是加工好的制剂。饵剂一般可以直接使用，若需经过稀释作为诱饵的固体或固体制剂称为浓诱饵。

以饵剂进行诱杀有害生物的方法称为毒饵法。毒饵法适用于诱杀具有迁移活动能力的有害动物，在生产生活中常用于防治害鼠、卫生害虫（如蟑螂、家蝇、蚂蚁、蚊子）及地下害虫（如蝼蛄、蟋蟀、地老虎），也可以用来防治蝗虫、棉铃虫、金龟子、天牛、实蝇、蟓、蜗牛、蛞蝓、蝙蝠、害鸟、臭虫等。由于这些有害生物在危害过程中的迁移活动能力较强，采用喷雾、喷粉等定点施药的方法进行防治时效果不理想，以毒饵进行诱杀是最好的防治方法。近年来随着毒饵剂型研发的投入，国际上对饵剂的配制，尤其对引诱剂和增效剂，开展了大量的研究工作，以及结合各地毒饵站的建立，饵剂在对害物的防治中应用越来越广泛。

一、饵剂的分类

饵剂种类繁多，为了便于认识、研究和使用，通常可以根据饵剂的形态、形状、防治对象、作用方式、原料来源和加工配制方法等进行分类。

按照形态，可以将饵剂分为固体饵剂、液体饵剂和混合体饵剂。

按照形状，固体饵剂可分为屑状饵剂、粒状饵剂、片状饵剂、块状饵剂、条状饵剂、丸状饵剂和粉状饵剂等；混合体饵剂又可分为膏状饵剂和糊状饵剂。

按照防治对象，可以将饵剂分为灭虫饵剂（灭卫生害虫饵剂和灭地下害虫饵剂）、灭鼠饵剂、灭软体动物饵剂和灭其他有害动物饵剂。

按照作用机制，可以将其分为杀灭饵剂、生长调节饵剂和不育饵剂。

按饵剂原药的原料来源及成分，又可以分为无机饵剂和有机饵剂。而有机饵剂通常又可以根据其来源及性质分为化学合成饵剂、植物源饵剂、动物源饵剂和微生物源饵剂。

按饵剂的加工配制方法，可以将其分为商品饵剂和现配现用饵剂。

二、饵剂的特点

饵剂是针对目标害物的取食习性而设计的，它将原药与目标害物喜食的饵料混合经加工而成，通过引诱目标害物取食以达到防治害物的目的，加上饵剂特有的施药方法，形成了农药饵剂自身的许多优良性能，其突出特点主要表现在以下几个方面。

（1）使用方便，施药者容易掌握。与其他农药剂型相比，饵剂的使用技术更加简单，主要采取抛撒、散布或分放的方法。例如，防治农田地下害虫时，播种期间可将饵剂撒在播种沟里或随种播下，幼苗期则可将饵剂撒施在幼苗基部。

（2）成本低，对环境污染小。饵剂作为一种特殊剂型与其他农药剂型有很大区别，其有效成分含量往往较低，组成成分中主要以饵料为主，可以手工成批配制。在配制过程中饵料除用害物喜食的食物外还可以采用新鲜水草或野菜，这样不仅可以节约粮食，而且对许多草食性害物的灭效可以超过粮食作饵料配制的饵剂。

（3）对害物防治效率高。配制饵剂剂型过程中所使用的饵料均是根据不同害物的喜食习性进行选择物料的，个别种类还针对害物添加了引诱剂，而且饵剂在加工过程中，根据使用方式的不同，可加工成粒状饵剂、蜡状饵剂、鲜料毒饵、毒粉等剂型进行使用。从而使得饵剂在对害物的防治过程中防效明显提高。

（4）性能优越，持效时间长。饵剂在加工过程中，其原药与饵料完全混合均匀，尤其在其普通加工基础上改进的胶饵，对原药有着良好的固有特性，即使在表面层失去水分后也能形成一种特殊的保护膜防止内部水分散失，使饵料能保持水分长达数月，这保证了饵料长期优良的适口性和杀灭效果。

三、饵剂的组成

1. 载体

指目标害物喜食的饵料，饵料也被称为基饵，在饵剂组分中一般都占据了最大的质量百分比。载体作为诱饵，大多数饵料本身可以散发出一定的化学物质，从而引诱害物前来取食，但饵料应与引诱剂区分开来，不应被列为引诱剂的范畴。一般来说，凡是害物喜欢取食的食物均可以作为饵料。如防治家鼠的饵剂可选择家鼠喜食的粮食、油料、植物种子、茎叶、蔬菜、瓜果、新鲜杂草或干草等作载体；防治家蝇的饵剂可用糖、果、饭菜、鱼、牛奶、奶粉、鱼粉、肉、肉松、淀粉、面粉等作载体；蟑螂喜食含糖和淀粉的食物，可用米饭、米糠、面包、豆粉、土豆、红糖等食品和各种动植物油作载体。在前苏联，毒杀蝗虫和螽斯亚目的毒饵采用油饼粉、麸子、棉油粕、掺有麦秆的马粪或骆驼粪、谷壳、稻壳、锯末等作为饵料；毒杀棉铃虫幼虫和夜蛾的毒饵，以油饼粉作为饵料；毒杀地老虎幼虫的毒饵，以甜菜渣、甜菜、马铃薯等作饵料；毒杀蝼蛄的毒饵以玉米粒或小麦粒作饵料。

2. 原药

作为饵剂组成部分的原药大多都是胃毒剂，原药可能是通常所说的原粉或原油，也可能是加工好的制剂。原药要根据防治对象来选定。饵剂原药的品种复杂多样，但根据防治对象可以概括为杀虫剂、杀软体动物剂和杀鼠剂三大类。

3. 添加剂

添加剂是饵剂制剂加工或使用过程中添加的辅助物质，主要用于改善饵剂的理化性质，增加饵剂的引诱力，提高饵剂的警戒作用和安全感。添加剂主要包括引诱剂、黏合剂、增效剂、防霉剂、防虫剂、脱模剂、缓释剂、稀释剂、警戒剂和安全添加剂等。大多数添加剂本身基本不具有相同于有效成分的生物活性，但是能影响防治效果。也有的添加剂本身就具有生物活性，比如某些增效剂本身就具有杀灭效果，但又能作为其他药剂的增效剂。

（1）引诱剂　指赋予毒物对害物产生引诱力的物质。例如，在研制防治害鼠的饵剂时，可选用巧克力、各种香料、香精和油类等作引诱剂；矿物油能增强含有抗凝血剂类杀鼠剂饵剂的香气；麦芽糖浓度为 2%～3% 时，能改进鼠类对各种饵剂的喜食性；正烷基乙二醇可作为鼠类的引诱剂。

制备饵剂时，应根据不同的防治对象选择不同的引诱剂。引诱剂在配方中的用量要适度，用量低时对害物的引诱作用不理想，过高时有时会出现驱避作用。嗅觉引诱剂的使用必须注意所用饵剂的适口性良好，这样，用引诱剂将害物引来后，才能提高消耗量。但在某些条件下，嗅觉引诱剂可以转化为强烈的拒食信号。反复使用同种诱饵，尤其是短期内连用，会加强拒食性，使灭效迅速下降。

（2）黏合剂　指具有良好的黏结性能，能将两种相同或不同的固体材料连接在一起的物质，又称黏着剂。黏合剂的种类很多，分亲水性和疏水性两种。亲水性黏合剂常见的有植物性淀粉、糖、胶、羧甲基纤维素、硅酸钠、聚乙烯醇、明胶、阿拉伯胶等；疏水性黏合剂常见的有石蜡、硬脂酸、牛脂等。配制饵剂时可以根据实际情况选择。当选用含水的黏着剂配制完饵剂后，应及时投放或必须晾干、烤干，否则容易发霉变质。

（3）增效剂　增效剂通常本身无生物活性，但能抑制生物体内的解毒酶，与胃毒剂混用时，能大幅度提高饵剂的毒力和防效。常用品种有芝麻灵、胡椒碱、增效酯、增效醚、增效环、增效特、增效散、增效醛、增效胺、丁氧硫氰醚、羧酸硫氰酯、杀那特、二硫氰甲基烷、三苯磷、八氯二丙醚、三丁磷、增效磷、芝麻素、蒎烯乙二醇醚、增效丁等。配制饵剂时，应根据不同毒物、不同防治对象，合理选用增效剂。

（4）防霉剂　在下水道、阴沟或其他潮湿场所投下饵剂后易发霉、变质，适口性下降，用于野外投放的饵剂在多雨季节也会遇到同样的问题。发霉往往是因为饵料存在而引起的。为防止饵剂由于微生物引起霉变，害物适口性降低，需加入少量防霉剂。作为饵剂防腐剂的种类很少，常用的防霉剂主要有硫酸钠、苯甲酸、山梨酸、硝基苯酚、三氯苯基醋酸盐、丙酸、丙酯、脱氢醋酸及某些食品防腐剂等。

（5）防虫剂　指饵剂为了防止生虫变质而加入的杀虫剂。饵料不但容易霉变，长期贮存和运输还会被贮藏害虫取食为害，造成饵剂变质，影响饵剂灭效。因此也常在饵剂中加入杀虫剂作防虫剂。防虫剂可根据饵料本身的贮藏害虫种类来进行选择，一般选择无怪味的广谱杀虫剂。

（6）脱模剂　脱模剂的作用是保证饵剂制作过程中饵剂不与模具粘在一起，并使产品外表光滑，比如滑石粉。

（7）稀释剂　对于毒力大、浓度低的药物，直接配制饵剂不易均匀。应先在原药内加适量稀释剂研细拌匀，再配制饵剂。若药物颗粒较粗，需要研磨，而研磨时又易结块，亦应加稀释剂后再研磨成细粉末。至于原药的稀释倍数，应视药物的性质和黏着剂的种类而定，一般在稀释后的用量不超过诱饵质量的5%。对于亲脂性的药剂，若用植物油作黏着剂时，就不必稀释。常用稀释剂有滑石粉、淀粉等。

（8）警戒剂　为防止人、畜、家禽误食中毒，常在饵剂中加入有害生物不拒食而能引起人们特别注意的颜色物质，即警戒剂，以提高其警戒作用。警戒剂的选择标准以着色明显、能起警戒作用、不影响饵剂适口性和廉价易得为原则。警戒色可以把饵剂和其他无毒食物明显区分开，使用后剩余的饵剂可以统一收集进行处理。警戒剂选择时最好选择适口性好、易溶于水、醒目、使用方便、对饵剂没有不利影响的染料。

（9）安全剂　为避免饵剂偶然被非靶标动物吃下，加工时可在饵剂里掺入能使害物不呕吐但又能使非靶标动物呕吐的催吐剂作为安全剂。鼠类没有呕吐中枢，食入没有反应，而非靶动物误食后呕吐，不至于中毒。吐酒石是通常使用的催吐剂。例如，为了减少人畜中毒的可能性，在杀鼠剂中加入人畜嗅觉和味觉不喜爱、鼠类却察觉不出来的苦味剂-Bitrex。

此外，在进行饵剂研制时，还可在饵剂中添加除水剂和矫味剂等以增强饵剂的适口性。

四、饵剂的加工方法

饵剂的加工方法比较复杂，而且很不规范，目前大多为人工制造。饵剂配制加工的方法有两类：一类为经过工厂加工的定形商品，可以长期贮藏和远距离运输，需要严格按照产品的技术标准，通过专门的设备进行生产；另一类为根据需要现配现用，大都不需要专用设备，技术标准也不规范。

1. 商品饵剂的加工工艺

商品饵剂的加工主要分为两个部分，首先将原药加工成易于配制的相应剂型，再以水或其他溶剂将原药制剂或粉剂等与饵料、引诱剂、警戒剂等混合成型，制成定形的商品饵剂。规范的饵剂加工，通常必须具备一定的加工设备，常见的加工设备有混合设备、粉碎机械、造粒机、压片机、干燥器、包装机械等。

商品饵剂的加工工艺大体上分为浸泡吸附法、滚动包衣法和捏合成型法。

（1）浸泡吸附法　用水或有机溶剂将原药溶解，加入警戒剂，将具有一定几何尺寸的饵料与原药溶液混合，浸泡一定时间，晾干（或干燥）即成，工艺流程如图 3-19 所示。

图 3-19　浸泡吸附法生产饵剂工艺流程

（2）滚动包衣法　将原药（通常是原粉或粉剂）加适量淀粉或面粉混合均匀，将具有一定几何尺寸（通常是颗粒）的饵料与黏合剂混合均匀，而后将原药与淀粉混拌均匀，经干燥后得成品，工艺流程如图 3-20 所示。

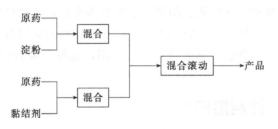

图 3-20　滚动包衣法生产饵剂工艺流程

（3）捏合成型法　将原药粉碎至一定细度，加入适量具有一定细度所筛选的饵剂（淀粉或面粉）混合均匀，然后再加入适量水和少量黏结剂，捏合成型，经干燥后得成品，工艺流程如图 3-21 所示。

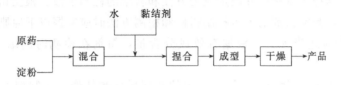

图 3-21　捏合成型法生产饵剂工艺流程

2. 现配现用饵剂的配制方法

现配现用的饵剂，药剂事先加工成相应母药，使用时根据需要选择合适的饵料进行现场配制。对于不宜久存的饵料，一般采用现配现用的方法。这种方法大都不需要专用设备，技术标准也不规范，配制操作过程也比较粗放。相反，由于现配饵剂的饵料新鲜，适口性往往比商品饵剂好，害物更喜爱取食，因而正确使用的情况下防治效果也可能会比商品饵剂更好。

现配现用饵剂的配制主要根据药剂的理化性质和诱饵的形状、大小来选择。常用的配制方法有黏附法、浸泡法、湿润法和混合法 4 种。

（1）黏附法配制　适用于药剂不溶于水、饵料为粮食或其他颗粒或块状物的饵剂配制。对于表面干燥的饵料，配制时需加黏结剂。

（2）浸泡法配制　可溶于水的药剂用浸泡法配制较好。这种方法不用黏着剂，但一定要掌握好饵剂的浓度。

（3）湿润法配制　适用于水溶性的药剂。与浸泡法相比，湿润法更方便。

浸泡法和湿润法适用于水溶性药剂，耐热的药物可以冷浸，也可以热煮，不耐热的药物只能冷浸。常温下溶解度不大，但能溶于热水且热稳定的药剂可以先用热水或沸水溶解，再浸泡或热煮诱饵制成饵剂。

（4）混合法配制　混合法配制饵剂时不需加黏结剂，本法配成的饵剂，原药均匀分布在诱饵中，不会脱落，适合于接受性较差的药剂，尤其适用于粉末状诱饵与各种药剂。若用块状食物如甘薯、胡萝卜、瓜果等作饵料，也可以采用混合法，可直接均匀加入药剂，搅拌均匀即制成饵剂，以新鲜饵料配制的饵剂不能久存，应尽快用完。面粉与药剂充分混合制成颗粒即可使用，也可干燥后贮存备用，勿发霉，以免影响防治效果。

五、饵剂的质量控制指标

饵剂作为一种特殊剂型与其他农药剂型有很大区别。首先，其有效成分含量较低，进行含量分析时需取较大量样品；其次，由于加工方法的随意性较大，很难有统一规范的物理机械指标供检测使用，特别是载体没有严格的规范，所以很难有统一的标准，如粒度、稳定性、水溶性、分散性等。但对饵剂进行质量控制时，需根据实际情况来掌握质量指标并制定较为方便和科学的检测手段。根据饵剂的加工方法和防治对象，制定饵剂的质量控制指标和检测方法时应掌握以下原则。

① 取样量应适当加大，根据有效成分含量，饵剂在检测时的取样应在 10～100g 间。

② 对于固体颗粒制剂，应保证一定的几何尺寸和外形，使制剂的几何分布有一定的合理性和规范性。例如，饵剂粒度应保证在某一范围内的样品量占总取样量的 85％～95％。

③ 对于粉状饵剂，应保证细度均匀，不结块，85％～95％饵剂样品能通过一定目数筛网。

④ 对于液体饵剂，应保证无明显悬浮物，无机械杂质，贮存一定时间内不发生分层现象。

⑤ 样品的酸碱度适当，以保证有效成分在使用期间的含量不发生变化。

⑥ 稳定性，样品中有效成分含量应保证在一定时间内对防治对象有效。

⑦ 饵剂颜色，应保证与一般粮食等有明显区分。

六、饵剂的加工实例

1. 杀鼠剂-溴敌隆饵剂的制备

杀鼠饵剂多为固体制剂，一般以粮食、瓜果、蔬菜等为饵料，多采用浸泡、吸附、黏附、捏合等方法制成。

原药规格：0.5％粉剂，0.5％液剂；饵剂规格：0.005％～0.01％饵剂。

① 0.005％溴敌隆饵剂配方　溴敌隆液剂（0.5％）1 份、溶剂 100 份、饵料 100 份、安全剂微量。

加工方法：将溴敌隆液剂用溶剂稀释，然后将小麦、大米、玉米等饵料投入稀释液中，拌匀，晾干即可。

② 糖衣溴敌隆饵剂配方　溴敌隆液剂（0.5%）1kg、新鲜大米100kg、食用白糖3kg、热水5kg、红色色素50g。

加工方法：取3kg食用白糖溶入热水中，加入1kg溴敌隆母液，充分溶解后，放入50g红色色素待用。将100kg大米及配制好的药液均匀放入糖衣锅内，开动搅拌机，充分混合10～15min，待糖及药液完全黏附到大米表面，形成均匀的糖衣膜后，将其放到平整干净的水泥地面，均匀摊开，在日光及自然风的作用下，使水分自然挥发，直至完全干燥。放置阴凉干燥处保存即可。

2. 防治卫生害虫饵剂的制备

（1）敌百虫灭蝇饵剂

原药规格：90%敌百虫晶体；饵剂成分含量：0.1%～0.5%敌百虫灭蝇饵剂。

0.1%～0.5%敌百虫灭蝇饵剂配方：敌百虫原药0.5份、面包渣适量、白糖5份、水90份。

加工方法：将敌百虫、糖、水混合制成毒液，倒入装有面包渣（米饭粒、麸皮、玉米粒）的浅盘内，让固体物稍露出液面，毒液浸透诱饵，放在家蝇活动处以杀灭家蝇。

（2）含引诱剂的防蟑螂饵剂　稻草粉6g、洋葱汁15g、硼酸15g、面粉13g、牛奶12g、白糖1g。

加工方法：将洋葱约35g压榨后取15g洋葱汁液用作引诱剂，与研磨好的6g稻草粉混合，再与硼酸15g、面粉13g、白糖1g、牛奶12g捏制成型，经干燥后即得杀蟑螂饵剂。

参 考 文 献

[1]　蔡贵忠．农药新剂型——泡腾片剂．福建化工，2000，（02）：6-11.
[2]　戴权．固体制剂研发思路及策略．安徽化工，2012，（04）：4-6.
[3]　戴权．烟剂发展新思路．安徽化工，2003，03：37-38.
[4]　党蕊叶，权清转，吴晓民，等．溴敌隆蜡膜毒饵的制备及效果试验．陕西师范大学学报：自然科学版，2007，（S1）：24-26.
[5]　董天义，阎丙申．抗凝血灭鼠剂石蜡毒饵的研制及应用．医学动物防制，2002，（04）：199-202.
[6]　董蕃飞．15%苯噻·苄泡腾片剂的研制与生物测定．长春：吉林农业大学，2006.
[7]　冯纪年．草原鼠虫害及其防治．杨凌：西北农林科技大学出版社，2006
[8]　冯建国，张小军，于迟，等．我国农药剂型加工的应用研究概况．中国农业大学学报，2013，18（2）：220-226.
[9]　郭晓敏．戊二醛泡腾片的研制．乌鲁木齐：新疆医科大学，2008.

[10] 海文. 农药水分散粒剂的市场发展. 精细化工原料及中间体, 2010, (8)：25, 30.

[11] 韩玉莉. 农药水分散粒剂登记开发情况综述. 中国农药, 2013, 9 (8)：34-38.

[12] 黄建荣. 现代农药剂型加工新技术与质量控制实务全书. 北京：北京科大电子出版社, 2004.

[13] 黄颂禹, 张晓祖, 沈品辉. 除草地膜的应用效果与展望. 杂草科学, 1992, 01：31.

[14] 简勇. 新型蟑螂防治乳油及诱杀毒饵的研制. 武汉：华中农业大学, 2007.

[15] 金劲松. 吡虫啉泡腾片配方筛选及工艺条件的研究. 安徽农业科学, 2004, (05)：908-909.

[16] 李国兴, 赵建明. 白蚁防治饵剂的研究进展. 中华卫生杀虫药械, 2012, (01)：70-72.

[17] 李舣, 李晓刚, 喻湘林, 等. 32.5%苯醚甲环唑·嘧菌酯泡腾片的制备. 广州化工, 2013, (11)：136-137, 200.

[18] 梁铁麟, 何上虹. 蜚蠊毒饵的应用和发展. 中国媒介生物学及控制杂志, 2009, (05)：392-393.

[19] 梁铁麟, 何上虹. 蟑螂毒饵的应用和发展. 中华卫生杀虫药械, 2009, (05)：432.

[20] 凌世海. 固体制剂. 第3版. 北京：化学工业出版社, 2003.

[21] 刘步林. 农药剂型加工技术. 北京：化学工业出版社, 1998.

[22] 刘刚. 我国目前批准登记的烟剂产品. 农药市场信息, 2007, 05：36-38.

[23] 刘广文. 现代农药剂型加工技术. 北京：化学工业出版社, 2013

[24] 刘云修. 饵剂罐灭鼠法与地面直接布毒饵法灭鼠效果与经济效益分析. 预防医学文献信息, 2004, (01)：29-30.

[25] 罗延红, 段苓, 张兴. 除虫脲泡腾片剂制备中的影响因素及质量检测. 农药, 2001, (11)：9-11.

[26] 罗延红, 廉秀娟, 李引乾等. 泡腾片研究进展. 西北药学杂志, 2001, (01)：39-40.

[27] 钱保元, 张洪元. 毒饵除鼠剂及其安全使用. 口岸卫生控制, 2001, (04)：24 25.

[28] 冉会来, 张俊玲. 蚂蚁毒饵登记和施药技巧剖析. 中华卫生杀虫药械, 2013, (05)：462-464.

[29] 沈晋良. 农药加工与管理. 北京：中国农业出版社. 2002

[30] 石得中. 中国农药大辞典. 北京：化学工业出版社. 2008.

[31] 石翔云, 徐之明, 马玉民, 等. 蚁蟑宁毒饵的研制与药效试验观察. 中国媒介生物学及控制杂志, 1999, (01)：44-46.

[32] 孙晨熹. 灭蝇毒饵及其辅剂的研究进展. 医学动物防制, 2002, (07)：366-367.

[33] 孙锦程, 郝蕙玲, 林永丽. 可溶性农药泡腾剂的制备工艺研究. 中华卫生杀虫药械, 2010, (01)：34-36.

[34] 孙锦程, 郝蕙玲. 农药泡腾剂的研究与开发. 中华卫生杀虫药械, 2009, (05)：351-354.

[35] 屠豫钦, 李秉礼. 农药应用工艺学导论. 北京：化学工业出版社, 2006.

[36] 屠豫钦. 农药剂型与制剂及使用方法. 北京：金盾出版社. 2007.

[37] 王世娟, 李璟. 农药生产技术. 北京：化学工业出版社, 2008.

[38] 王彦华, 王鸣华, 张久双. 农药剂型发展概况. 农药, 2007, 46 (5)：300-304.

[39] 吴学民, 徐妍. 水分散粒剂理论与配方研究. 中国农药, 2010, (4)：7-13.

[40] 夏建波, 杨长举, 黄敞良, 等. 水分散粒剂中助剂的性能及发展分析. 现代农药, 2008, 7 (3)：1-3.

[41] 肖明山. 毒饵法防治红火蚁的研究. 长沙：湖南农业大学, 2007.

[42] 邢小霞, 才秀华, 董向丽. 新型软体动物毒饵研制初探. 安徽农业科学, 2009, (16)：7548-7549, 7561.

[43] 徐汉虹. 植物化学保护学. 第4版. 北京：中国农业出版社, 2007

[44] 杨华, 彭大勇. 10%啶·噻泡腾片剂的研制与测定. 江西农业学报, 2013, (07)：63-65.

[45] 杨淑娴, 唐慧敏, 徐成辰, 等. 0.1%氟虫腈饵剂的高效液相色谱分析. 现代农药, 2010, (05)：

35-37.

[46] 杨学军，韩崇选，王明春，等．灭鼠毒饵引诱剂的筛选．西北林学院学报，2003，(04)：92-95.

[47] 杨再学，金星，邵昌余，等．不同毒饵饵料毒杀鼠类试验研究．山地农业生物学报，2001，(03)：180-185.

[48] 姚浩然．烟剂（Smoke Generator）加工配制研究．农药工业，1979，01：29-34.

[49] 姚志牛，蒋洪．灭蟑饵剂研究进展．中华卫生杀虫药械，2011，(03)：231-233.

[50] 袁会珠．农药使用技术指南．北京：化学工业出版社．2004.

[51] 张瑾．盐酸土霉素泡腾片的制备及其药效学研究．杨凌：西北农林科技大学，2010.

[52] 张美文，李波，王勇．杀鼠剂的混配和混用．植物保护，2002，(01)：42-45.

[53] 赵伟，于清洁，刘娟，等．糖衣法配制的溴敌隆毒饵灭鼠效果观察．中国媒介生物学及控制杂志，2004，(06)：491.

[54] 赵荧彤．棚室如何正确使用烟剂农药．北京农业，2014，06：96.

[55] 钟平生，郭国汉，詹玉海．0.05％氟虫腈杀蚁饵剂对红火蚁的传毒活性测定．生物灾害科学，2012，(01)：58-60，65.

[56] 朱成璞．卫生杀虫药械应用指南．上海：上海交通大学出版社，1989.

[57] 朱锷霆，张国梁．高效安全型灭鼠毒饵的研究．粮食储藏，1996，(03)：22-24.

第四章 液体制剂

液体制剂包括乳油、微乳剂、水乳剂、可溶性液剂、悬浮剂、超低容量喷雾剂、热雾剂等。这类剂型的物理状态为液态，一般是以有机溶剂或水为液态介质，与农药有效成分和其他助剂一起，加工成的液体制剂。较早出现的液体制剂是乳油，由于使用环境不友好的芳烃溶剂，使得该剂型使用越来越受到限制；随之出现的水基化制剂，如微乳剂、水乳剂、悬浮剂等剂型，不使用或较少使用有机溶剂，符合环境保护要求而受到各国青睐。下面对常见的液体制剂进行介绍。

第一节 乳油

乳油（emulsifiable concentrate，EC）是农药的基本剂型之一。它是由农药原药（原油或原粉）按一定比例溶解在有机溶剂中，再加入一定量的农药专用乳化剂，制成的均相透明油状液体，和水能形成相对稳定的乳状液，这种油状液体称为乳油。乳油是在早期使用油乳剂（矿物油和植物油）基础上，将现配现用改为预先配制、贮存备用而发展起来的一种剂型。

一、乳油的发展

自瑞士科学家米勒发现滴滴涕（DDT）的杀虫活性并在农业上使用后，农药乳油剂型至今已有近七十余年的历史，因其具有活性好、易加工、成本低等优点，迅速发展成为农药的重要剂型。早期滴滴涕用肥皂或硫酸化（或磺化）蓖麻油作乳化剂。配成的乳油黏度很大，流动性能差，乳化分散性能不好，乳化剂的用量也很大。一般配制 25％滴滴涕乳油，乳化剂的用量高达 30％以上。这种乳化剂由于水分含量很高因而不适合配制有机磷农药乳油。20 世纪 40 年代中期，醚型非离子表面活性剂开始用于配制农药乳油。到 1954 年，醚型非离子表面活性剂如烷基酚聚氧乙烯醚、苄基联苯酚聚氧乙烯醚等，在农药乳化剂中已占有主要地位，进一步改善和提高了农药乳油的质量，但仍然存在乳化剂用量较大、自动乳化分散性差等缺点。1955 年在农药乳化剂中出现了油性的十二烷基苯磺酸钙与非离子表面活性剂相互搭配的混合型农用乳化剂，从而使农药乳油进入了一个新的发展阶段。这种混合型乳化剂不但用量明显减少，而且具有良好的自动乳化分散性能，适应范围广泛，可用于配制各种农药乳油，也使乳油真正成为农药的重要剂型。

我国在 20 世纪 60 年代以前，也使用硫酸化蓖麻油配制 25％滴滴涕乳油。20 世纪 60 年代初期开始研制开发各种新型农药乳化剂及其应用技术，20 世纪 70 年代已形成相当的生产规模，并解决和掌握了乳化剂的应用技术和乳油的配方技术，到 20 世纪 80 年代在农用乳化剂的品种和产量上已基本上能满足各种农药品种配制乳油的需要。

1963 年以前，即六六六、滴滴涕之前，我国农药乳油的产量约占农药制剂总产量的 10％。六六六、滴滴涕停产以后，有机磷农药曾一度成为我国农药杀虫剂的主体，乳油的产量急剧增加，1987 年统计乳油占农药制剂总产量的 25.8％，其中有机磷农药约占乳油产量的 80％以上。后来，新合成的拟除虫菊酯类农药品种和各种混配农药制剂也都加工成乳油使用。使得乳油产量占农药制剂总产量的 20％以上，销售额约占 50％以上，到 2000 年达到高峰，有数据统计国内该制剂的产量曾占整个杀虫剂产量的 70％左右，占整个剂型的 40％左右。

随着乳油中大量使用污染性强的甲苯、二甲苯溶剂，以及一些污染强的乳化剂，乳油这种产品对环境的负面影响逐渐显现出来。这些溶剂具有闪点低、易燃易爆及对人和环境有危害等缺点，在农药使用过程中全部进入环境，不仅会造成严重的环境污染，而且损害人体健康，导致生物慢性中毒等。随着人民群众生活质量的提高，对环境质量和食品安全提出了更新更高的要求，限制或禁止使用该剂型提到议事日程。1987 年，二甲苯已被美国国家环保局（USEPA）确定为有毒物质，1992 年美国政府出台了禁用甲苯、二甲苯等有机溶剂用于农药制剂的规定；此后，欧洲国家相继出台了类似的规定；2002 年菲律宾政府发布不允许使用甲苯和二甲苯配制乳油农药的规定；2006 年 2 月我国台湾地区农业委员会对二甲苯、苯胺、苯、四氯化碳、三氯乙烯等农药产品中使用的 38 种有机溶剂进行了限量管理。

我国对乳油这种剂型的登记也开始采取了一些限制性的措施，在 2009 年 2 月 13 日，工业和信息化部颁布了中华人民共和国工业和信息化部［2009］第 29 号公告，自 2009 年 8 月 1 日起不再颁发农药乳油产品批准证书。主要有以下三点内容：①针对新申报的乳油产品"不再颁发农药乳油产品批准证书"，暂不包括换发农药生产批准证书的乳油产品；②正在农业部农药检定所办理农药登记手续的乳油产品，仍可申报农药生产批准证书，符合条件的，在 2009 年 8 月 1 日前可以颁发农药生产批准证书；③对于农业用药需要且只能配制成乳油剂型的农药原药，在相关科学实验的基础上，工业和信息化部将会同其他农药管理部门协商解决办法。

　　针对乳油遇到的问题，农药工作者选择对环境友好、生物降解性好的绿色表面活性剂和溶剂应用于农药乳油产品生产。如多元醇酯类（尤其是醇类的磷酸化三酯类）、醚类、酮类、水不溶的类醇、聚乙二醇类和植物油类代替石油基溶剂。国外公司采用结构完全不同于二甲苯的有机物作为乳油的溶剂，如吡咯烷酮和丁内酯系列，它们已被美国环保局获准用以代替二甲苯等有害溶剂。近年我国使用菜籽油、棉籽油、松节油、大豆油等植物油作溶剂也取得良好效果。

二、乳油的分类

1. 按乳油入水后形成的乳状液分类

　　乳油可分为两种类型，即水包油（O/W）型和油包水（W/O）型，两种类型乳油的区别主要取决于所选用的乳化剂，水包油型一般选用亲水性较强的乳化剂，而油包水型选用亲油性较强的乳化剂。常见的绝大多数农药乳油都属于水包油型乳油，加水形成的乳状液为水包油型乳状液。但两者在一定条件下可以相互转变，当乳油在搅拌下加水时，水开始以微小的粒子分散在油中，成为油包水（W/O）型乳状液，继续加水到一定程度后，乳状液变稠，随着水量的增加黏度急剧下降，转相为水包油（O/W）型乳状液。

2. 按乳油注入水中的物理状态分类

　　按乳油注入水中的物理状态，可分以下两种类型。

　　（1）可溶性乳油　可溶化性乳油常见于多种有机磷农药乳油，当乳油加入水中后，有效成分自动分散，迅速溶于水中（溶解所需的时间越短，则分散性越好，一般在10min以内，以3～5min内即全部溶解为好），形成灰白色或淡蓝色云雾状分散，搅拌后呈透明胶体溶液。在这种情况下，有效成分呈分子状态溶于水中，乳油微粒的直径在$0.1\mu m$以下。这种乳浊液的稳定性和对受药表面的湿润与展着性都很好。

　　（2）乳化性乳油　此乳油加到水中后成乳状液。乳化性乳油加入水中，其有效成分主要存在于油珠内，乳状液的稳定性一般较差。大致可分为以下三种情况：①稀释后乳液外观有蛋白光，摇动后有附在玻璃壁上的现象，呈淡蓝色。油球直径一般在$0.1～1\mu m$之间，这种乳油一般稳定性好。②稀释后像牛奶一样的乳浊液，油珠直径在$1～10\mu m$之间，乳液稳定性一般是合格的，但有些要经过测定才能确定是否合格。③有的乳油加入水中后，呈粗乳状分散体系，油珠直径一般大于$10\mu m$，乳浊液易浮油或沉淀，这种乳液使用时易发生药害或药效不好。

三、乳油的特点 ▪▪▪▪

（1）乳油对原药有较宽的适应性。农药原药包括固体和液体农药在内，多数都难溶或不溶于水，但易溶于二甲苯等有机溶剂中。相当一部分原药，特别是有机磷遇水容易分解或在水中不稳定，但在有机溶剂中都常常是稳定的。

（2）乳油是真溶液，是透明的均相的油状液体，一般都具有良好的化学和物理稳定性，在常温密闭条件下，很长时期贮存也不易发生分解、浑浊、分层、沉淀等现象，低温又不易结冻，即乳油具有极佳的贮藏性能。

（3）乳油一般能制成较高含量，并且在施用时，直接对水稀释，使用较方便。

（4）乳油经稀释后喷施在靶标上，药液能很好地黏附、展着在作物体表面或病虫草体上，不易被雨水冲刷流失，故持效期长。且药剂容易浸透至植物表皮内部，或渗透至病菌、害虫体内，大大增强了药剂的防效，即乳油的生物活性一般优于其他剂型。

（5）乳油加工十分容易，无需特殊的设备和专门的机械，配制技术也比较容易掌握。

（6）乳油特别适合于农药的复配，农药复配是农药剂型加工的重要内容，通过复配可以显著改善农药的性能，如扩大应用范围，降低毒性，延缓抗性，提高防治效果等。

四、乳油的组成 ▪▪▪▪

乳油主要是由农药原药、溶剂和乳化剂组成。某些乳油中还需要加入适当的助溶剂、稳定剂和增效剂等其他助剂。有效成分是主体，其他成分应当根据农药的品种、理化性质和使用技术进行合理选择，以保证乳油制剂的加工质量。

1. 农药原药

在常温下是固体的称为原粉，如毒死蜱原粉；在常温下是液体的，则称为原油，如氟氯氰菊酯原油。原药是乳油中有效成分的主体，它对最终配成的乳油有很大的限制和影响。因此在配制前，首先要全面地了解原药本身的各种理化性质、生物活性及毒性等。原药的物理性质主要是物态（如是固体或液体）、有效成分含量、杂质主要组分、性质、在有机溶剂和在水中的溶解度、挥发性、熔点和沸点等。化学性质主要是有效成分的化学稳定性，包括在酸、碱条件下的水解性（半衰期），光化学和热敏稳定性；与溶剂、乳化剂和其他助剂之间的相互作用等。生物活性包括有效成分的作用方式、活性谱、活性程度、选择性和活性机制等。毒性主要指急性毒性，包括急性经口、经皮和吸入毒性。在配制混合乳油时，还需了解两种（或多种）有效成分的相互作用，包括毒性和毒力。

在上述各项性能中，以原药纯度、在有机溶剂中的溶解度和化学稳定性最重要。

农药的品种很多，各品种之间的理化性质差别很大，有的可以加工成乳油，有的则不能加工成乳油。例如，有些固态原药（如福美双、乙基磷酸铝等）在各种溶剂中溶解度都很小，找不到一种理想的溶剂将其溶解，因此很难加工成乳油。还有一些品种如甲萘威、灭多威等在常用的溶剂中溶解度很小，只有某些特殊的溶剂（如环乙酮、N,N-二甲基甲酰胺）中溶解度较大，这类农药若要加工成乳油成本太高，实际也不适合加工成乳油。一般来说，油溶性的或极性小的液态原药加工成乳油比较合理。例如，大多数有机磷农药、拟除虫菊酯和部分氨基甲酸酯类农药可以被加工成乳油，凡是水溶性强的固态原粉，如含有各种杂环结构的农药品种，加工成乳油就比较困难，由此可见，一种农药能否加工成乳油，在很大程度上取决于原药的理化性质，其中最重要的是溶解度。另外，原药质量的好坏，对乳油质量影响很大，有效成分含量低，杂质含量高，特别是极性强的杂质含量高就很难制成合格的产品。

乳油中有效成分含量的高低，主要取决于农药原药在溶剂中的溶解度和施药要求。一般的要求是以乳油在变化的温度范围内，仍能保持均一稳定的溶液为准，从中选出一个经济合理的含量。乳油中有效成分的含量在一般情况下当然越高越好，因为高浓度的制剂不但可以节省溶剂和乳化剂的用量，而且可以节省包装材料，减少运输量，从而大大降低乳油的成本。但如果含量过高，在常温下可能是合格的，但在低温条件下，可能就会出现结晶、沉淀和分层，致使已配制好的乳油不合格；对于一些高效甚至超高效药剂，为使用方便也常加工成低含量的乳油。但如果含量过低，则必会造成溶剂、乳化剂和包装材料的浪费。因此，选择一种经济合理的含量是很重要的。农药乳油的含量一般在50％以上（以质量分数计），对某些特殊用途的农药品种或某些高档产品，根据需要和综合平衡，含量也可以低一些，但最好控制在20％以上。当然，目前一些高效或超高效药剂因其成本与药效的原因也有制成低含量的。

另外，乳油的含量与原药的纯度有关，如果原药纯度很低，杂质很多，那么即使使用理想的溶剂和乳化剂也无法制成高浓度乳油，因此制备乳油的原药应当是纯度越高越好。

2. 溶剂

溶剂起溶解和稀释（固体原药或液体原药）作用，占乳油剂型比例比较大，农药乳油制剂生产中需要使用大量的有机溶剂，含量一般在30％～60％，其品种主要有苯、甲苯、二甲苯、甲醇、二甲基甲酰胺等，现在已经有一些改性植物油和植物油在使用。

根据乳油的理化性能、贮运和使用要求，乳油中的溶剂应具备对原药有足够大的溶解度，对有效成分不起分解作用或分解很少；对人、畜毒性低，对作物不会产生药害；资源丰富价格便宜；闪点高，挥发性小；对环境和贮运安全等条件。常用溶剂的品种如下。

（1）混合二甲苯　是三种异构体二甲苯的混合物，这种溶剂对大数农药原药都有较好的溶解度，闪点在 $25\sim29℃$，在化学上惰性，对有效成分稳定性好，适用于配制各种农药乳油。另外，这类溶剂资源丰富，价格便宜，是目前使用最多用量最大的农药溶剂。缺点是对某些水溶性或极性较强的农药品种溶解度较低，需要加适当助溶剂，才能保证乳油在较低的温度条件下不会产生结晶或沉淀。

（2）甲苯　一种较好的农药溶剂，它不但具有二甲苯溶剂的许多优点，而且对某些农药的溶解性能比二甲苯还要好一些。但闪点较低（ $4.4℃$ ），蒸气压（ $25℃$ 时为 $3.8kPa$ ）比二甲苯高。在二甲苯短缺或溶解度不理想时，可以代替二甲苯使用。甲苯的毒性比二甲苯稍高，比纯苯低。

（3）绿色溶剂　现在溶剂的发展方向是植物源绿色溶剂（植物油及其改性植物油、环氧大豆油、松树油、麻风树油、生物柴油等）、石油裂解类苯类替代溶剂（溶剂油、矿物油、液体石蜡油、煤油等）、煤焦油裂解产物（石脑油等）以及合成绿色溶剂产品（碳酸二甲酯、天然气制油产生的副产物基础油）等，可以作为苯类溶剂替代品，用于乳油、水乳、微乳等产品的溶剂，另外结合新型乳剂特点，已开发出 2-吡咯烷酮增溶剂，以提高溶剂的溶解性和乳油的稳定性能。

3. 乳化剂

乳化剂具有界面活性，能在两种不相溶的液体的界面上形成单分子层，降低其界面张力。其极性基团趋向于水相，非极性基团趋向于油相，形成定向排列。

乳化剂是配制乳油的关键助剂。其功能是通过对原药的乳化、分散、增溶、润湿而促使农药在使用时充分发挥效力。在乳油的配制生产中，如果对乳化剂的选择不适当，就无法配制出合格的产品。

农药乳油中的乳化剂至少应有乳化、润湿和增溶三种作用。乳化作用主要是使原药和溶剂能以极微细的液滴均匀地分散在水中，形成相对稳定的乳状液，即赋予乳油良好的乳化性能。增溶作用主要是改善和提高原药在溶剂中的溶解度，增加乳油的水合度，使配成的乳油更加稳定，制成的药液均匀一致。润湿作用主要是使药液喷洒到靶标上能完全润湿、展着，不会流失，以充分发挥药剂的防治效果。由此可见，在配制农药乳油时，乳化剂的选择是非常重要的。乳化剂按分子中亲水性功能基团可分为以下几类。

（1）非离子型乳化剂（non-ionic emulsifiers）　在水溶液中不产生离子的一

类乳化剂，其分子中的亲水基是羟基和醚键。配制农药乳油制剂常见的品种有：①蓖麻油聚氧乙烯醚，由蓖麻油与环氧乙烷缩合而成，商品代号为 By、EL、"宁乳"等，根据不同的环氧乙烷聚合量，又命名为不同的序号，如 By110、By130 等；②辛基酚聚氧乙烯醚，由辛基酚与环氧乙烷缩合而成，商品代号为 OP、农药 100 号等，根据不同的环氧乙烷聚合量，又命名为 OP-4、OP-7、OP-10 等不同序号；③二苄基苯酚聚氧乙烯醚，由二苄基联苯酚与环氧乙烷缩合而成，商品代号为农乳 300 号；④烷基酚聚甲醛聚氧乙烯醚，由烷基酚与甲醛聚合后再与环氧乙烷缩合而成，商品代号为农乳 700 号；⑤烷基酚聚氧乙烯醚，由烷基酚与环氧乙烷及环氧丙烷缩合而成，商品代号为宁乳 31 号；⑥三苯乙基苯酚聚氧乙烯醚，由三聚苯乙烯与苯酚聚合后再与环氧乙烷缩合而成，商品代号为农乳 400 号；⑦斯盘（Span）系列和吐温（Tween）系列乳化剂。

（2）阴离子型乳化剂（anionic emulsifiers） 在水溶液中产生带负电荷并呈现界面活性的有机离子乳化剂，主要有：①十二烷基苯磺酸钙，由十二烷基苯经磺化后再经中和形成钙盐而成，商品代号为农乳 500 号；②土耳其红油，以蓖麻油为原料，经硫酸化后，再经中和为钠盐而成，又名硫酸化蓖麻油，20 世纪 50 年代在中国曾大量地用于配制鱼藤酮乳剂和滴滴涕乳油；③十二烷基聚氧乙烯基硫酸钠，以十二烷醇为原料，先与环氧乙烷缩合，再经硫酸化后中和为钠盐。

（3）阳离子乳化剂（cationic emulsifiers） 在水溶液中产生带正电荷并呈现表面活性的有机离子乳化剂，为胺盐及季铵盐类化合物，如氯化十八烷基胺。

（4）混合型乳化剂 用一种阴离子型乳化剂单体与 1～2 种非离子型乳化剂单体，根据被乳化农药的特性，按不同比例混合配成的乳化剂。以上三种均系乳化剂单体，实用中配制农药乳油时，为提高乳液稳定性和节省乳化剂用量，多采用混合乳化剂，其中还含有一定量的有机溶剂。混合型乳化剂有一定的适用范围。目前配制农药乳油常用的乳化剂主要是混合型乳化剂。商品化的农药乳油都有各自的专用乳化剂，如配制拟除虫菊酯类农药乳油的专用乳化剂是 2201。

乳化剂是配制农药乳油的关键成分。根据农药乳油的要求，乳化剂应具备下列条件：首先是能赋予乳油必要的表面活性，使乳油在水中自动乳化分散，稍加搅拌后能形成相对稳定的乳状液（药液），喷洒到作物或有害生物体表面上能很好地润湿、展着，加速药剂对作物的渗透性，对作物不产生药害。其次对农药原药应具备良好的化学稳定性，不应因贮存日久而分解失效；对油、水的溶解性能要适中；耐酸，耐碱，不易水解，抗硬水性能好；对湿度、水质适应性能广泛，此外不应增加原药对哺乳类动物的毒性或降低对有害生物的毒力。

在农药乳油中，乳化剂的选择是一个非常重要而又非常复杂的问题，一是化学结构上的适应性，即非离子乳化剂品种的选择。例如，多苯核醚类非离子型乳化剂，对磷酸酯结构的农药品种适应性能比较好，而对有机氯农药品种的适应性很差。根据经验，对大多数有机磷农药品种应选用多苯核为母体的醚型表面活性剂为主体，如 Bp、农乳 600、Bc、Bs 等，对大多数有机氯农药与一些菊酯类农药品种应选用 By 和 Op 型乳化剂单体。二是农药的 HLB 值与乳化剂的 HLB 值相适应，即非离子乳化剂单体聚合度的选择。每种乳化剂单体的聚合度或 HLB 随农药品种的不同而有不同的要求，对亲水性较强或要求 HLB 值较高的农药品种，如敌敌畏，要求聚合度或 HLB 值高一些，一般应在 4.5 以上。对于亲油性较强或要求 HLB 值较低的农药品种，如马拉硫磷，乳化剂的 HLB 应低一些，一般在 2.5 以上。目前使用越来越多的是混合型乳化剂，它是由阴离子型单体（通常是钙盐）与一种或两种以上非离子单体混合组成的乳化剂。乳化剂在乳油中有乳化、分散、增溶和润湿等作用，从实践经验来看，其中最重要的是乳化作用。自 20 世纪 60 年代以来，配制农药乳油所使用的乳化剂主要是混配型的，即由一种阴离子型乳化剂和一种或几种非离子型乳化剂混配而成。这是因为混配型乳化剂可以产生比原来各自性能更优良的协同效应，从而可以降低乳化剂的用量，更容易控制和调节乳化剂的 HLB 值，使之对农药的适应性更宽，配成的乳状液更稳定。

4. 其他助剂

主要是助溶剂（cosolvents）、稳定剂（stabilizers）、增效剂（synergists）等。

助溶剂是能提高农药原药在主溶剂中溶解度的辅助溶剂，大多数助溶剂本身就是有机溶剂，但用少量即可提高主溶剂的溶解能力。助溶剂的作用是提高和改善原药在主溶剂中的溶解度，使配成的乳油在低温条件下更加稳定，不会出现分层现象或析出沉淀。助溶剂常用于配制乳油和油剂，以提高乳油和油剂的有效成分浓度，尤其是在配制高浓度乳油和超低容量油剂时，须选用一定的助溶剂。大多数助溶剂极性比较强，较常用的有醇类（如甲醇、异戊醇）、酚类（如苯酚、混合甲酚等），乙酸乙酯、二甲基亚砜等也是很好的助溶剂，与原药和主溶剂均有很好的相容性。助溶剂大部分都是重要的有机溶剂和化工原料，而且价格比普通有机溶剂高，一个较好的助溶剂用量一般应在 5% 以下。

常见的稳定剂主要有烷基（芳基）磷酸酯、亚磷酸酯类、多元醇，烷基（芳基）磺酸酯及其取代胺盐，取代环氧化物等。

五、乳油的加工工艺

乳油的加工按照选定的配方，将原药溶解于有机溶剂中，再加入乳化剂等其他助剂，在搅拌下混合溶解，制成单相透明的液体（见图 4-1）。乳油的制备一般包括以下几个步骤。

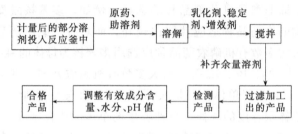

图 4-1 乳油加工流程

（1）有效成分含量的选定 有效成分含量的选定，主要取决于原药在有机溶剂中的溶解度。一般制成 $50\% \sim 80\%$ 乳油，某些特殊用途或高效农药产品，有效成分含量可以降低，如 2.5% 溴氰菊酯乳油。

（2）调制工艺 调制乳油的主要设备是调制釜，它由带夹套的搪瓷玻璃反应釜、搅拌器和冷凝器等组成。如果原药在常温下是流动性能好的液体，可按照选定的配方，将原药、乳化剂和溶剂依次投入调制釜中，开动搅拌机进行混溶，一般情况下不需要加热或冷却。但在冬季较冷的地区，或夏季较热地区，要根据气温变化情况适当加热或冷却。如果原药是固体或常温下流动性较差的液体，可先将原药和大部分溶剂投入调制釜中，在搅拌下使原药溶解在溶剂中，有时为了加快原药的溶解速度，可以适当加热，但加热温度不应高于溶剂的沸点，待原药部分溶解后，再投入乳化剂和剩余的溶剂，继续搅拌直至混合均匀。

（3）过滤 配好的乳油中往往含有少量或微量来自乳化剂和原药的不溶性杂质，悬浮在乳油中。由于含量很少，又不易被肉眼发现，所以往往不会引起人们的注意，但贮存日久就会出现明显的絮状物，悬浮在乳油的中下部，严重地影响乳油的外观质量。因此，过滤是乳油生产中一道重要的工序。

（4）调整 混合均匀后的物料，将温度调节到室温，取样分析有效成分含量、水分、pH 值以及乳化性能等各项指标，如不合格，应进行调整。

乳油的调制虽然很简单，但必须按照操作规程严格操作，要特别注意水分的控制，因为水分能加速大多数农药的分解速率，水分过高，乳油的贮存稳定性就很差，甚至导致乳油失效变质。

六、乳油的包装

农药乳油是有毒的有机溶剂，因此在产品的包装、贮存和运输等方面，都必须严格按照《农药包装通则》（GB 3796—2006）、《农药乳油包装》（GB 4838—2000）和《危险货物包装标志》（GB 190—2009）等规定进行，保证乳油产品在正常的贮运条件下安全可靠，不受任何损伤，在两年内能正常贮存和运输。

1. 包装材料及其技术要求

(1) 内包装按规定应选用合格的玻璃瓶、铝制瓶或聚四氟涂层的塑料瓶。不能直接用聚氯乙烯之类的塑料瓶包装，因为乳油中的有机溶剂、乳化剂及农药原油对这些材料都有腐蚀作用。同时必须加内塞和外盖，保证乳油在贮运过程中不会渗漏。每瓶必有标签，粘贴在瓶身中部。

(2) 外包装按规定应选用符合危险品包装箱标准的木箱，或符合国家标准的农药用钙塑箱，也可以采用农药用纸箱标准的双面瓦楞纸箱，但不允许使用普通箱和柳条箱。

2. 标志和说明

(1) 内包装标志产品标签是内包装的标志。按规定农药乳油的产品标签应包括农药通用名称、有效成分及含量、剂型（应与外包装的名称、颜色相同）；产品规格、净重及注册商标；农药产品标准号、品种登记号和产品生产许可证号（或证书号）；产品毒性标志、使用说明和注意事项；产品批号、生产日期和有效期；生产厂名称、地址、邮政编码、电话等内容。在标签下边，按农药类别加一条与底边平行、不褪色的特征标志条，除草剂为绿色，杀虫剂为红色，杀菌剂为黑色，杀鼠剂为蓝色，植物生长调节剂为深黄色。

(2) 外包装标志通常直接印刷在包装箱上。按规定在包装箱的两个侧面的左上角为注册商标；中上部为农药名称、剂型（应与内包装的名称、颜色相同），其字高为箱高的三分之一，字的颜色按农药类别与内包装标签下边特征标志条的颜色相同；下部为农药生产厂家名称。包装箱的两头，上部为毒性标志及注有易燃、请勿倒置、防晒、防潮防雨等字样；中下部为净重、毛重（kg）、产品批号及箱子尺寸。

3. 农药包装物的回收

农药是现代农业生产的基本生产资料，随着农药使用范围的扩大，使用时间的延长，农药包装废弃物成为了人类又一个不可忽视的农业生态污染源。农药包装物包括塑料瓶、塑料袋、玻璃瓶、铝箔袋、纸袋等几十种包装物，其中有些材料需要上百年的时间才能降解。此外，废弃的农药包装物上残留的不同毒性级别的农药本身也是潜在的危害。

(1) 国外对农药包装物的回收处理，有的立法强制执行，如巴西、匈牙利等国；有的行业倡导执行，如加拿大、美国；有的行业倡导与国家监管并行，如比利时、德国、澳大利亚、法国等。

(2) 近几年中国也开始尝试着各种方案对农药包装废弃物进行管理。《中华人民共和国固体废物污染环境防治法》规定，农药生产销售单位、使用者承担农药包装废弃物污染防治责任，国家鼓励扶持社会企业从事有利于环境保护的废弃物处理工作，对包装物进行充分回收和合理利用。

七、乳油的质量检测

1. 农药乳油的基本要求

（1）乳油放入水中应能自动乳化分散，稍加搅拌就能形成均匀的乳状液；乳状液应有一定的经时稳定性，通常要求在 3h 内不会析出油状物或产生沉淀。

（2）对水质和水温应有较广泛的适应性。

（3）乳油应是清晰透明的油状液体，在常温条件下保质期内不分层，不变质，仍保持原有的理化性质和药效。

（4）乳油加水配成的乳状液喷洒到作物或有害生物体上应有良好的润湿性和展着性，并能迅速发挥药剂的防治效果。

2. 乳油的质量标准

乳油的质量好坏直接影响到药效的发挥和防治效果，如果乳油的乳化分散性能不好，那么配制成的乳状液就会因粒子太粗而不稳定，容易产生分层现象或析出沉淀，这样不但不能达到预期的防治效果，而且容易产生药害，为了充分地发挥药剂的防治效果，保证产品的质量和提高产品的竞争能力，必须建立乳油的质量标准。

农药乳油的质量标准，因各个国家的要求不同而不完全一致，同一国家对不同农药品种，也有不同的要求，概括起来主要有下列内容：

① 有效成分含量，应不低于规定的含量。

② 外观，应为单相透明液体，无可见悬浮物或沉淀。

③ 自发稳定性，应符合规定的标准。

④ 乳化稳定性，应符合规定的要求。

⑤ 酸、碱度，应符合规定的要求。

⑥ 水分含量，应符合规定的标准。

⑦ 热贮藏试验，乳油经高温（一般 54℃左右）贮存一定时期后，有效成分分解率应小于规定量。

⑧ 冷贮试验，乳油经低温贮存后，仍符合上述各项要求。

⑨ 闪点，应符合贮存、运输安全规定。

⑩ 表面张力、接触角、渗透性等，应符合规定的标准。

3. 乳油质量的检测方法

乳油质量检测项目主要包括有效成分含量和物理性能两个方面。其中有效成分含量因品种的不同测定方法不一样，一般可以参照原药的分析方法进行。物理性能的要求虽然也与品种或用途有关，但总的来说大同小异，下面重点介绍几种物理性能的测定方法。

（1）乳化分散性　我国使用的方法是用注射器将 1mL 乳油，在距离水面 2cm 高处，慢慢地加到装有硬水的烧杯里，观察乳化分散状态。评价方法见表 4-1。

表 4-1　乳油乳化性评价标准

分散状态	乳化状态	评价记号
能迅速自动均匀分散	稍加搅动呈蓝色或苍白色透明乳状液	一级
能自动呈白色云雾分散	稍加搅动呈蓝色半透明乳状液	二级
丝状分散	搅动后呈蓝色的不透明乳状液	三级
呈白色微球状下沉	搅动后呈白色不透明乳状液	四级
呈油珠状下沉	搅动时能乳化,停止搅动即分层	五级

（2）乳化稳定性　我国采用的方法是在 250mL 烧杯中，加入 100mL 温度为 $25 \sim 30{}^{\circ}\!C$、342mg/L 的硬水，用移液管吸取乳油样品，在搅拌下慢慢地加到硬水中（按产品规定的浓度），配成 100mL 乳状液。乳油加完后，继续以 $2 \sim 3r/s$ 的速度搅拌 30s，并立即将乳状液移到清洁、干燥的 100mL 量筒中，再将量筒于恒温水浴中，在 $25 \sim 30{}^{\circ}\!C$ 温度下，静置 1h，取出观察乳状液分离情况，如果在量筒中没有浮油、沉淀或沉油析出，则乳化稳定性为合格。

（3）热贮藏试验　将供试乳油密封在玻璃容器里，在 $(54 \pm 1){}^{\circ}\!C$ 贮存 14d 后，取出样品进行分析测试，经贮存后的乳油，有效成分应符合规定的指标，供试乳油样品从恒温器取出以后，应在 24h 内做完有关测试项目。

（4）冷贮试验　将样品置于 $0{}^{\circ}\!C$ 下贮存 7d 后，无结晶析出，无分层现象为合格；如有析出物，但在室温下很快消失亦为合格。

（5）酸度、氢离子浓度测定　pH 计测试酸碱度。

（6）含水量的测定　化学滴定法（卡尔费休法）、共沸法。

第二节　微乳剂

微乳剂（microemulsion，ME）是农药原药分散在含有大量表面活性剂的水溶液后，所形成的透明的或半透明的溶液。农药微乳剂分散质点的粒度很小，通常为 $0.01 \sim 0.1\mu m$，可见光能够通过微乳液。农药微乳剂是水包油型（O/W）的。

一、微乳剂的特点

农药微乳剂是农药有效成分或其有机溶剂溶液和水在表面活性剂存在下形成的

热力学稳定、各向同性、光学透明或半透明的分散体系，是微乳液科学研究与发展的重要分支。微乳液所具有超低界面张力、出色的增溶和超乎想象的界面交换能力。微乳液的特点表现如下。

（1）有效成分的高度分散性　农药微乳剂对水稀释，在表面活性剂作用下被高度分散在水中，分散液滴粒径在 $0.01 \sim 0.1 \mu m$ 范围内，远小于传统剂型乳油对水稀释所形成乳状液的颗粒粒径（$0.1 \sim 10 \mu m$）。所以农药微乳剂是成功实现农药有效成分使用过程中高度分散的少见剂型之一。

（2）分散体系的热力学稳定性　微乳液与普通乳状液的根本区别在于：微乳剂分散相质点小，外观透明或近乎透明，属于热力学稳定体系；普通乳状液分散相质点大，外观不透明，属于热力学不稳定体系。微乳剂分散体系属于热力学稳定的微乳液体系，使用中对水稀释自发形成的二次分散体系同样属于热力学稳定的微乳液体系，农药有效成分分散液滴间不会发生凝聚作用，能保持较高的稳定性，可长期放置而不发生相分离。

（3）较高的农药有效利用率　微乳体系由于含有高浓度的表面活性剂，可以对不溶或难溶于水的农药有效成分起到增溶作用，通过增溶增加了原药与昆虫及植物表皮间的浓度梯度，有助于农药成分向昆虫及植物组织半透膜的渗透，提高药效；还可有效地降低表面张力，改善雾滴和靶标之间的相互作用，使雾滴到达植物叶面后不发生反弹，利于其在植物表面的黏附、润湿和铺展，从而提高药液的吸收效率。另外，许多微乳剂农药液滴在蒸发浓缩时生成黏度很高的液晶相，能牢固地将农药黏附在植物表面上而不易被雨水冲刷掉，这是使微乳剂较同等含量的其他剂型药效明显提高的一个重要因素。

（4）良好的环境相容性　微乳剂以水为连续相，不用或很少使用对人类自身和环境有害的有机溶剂，既节省了资源又保护了环境，有利于生态环境质量的改善；水无色、无味、无毒，借助表面活性剂的作用将农药有效成分有效地包覆起来，减少了农药气味，降低了对生产者和使用者的毒性；另外水不易燃、不易爆也增加了农药制剂在生产、贮运过程中的安全性。

二、微乳剂的组成

微乳剂的有效成分、乳化剂和水是微乳剂的三个基本组分。为了制得符合质量标准的微乳剂产品，根据需要有时还加入适量溶剂、助溶剂、稳定剂和增效剂等。

（1）有效成分　微乳剂配制技术要求高，难度较大，并非所有农药品种都能配成微乳剂。原药最好是液态农药，因其流动性好，便于配制，贮藏也较稳定。如原药为黏稠状或固态时，则可选择溶解度大而不会影响药效和配制效果的溶剂，将其溶解为溶液后再用。农用微乳剂含量一般为 $5\% \sim 50\%$。

（2）乳化剂　选择微乳剂中的乳化剂在 HLB $8 \sim 18$ 范围挑选。离子型或非离子型均可，实际应用中更多的是两种类型表面活性剂的复配。

阴离子乳化剂常用的有：烷基苯磺酸钙盐（或镁盐、钠盐、铝盐、钡盐等）、$C_8 \sim C_{20}$烷基硫酸钠盐、苯乙烯聚氧乙烯醚硫酸铵盐等。非离子乳化剂常用的有：苄基联苯酚聚氧乙烯醚、苯乙基酚聚氧乙烯（$n=15 \sim 30$）醚、苯乙基酚聚氧乙烯聚氧丙烯醚、壬基酚聚氧乙烯醚、烷基酚聚氧乙烯醚甲醛缩合物、联苯酚聚氧乙烯醚、国产农乳 300 号与 700 号等。

（3）溶剂　当配制微乳剂的农药成分在常温下为液体时，一般不用有机溶剂，若农药为固体或黏稠状时，需加入一种或多种溶剂，将其溶解成可流动的液体。可选择非极性溶剂如芳烃、重芳烃、石蜡烃、脂肪酸的酯化物、植物油等，也可根据需要选择某些极性溶剂，如醇类、酮类、DMF、二甲基甲酰胺等。

（4）助乳化剂　助乳化剂的作用是提高乳化剂对农药活性物的增溶量，或推动油水界面张力的下降。一般选择低分子量的醇类，如丁醇、辛醇、异丙醇、异戊醇、甲醇、乙醇、乙二醇、丙三醇或低级二元醇的聚合物等。

（5）稳定剂　一般用量为 0.5％～3.0％。常用稳定剂有：3-氯-1，2-环氧丙烷、丁基缩水甘油醚、苯基缩水甘油醚、甲苯基缩水甘油醚、聚乙烯基乙二醇二缩水甘油醚等或山梨酸钠等。

（6）防冻剂　因微乳剂中含有大量水分，如果在低温地区生产和使用，需考虑防冻问题。一般加入 5％～10％的防冻剂，如乙二醇、丙二醇、丙三醇、聚乙二醇、山梨醇等。这些醇类既有防冻作用，又有调节体系透明温度区域的作用。

（7）防腐剂　可在苯甲酸、山梨酸、柠檬酸及其盐类中挑选。

（8）消泡剂　一般选用有机硅类、有机硅酮类居多，也可根据需要在长链醇、脂肪酸、聚氧丙烯、甘油醚中选择。

（9）水及水质要求　用蒸馏水制备微乳剂是最理想、最稳定的，但成本高、又不宜大量贮备，所以对大吨位的产品不易实现。软化水是将天然水处理后制得的，一般采用沉降法和阳离子交换法除去天然水中的钙离子和镁离子等阳离子，使水软化，还可以再经阳离子交换得到较纯净的水。软化水，有时称去离子水，用于配制微乳剂具有既经济又稳定的优点，处理设备简单易行、便于推广。

三、微乳剂的生产工艺

微乳剂一般不需添加增稠剂、触变剂，对制剂不需进行流变学性能调节，一般也不出现聚结等不稳定现象。制备工艺简单，生产中按配方从原辅料贮罐中抽取物料，添加到调制釜中调配，配以一般框式或浆式搅拌器，边搅拌边进料，制成透明制剂。

无需像水乳剂生产中用均化器或高速搅拌器对物料施加高强度的剪切力。微乳液配制过程中无明显的吸热放热现象。因此在一般情况下，微乳剂配制釜无需配套供热或冷却、冷冻系统。适宜在各种规模的农药企业普及和推广。根据微乳剂的配方组成特点及类型要求，可选择相应的制备方法。

（1）常规加工法　将乳化剂和水混合后制成水相（此时要求乳化剂在水中有一定溶解度，有时也将高级醇加入其中），然后将油溶性的农药在搅拌下加入水相，制成透明 O/W 型微乳剂，加工方法如图 4-2 所示。

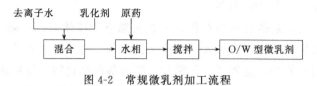

图 4-2　常规微乳剂加工流程

（2）可乳化油法　将乳化剂溶于农药油相中，形成透明液（有时需加入部分溶剂），然后将油相滴入水中，搅拌成透明的 O/W 型微乳剂。或相反，将水相滴入油相中，形成 W/O 型微乳剂。形成何种类型的微乳剂还需看乳化剂的亲水亲油性及水量的多少，亲水性强时形成 O/W 型，水量太少时只能形成 W/O 型。加工流程见图 4-3。

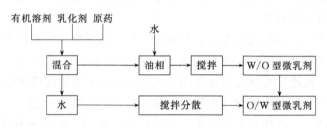

图 4-3　可乳化油法加工流程图

（3）转相法（反相法）　将农药与乳化剂、溶剂充分混合成均匀透明的油相，在搅拌下慢慢加入蒸馏水或去离子水，形成油包水型乳状液，再经搅拌加热，使之迅速转相成水包油型，冷至室温使之达到平衡，经过滤制得稳定的 O/W 型微乳剂。加工流程见图 4-4。

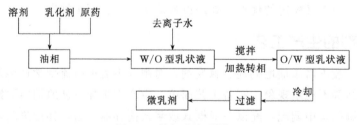

图 4-4　转相法流程图一

当乳化剂和水混合作为水相时，反相法也能采用。如乐杀螨微乳剂就是采用此法制备的。其流程见图 4-5。

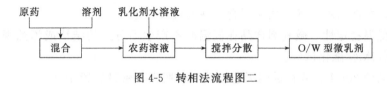

图 4-5　转相法流程图二

当配方中采用 pH 调节剂（代替水相）和稳定剂时，加料顺序一般见图 4-6。

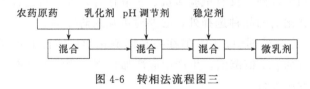

图 4-6　转相法流程图三

（4）二次乳化法　当体系中存在水溶性和油溶性两种不同性质的农药时，采用两次乳化法调制成 W/O/W 型乳状液用于农药剂型。首先，将农药水溶液和低 HLB 值的乳化剂或 A-B-A 嵌段聚合物混合，使它在油相中乳化，经过强烈搅拌，得到粒子在 1μm 以下的 W/O 乳状液，再将它加到含有高 HLB 值乳化剂的水溶液中混合，制得 W/O/W 型乳状液。该法流程见图 4-7。

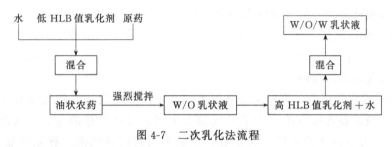

图 4-7　二次乳化法流程

四、微乳剂的质量检测

国际上，微乳剂品种很少，有关其质量标准也鲜见报道，根据国内外农药微乳剂的研究，一个合格的微乳剂产品应同时具备以下几方面。

（1）外观　主要是目测，应为透明或近似透明的均相液体。微乳剂的色泽视农药品种、制剂含量不同而异。微乳剂之所以透明是由于液滴分散微细，粒径一般为 0.01～0.1μm。为确保产品的外观稳定性，用粒度仪，如 Malvern 自动测粒度仪或动态光散射仪，测定产品的粒度。

（2）有效成分含量　微乳剂产品的含量都不太高，一般是 10%～30%，太高时配制困难，乳化剂用量大，体系黏度大，使用不便，且成本高。只有在有效成分有较大水溶性时，才可配成高浓度的微乳剂产品。

（3）乳液稳定性　按乳油的国家标准测试方法进行，用 342mg/L 标准硬水，将微乳剂样品稀释后，于 30℃下静置 30min，保持透明状态，无油状物悬浮或固体物沉淀，并能与水以任何比例混合，视为乳液稳定。

（4）低温稳定性　微乳剂样品在低温时不产生不可逆的结块或浑浊视为合格。因此需进行冰冻-融化试验。

取样品约 30mL，装在透明无色玻璃磨口瓶中，密封后置于 $0\sim-10℃$ 冰箱中冷藏，24h 后取出，在室温下放置，观察外观情况，若结块或浑浊现象渐渐消失，能恢复透明状态则为合格。反复试验多次、重复性好，即为可逆性变化。为满足这一指标，除注意乳化剂的品种选择外，必要时可加入防冻剂。

（5）pH 值　在微乳剂中，pH 值往往是影响化学稳定性的重要因素，必须通过试验寻找最适宜的 pH 值范围，生产中应严加控制。测定方法按 GB/T 1601—93 农药 pH 值测定方法进行。

（6）热贮稳定性　微乳剂的热贮稳定性包含物理稳定和化学稳定两种含义。即将样品装入安瓿瓶中，在 $(54\pm2)℃$ 的恒温箱里贮存四周，要求外观保持均相透明，若出现分层，于室温振摇后应能恢复原状。分析有效成分含量，其分解率一般应小于 5%～10%。

（7）透明温度范围　一般要求 0～40℃ 保持透明不变，好的可达到 -5～60℃，这个范围与农药品种、配方组成有一定关系，不宜统一规定。

① 短期贮存试验　将 10mL 样品装入 25mL 试管中，用橡皮塞塞紧（或于磨口玻璃瓶中），在恒温箱中，于 10℃、25℃、40℃ 保存 1～3 个月，观察试样有无浑浊、沉淀及相分离等现象。

② 经时稳定性试验　将样品装入具塞磨口瓶中，密封后于室温条件下保存一年或两年，经过春夏秋冬不同季节的气温变化和长时间贮存的考验，气温范围为 -5～40℃，观察外观的经时变化情况，记录不同时间的状态，有无结晶、浑浊、沉淀等现象。

五、微乳剂加工实例

实例一：4.5%高氯微乳剂

高氯原粉先配制成 30% 的环己酮溶液

配方：高效氯氰菊酯环己酮溶液 15%；乳化剂 JX-0401 18%；水 67%。

生产方法：先将水和乳化剂 JX-0401 混合均匀，然后加入高氯环己酮溶液，搅拌 20～30min 即可。

实例二：5%马拉硫磷微乳剂

配方：马拉硫磷 5%；二苯基酚基聚氧乙烯 ($n=18$) 聚氧丙烯 ($n=3$) 醚甲醛缩合物 11%；水 84%。

生产方法：先将水和二苯基酚基聚氧乙烯 ($n=18$) 聚氧丙烯 ($n=3$) 醚甲醛缩合物乳化剂混合均匀，然后加入马拉硫磷溶液，搅拌 20～30min 即可。

第三节 水乳剂

农药的水乳剂（emulsioninwater，EW）也称浓乳剂（concentratedemulsion，CE），是不溶于水的原药液体或原药溶于不溶于水的有机溶剂所得的液体分散于水中形成的一种农药制剂。外观为不透明的乳状液。油珠粒径通常为 $0.7\sim20\mu m$。水乳剂对人、畜和植物低毒，对环境友好，随着配方技术的发展，经济上的竞争力日益增强，水乳剂将获得较快发展。

一、水乳剂的特点

水乳剂有水包油型（O/W）和油包水型（W/O）两类。农药水乳剂有实用价值的是水包油型，即油为分散相，水为连续相，农药有效成分在油相。与乳油相比，由于不含或只含有少量有毒易燃的苯类等溶剂，无着火危险，无难闻的有毒的气味，对眼睛刺激性小，减少了对环境的污染，大大提高了对生产、贮运和使用者的安全性。以廉价水为基质，乳化剂用量 2%～10%，与乳油的近似，虽然增加了一些共乳化剂、抗冻剂等助剂，但有些配方在经济上已经可以与相应乳油竞争。有不少试验证明，药效与同剂量相应乳油相当，而对温血动物的毒性大大降低，对植物比乳油安全。与其他农药或肥料的可混性好。由于制剂中含有大量的水，容易水解的农药较难或不能加工成水乳剂。贮存过程中，随着温度和时间的变化，油珠可能逐渐长大而破乳，有效成分也可能因水解而失效。一般来说，油珠细度高的乳状液稳定性好，为了提高细度有时需要特殊的乳化设备。水乳剂在选择配方和加工技术方面比乳油难。

二、水乳剂的组成

水乳剂常含有有效成分、溶剂、乳化剂或分散剂、共乳化剂、水、抗冻剂、消泡剂、抗微生物剂、密度调节剂、pH调节剂、增稠剂、着色剂和气味调节剂。

（1）有效成分 农药剂型种类很多。一种农药能否加工成水乳剂，加工成水乳剂之后，与其他剂型比较，在经济上和应用方面是否有优越性，应认真考虑。水溶性高的农药对乳状液稳定性影响很大，不能加工成水乳剂。一般来说，用于加工水乳剂的农药的水溶性希望在 1000mg/L 以下。因制剂中含有大量的水，对水解不敏感的农药容易加工成化学上稳定的水乳剂。有机磷类、氨基甲酸酯类等农药容易水解，但通过乳化剂、共乳化剂及其他助剂的选择，如能解决水解问题，也可加工成水乳剂。

熔点很低的液态原药可直接加工成水乳剂。熔点较高者溶于适当溶剂，也可加工成水乳剂。适合加工成乳油的农药，如能以水全部或部分代替溶剂而加工成水乳剂是受欢迎的。

（2）溶剂　有些液态农药在低温条件下会析出结晶，有的常温下就是固体，要将它们配成水乳剂，还需借助于溶剂。所用溶剂应当理化性质稳定、不溶于水、闪点高、挥发性小、无恶臭、低毒、不污染环境、廉价、容易得到。加工者正在积极寻找甲苯、二甲苯等有害溶剂的代用品。N-长链烷基吡咯烷酮溶解能力强，有表面活性，低毒，可生物降解，对环境安全，是一类值得注意的优良溶剂。

（3）乳化剂　水乳剂中，乳化剂的作用是降低表面和界面张力，将油相分散乳化成微小油珠，悬浮于水相中，形成乳状液。乳化剂在油珠表面有序排列成膜，极性一端向水，非极性一端向油，依靠空间阻隔和静电效应，使油珠不能合并和长大，从而使乳状液稳定化。该膜的结构、牢固和致密程度以及对温度的敏感性决定着水乳剂的物理和化学稳定性。因此，乳化剂的选择是水乳剂配方研究的关键。

常用的乳化剂有：环氧乙烷-环氧丙烷嵌段共聚物的混合物、聚氧丙烯嵌段、乙氧化烷基苯醚、乙氧化烷基醚、烷基苯磺酸钙、环氧乙烷-脂肪伯胺缩合物、烷基聚乙二醇醚、烷基苯基聚乙二醇醚、聚氧乙烯山梨糖醇酐酯、聚氧乙烯脂肪酸酯等乳化剂，乳化剂用量10%以内。

（4）分散剂　聚乙烯醇、阿拉伯树胶等分散剂与增稠剂配合也可配制低温和冻融稳定性良好的水乳剂。

（5）共乳化剂　共乳化剂是小的极性分子，因有极性头，在水乳剂中，被吸附在油水界面上。它们不是乳化剂，但有助于油水间界面张力的降低，并能降低界面膜的弹性模量，改善乳化剂性能。丁醇、异丁醇、1-十二烷醇、1-十四烷醇、1-十八烷醇、1-十九烷醇、1-二十烷醇等链烷醇类均可作共乳化剂，用量 0.2%～5%。

（6）抗冻剂　常用的抗冻剂有乙二醇、丙二醇、甘油、尿素、硫酸铵、NaCl、$CaCl_2$等。一般用乙二醇，用量 3%～10%。

（7）消泡剂　常用的是有机硅消泡剂，用量 0.1%。

（8）抗微生物剂　如果配方中含有容易被微生物降解的物质，如糖类等，需加入抗微生物剂，以防变质。常用抗微生物剂有 2-羟基联苯、山梨酸、苯甲酸、苯甲醛、对羟基苯甲醛、对羟基苯甲酯。1,2-苯并噻唑啉-3-酮（BIT）抗微生物谱广，不含甲醛，在广泛的 pH 范围内有效，对温度稳定性好，不和增稠剂反应，已被 EPA 和 FDA 批准用于水乳剂和水悬剂作抗微生物剂。

（9）pH 调节剂　除了一般的无机和有机酸碱作 pH 调节剂外，用磷酸化表面活性剂调节 pH 值稳定效果好，不容易出现结晶。

（10）密度调节剂　通常的无机盐、尿素等可作密度调节剂。

（11）增稠剂　常用增稠剂有黄原胶、聚乙烯醇、明胶、硅酸铝镁、CMC、海藻酸钠、阿拉伯酸胶、聚丙烯酸、无机增稠剂等。

（12）着色剂和气味调节剂　为了区别于其他物品，水乳剂中可加着色剂，如偶氮染料和酞菁染料。对于家庭卫生用药，可加香味油调节气味。

（13）水质　配水乳剂用水的水质比较重要，有的配方要求用去离子水，以提高制剂的稳定性。

三、水乳剂的加工工艺

通常将原药、溶剂、乳化剂、共乳化剂加在一起，使溶解成均匀油相。将水、抗冻剂、抗微生物剂等混合在一起，成均一水相。在高速搅拌下，将水相加入油相或将油相加入水相，形成分散良好的水乳剂。

根据加工时油和水的投料顺序，水乳剂的加工方法分为正相乳化法（见图4-8）和反相乳化法（见图4-9）两种，正相乳化是在高剪切作用下，油相加入到水相中；反相乳化法则相反，是水相加入到油相中，该法控制难度较大。

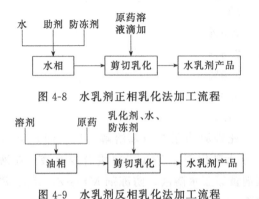

图4-8　水乳剂正相乳化法加工流程

图4-9　水乳剂反相乳化法加工流程

分散相细度对水乳剂稳定性影响很大。一般来说，油珠越小稳定性越好，通常搅拌可使分散相达到要求细度。配制设备可选用带普通搅拌的搪瓷釜。配方分散乳化能力弱，则需选用具有高剪切搅拌能力的均化器和胶体磨。以聚乙烯醇为分散剂，加增稠剂使水乳剂稳定的配方使用均化器才能使分散相达到所要求的细度。

加工通常在常温下进行，也有加热到$60 \sim 70℃$进行加工的，由配方分散难易情况决定。

四、水乳剂的质量指标

（1）有效成分含量　水乳剂的含量不低于标签标定的含量。

（2）热贮稳定性　$(54\pm2)℃$贮存14 d，有效成分分解率低于或等于5%是合理的。作为水乳剂还应不分出油层，维持良好的乳状液状态。只分出乳状液和水，轻轻摇动仍能呈均匀乳状液算合格。只有分出油层才算不合格。也可于50℃贮存1个月后进行观察，确定是否合格。

具体方法：取适量样品，密封于玻璃瓶中，于（54±2）℃恒温箱中贮存14d后，取出，分析热贮前后有效成分含量，计算分解率；观察是否出现油层和沉淀，确定产品热稳定性是否合格。

（3）低温稳定性　可将适量样品装入瓶中，密封后于0℃、−5℃或−9℃冰箱中贮存1周或2周后观察，不分层无结晶为合格。

（4）pH值　pH值对于水乳剂的稳定性，特别是有效成分的化学稳定性影响很大。具体数值应视不同产品而定。可用pH计按农药有关标准方法测定。

（5）黏度　可用黏度计测定水乳剂的黏度。

五、水乳剂加工实例 ▪▪▪▪

实例：40％毒死蜱水乳剂配方

毒死蜱	40％
二甲苯	15％
TERIC 200	2.5％
TERMUL 1283	2.5％
MEG-乙二醇	5.0％
黄原胶	0.06％
水	34.9％

反相加工方法：毒死蜱原药用二甲苯溶解，加亲油乳化剂 TERMUL 1283 混合均匀成 A 液，水、亲水乳化剂 TERIC 200 混合成 B 液，A 液慢慢加入到 B 液中均质混合，再加增稠剂黄原胶水溶液、防冻剂 MEG-乙二醇、消泡剂等，均质混合均匀即成均匀的乳状液。

正相加工方法：将 B 液慢慢加入到 A 液中，开始为 W/O 体系，随着 A 液的不断增加，体系变成 O/W 型，再加增稠剂水溶液、防冻剂、消泡剂等，均质混合成均匀的乳状液。

第四节　可溶液剂

可溶液剂（soluble concentrate，SL）是指一类可以加水溶解形成真溶液的均相液态剂型。在可溶液剂中，药剂以分子或离子状态分散在介质中，介质可以是水、有机溶剂或水与有机溶剂的混合物。其中，以水作溶剂的可溶液剂亦称水剂（aqueous solution，AS）。在国际市场上，通常将二者统称为可溶液剂。

可溶液剂在水中呈分子状态，由于活性物分子上的极性吸引了亲水性的极性溶剂和增溶剂并补以乳化剂，使溶解度迅速增大而溶于水中。一般认为在水中溶解度大于 1000mg/L 的农药适宜于制备可溶液剂，因为它所需添加的极性溶剂较少，甚至可以不加或少加助溶剂。

一、可溶液剂的特点

可溶液剂是一种均一、透明的液体制剂，其农药有效成分以分子状态溶解在溶剂中，使用后有效成分能够快速充分地发挥作用，加工生产也较为方便。但是，大多数农药原药只是具有一定的水溶性而溶解度并不大。因此，不便配制高浓度水剂农药，如杀虫双水剂、助壮素水剂。有些农药原药，如赤霉素在水中的溶解度比较小，但在有机溶剂（乙醇）中的溶解度较大，可加工成乙醇溶液制剂。使用时加水稀释至低浓度后，有效成分仍可快速完全溶解于水中，成为均相的水溶液。

鉴于可溶液剂是以水及相关溶剂为介质的，故其农药原药必须在介质中保持稳定，即不发生分解失效现象。同时，存放期间应避免高温和阳光暴晒，如农药水剂应注意防止水分蒸发，否则液剂的浓度会升高，以致计量出现误差。

可溶液剂，特别是水剂，与环境相容性很好，制造工艺简单。随着环保和安全意识的增强，绿色制剂成为重要发展方向。作为一种环境友好型产品，水剂的数量正在显著增加。截至 2012 年 12 月 31 日，我国已登记在册的农药产品约 2.7 万个，其中水剂约占 7%。

二、可溶液剂的组成

可溶液剂包括农药原药、溶剂及助剂三部分。

（1）农药原药 用于配制可溶液剂的农药原药必须溶于水或不溶于水但能制成水溶性盐，或溶于与水互溶的有机溶剂中。

（2）溶剂 通常为水和水溶性有机溶剂及其复合溶剂。

常用的助溶剂很多，一般分为两类：一类是某些有机酸的钠盐，如苯甲酸钠、水杨酸钠、枸橼酸钠、对羟基苯甲酸钠、对氨基苯甲酸钠、氯化钠等；另一类是某些酰胺，如烟酰胺、异烟酰胺、乙酰胺、乙二胺、脂肪胺以及尿素等。

（3）助剂 可溶液剂的助剂相对简单，主要目的是基于制剂在作物表面的润湿、展着、渗透等功能，另外还需要加入防冻、防霉等助剂。

可溶液剂中通常选用的极性溶剂和增溶剂为：酰胺类，如 DMF；酮类，如环己酮、N-甲基吡咯烷酮；直链或支链的醇以及特殊结构的某些极性溶剂等。

三、可溶液剂的加工方法

能溶于水的农药原药可以直接配制成水剂，但大多数农药原药难溶于水或溶解度低，因此，必须通过一定的加工配制，才可能成为可溶液剂。总体上，可溶液剂的加工方法较为简单（见图 4-10），包括物理方法和化学方法。

图 4-10　可溶液剂的加工流程

（1）物理方法　即根据农药有效成分的物理特性及各功能团的结构组成，寻找溶解介质，利用增溶作用、助溶作用及其助剂的功能配制成可溶性液剂。

（2）化学方法　即改变农药有效成分结构，增大在介质中的溶解度，以方便配制所需规格的可溶性液剂。一般是利用酸碱中和反应原理，将其与酸或碱作用，成为可溶性盐。对于一些难溶于水和极性有机溶剂的中性农药，为提高其在水中的溶解度，常在分子结构中引入磺酸基团或羧酸基团。但是，改变化学结构必须遵循一个基本原则——不能降低农药本身的活性。

在实际生产过程中，一种可溶性液剂的产生，往往综合利用上述物理方法和化学方法。如草甘膦原药 25℃时在水中的溶解度仅为 1.2g/L，且不溶于一般有机溶剂。为配制成相应的水剂，就必须将其变为盐，41％草甘膦水剂即是由草甘膦与异丙胺成盐所得的，此即化学加工过程。异丙胺盐虽然完全溶解于水，但其单一的水剂不能充分发挥药效，必须加入相应的助剂，此即物理加工过程。

四、可溶液剂的质量指标 ▪▪▪▪

可溶液剂是一种可溶性的真溶液，包含多种化学物质，除农药原药外，还有相当数量的溶剂及助剂。加工成制剂后，要经过冷贮、热贮、运输等，因此必须对产品质量进行监控。

（1）有效成分　通过定性鉴别试验确定可溶性液剂有效成分。除少数品种为化学法分析外，绝大多数采用气相色谱和液相色谱等仪器方法。有效成分含量以 g/kg、g/L 表示，不能小于规定值。

（2）水分含量　若水介质含量对产品有物理化学等质量影响，则需明确其水分含量的范围；若无影响，则无需界定。

（3）酸碱度及持久起泡性　酸碱度以 H_2SO_4/NaOH 计，g/kg 表示，应符合规定值也可用 pH 值范围表示。持久起泡性，即特定时间下的泡沫含量（mL），按《农药持久起泡性测定方法》（GB/T 28137—2011）执行。泡沫量过多，势必造成喷洒药液的有效成分含量分布不均，从而影响施药效果。

（4）稳定性及水互溶性　稳定性需符合相关要求，包括 0℃稳定性[(0±2)℃，7d 后]及快速贮存稳定性[(64±2)℃，14d 后]。水互溶性采用标准硬水（342mg/L）稀释测定，要求均一且无析出物。

（5）黏度及表面张力　测定黏度时，由于非牛顿流体对于不同的仪器、不同的转子、不同的转速测定结果都有很大的差异，因此，在制定黏度指标时需标明仪器及转子。表面张力通常采用白金环法，即通过 DuNouy 张力计测定。

第五节 悬浮剂

悬浮剂（suspension concentration，SC）又称水悬浮剂、胶悬剂、浓缩悬浮剂，基本原理是在表面活性剂和其他助剂作用下，将不溶或难溶于水的原药分散到水中，形成均匀稳定的粗悬浮体系。悬浮剂主要由农药原药、润湿剂、分散剂、增稠剂、防冻剂、pH 调整剂、消泡剂和水等组成。由于分散介质是水，所以悬浮剂具有成本低，生产、贮运和使用安全等特点，而且可以与水以任意比例混合，不受水质、水温影响，使用方便。与以有机溶剂为介质的农药剂型相比，具有对环境影响小和药害轻等优点。

根据物理性状，悬浮剂可以分为两类：一是浓缩悬浮剂（SC），由不溶于水的固体原药分散在水中制成，是最常见的悬浮剂品种；二是悬乳剂（SE），分散相由两类原药组成，一类为事先以有机溶剂溶解并乳化了的原油或不溶于水的固体原药，另一类为可直接悬浮（不需有机溶剂溶解）的固体原药，两类原药共同分散在水中，制成具有油相、固相和连续水相的多悬浮体系。此外，近年来发展起来的微胶囊悬浮剂和水基悬浮种衣剂等，虽然名称不同，但从其分散原理看，也属于悬浮剂的范畴，只是前者分散相为微胶囊，后者是在悬浮剂的基础上，引入了成膜剂而具有在种子表面成膜的功能。

一、悬浮剂的特点 ████

与其他农药剂型相比，农药悬浮剂有如下优点：

① 不使用任何有机溶剂，生产中避免了易燃、易爆和中毒问题，使用后对环境影响小；

② 加工、生产、使用无粉尘产生，对操作者和使用者安全，能够实现清洁生产；

③ 农药悬浮剂用水作介质，制剂安全并能够减少对环境的污染，同时可以节省成本；

④ 农药悬浮剂具有较低的毒性和刺激性；

⑤ 农药悬浮剂可加工高浓度制剂，能够减少库存并节省包装，减少贮运和运输费用；

⑥ 农药悬浮剂能将水不溶的农药固体活性成分加工成液体农药剂型使用，计量和使用方便；

⑦ 由于比可湿性粉剂有更细腻的粒径和比表面，农药悬浮剂的悬浮率和药效高，而且持效时间长；

⑧ 农药悬浮剂可用来加工悬乳剂（SE）、悬浮种衣剂（FS）、微胶囊悬浮剂（CS）等，扩大了农药的应用范围。

二、悬浮剂的组成

农药活性成分的固体粒子既可在油相中悬浮（油悬浮剂），也可在水分散相中悬浮（水悬浮剂，简称悬浮剂），大部分悬浮剂是指水悬浮剂。农药悬浮剂主要由农药原药、润湿剂、分散剂、增稠剂、防冻剂、调整剂、消泡剂等助剂和水组成。

1. 原药

无论是除草剂、杀菌剂和杀虫剂，也不论它们是单剂还是混剂，都可以加工成悬浮剂。悬浮剂中除草剂居多，其次是杀菌剂和杀虫剂。一般说来，在有机溶剂和水中有很低溶解度的固体农药活性成分都适合加工成悬浮剂。它们的一般要求是：

（1）农药固体活性成分的熔点应>60℃（最好>90℃），以保证农药活性成分在砂磨中不被熔化，呈颗粒状，便于研磨成微细粒子。同时，表面活性剂和抗冻剂的加入可起到提高可塑性和降低农药固体活性成分熔化温度的作用。

（2）在水中有低的溶解度，一般在20～40℃条件下最好低于200mg/L，太大的水溶性易絮凝成团，低温时易析晶，质量难以保证。

（3）农药活性成分在化学上是稳定的（如在水中不水解和光照时不分解）。

2. 助剂

悬浮剂的助剂对保持剂型的物理化学性质，保证产品质量起着决定性作用。对助剂的要求是，不能对有效成分有分解、破坏作用，不能降低生物效果，对人、畜低毒，对作物无药害，性能好，用量少，成本低，总用量一般为0.5%～15%。随着表面活性剂的发展，可供选择的表面活性剂越来越多；另外，一些新型表面活性剂的出现使得悬浮分散效果更好，对生物和环境的安全性也有了很大提高，在分散稳定性、抗凝聚功能、流变学特性、成膜性及絮结性等方面都能表现出良好的性能。

（1）润湿剂　润湿剂使用的目的：其一是帮助排除农药活性成分粒子表面上的空气，加快粒子进入水中的润湿速度，使粒子迅速润湿；其二是降低黏度，便于更好地研磨。不加入润湿剂，原药就无法在水中充分磨细，并继续使之分散和悬浮，当然就不能喷雾使用，故加工悬浮剂时一般加入0.2%～1%的润湿剂。

通常选用低泡的非离子表面活性剂作润湿剂，因为产生泡沫可能会降低产品的效率。选用浊点大于60℃非离子表面活性剂是必要的，因为研磨室中的温度时常可达到60℃。常用的润湿剂有烃基磺酸盐、硫酸盐和某些非离子表面活性剂，以烃基磺酸盐或硫酸盐阴离子型表面活性剂与非离子型表面活性剂混用较多，混用较好。

阴离子型的表面活性剂有十二烷基苯磺酸钠、油酸钠、琥珀酸二辛酯磺酸钠和十二烷基苯磺酸钠等，还有脂肪醇乙氧基化物、烷基酚乙氧基化物、十八烷基磺基琥珀酸钠等。阴离子型表面活性剂的作用机制是亲油基部分吸附于被润湿分散的颗粒表面上，而亲水基团朝外，使各分散颗粒表面具有相似电荷的排斥力，避免和降低了阳离子的絮凝和沉淀作用，抑制晶体生长，从而使体系稳定。非离子型表面活性剂的水溶液呈负电性，具有强的水合作用，可降低表面张力，能帮助不溶性分散相分散、絮凝和架桥。常用的非离子型润湿剂有脂肪醇聚氧乙烯醚、农乳 100 号、农乳 600 号、吐温等。其中 HLB 值较大的品种润湿性能和分散能力较强。

（2）分散剂　悬浮剂是不稳定的多相体系，为了促使粒子分散和阻止研磨粒子的絮凝和凝聚，保证粒子呈悬浮状态，既可使用提供静电斥力的离子型分散剂，也可使用提供空间位阻效应的非离子型分散剂来阻止研磨粒子的絮凝和凝聚，以得到稳定/分散的悬浮液。分散剂用量一般为 0.3%～3%。有时采用提供静电斥力和提供空间位阻效应相组合的聚合表面活性剂分散剂则效果更佳。分散剂能在农药粒子表面形成强而有力的吸附层和保护屏障，阻止凝聚，同时对分散介质还能亲和，因此要求分散剂分子结构中有足够大的亲油基团和适当的亲水基团，以利于在水中悬浮。在选择分散剂时有多种类型和数量众多的分散剂可用，实践和经验是不可缺少的。阴离子型和非离子型两类分散剂，常见的有：木质素磺酸钠或木质素磺酸钙、拉开粉、聚羧酸酯钠盐等。某些无机或有机化合物，如三聚磷酸钠、硅酸钠、亚硫酸钠和柠檬酸、草酸、酒石酸、乙二胺甲乙酸等及其盐类，可以抑制、束缚水质中的高价阳离子（如钙离子、镁离子、铁离子等）的凝聚作用，保护强厚的双电层，从而使悬浮体稳定，故有时也在悬浮剂中使用。

分散剂主要通过以下几个途径提高悬浮剂的抗聚结稳定性：

① 分散剂在原药粒子上吸附，使原药粒子界面的界面能减少，从而减少粒子聚结合并，通常能在原药粒子上吸附的表面活性剂（离子型或非离子型）类物质均能起到此作用。

② 当离子型分散剂在原药粒子上吸附时，可使原药粒子带有电荷，并在原药粒子周围形成扩散双电层，产生电动电势。当两个带有相同电荷的原药粒子相互靠近时，由于静电排斥作用而迫使两个带电粒子分开，这就阻碍了原药粒子间的聚结合并，使悬浮剂保持抗聚结稳定性。能起到此方面稳定作用的分散剂一般为离子型物质。

③ 大分子分散剂对悬浮剂的稳定作用则是通过大分子分散剂在原药粒子上吸附并在原药粒子界面上形成一个较密集的保护层实现的。具有这种保护层的原药粒

子靠近时，由于保护层的位阻作用迫使粒子分开，从而保持悬浮剂的抗聚结稳定性，大分子分散剂对悬浮剂的这种稳定作用又称空间稳定作用。具有空间稳定作用的大分子分散剂通常在其大分子链上需具有两类基团：一类是能在原药粒子上吸附的基团，以保证大分子分散剂在原药粒子界面上形成稳定的吸附层；另一类是具有良好水化作用的基团，以保证伸入介质水中的大分子部分具有良好的柔性，并当粒子靠近时产生有效的位阻作用。

分散剂的选择需要考虑的因素有：

① 对被分散的农药活性成分粒子外表面和多孔表面有良好的润湿作用。

② 在农药活性成分的浆料砂磨时，能帮助减小粒径并有低的黏度，便于分散和加工。

③ 能形成稳定的悬浮分散液。

（3）增稠剂　黏度是悬浮剂的一项重要物理指标，适宜的黏稠度是保证悬浮剂质量和使用效果十分重要的因素。研磨中若黏度太大，剪切力就大，研磨细度变高，而介质黏度越大，颗粒沉降速度越慢。适宜的黏度在喷雾时可控制雾滴大小，减少水分蒸发和漂移，从而减少药剂损失和对环境的污染。有时对改善药剂在生物体上的附着性，克服雨水冲刷，延长残效期也起着重要作用。增稠剂用在悬浮剂中，主要是为了调整流变性和液体的流动性，防止分散的粒子因受重力作用产生分离和沉淀或脱水收缩作用，以得到良好的长期贮存产品，同时保证产品在喷雾桶中容易稀释和流动。选用的增稠剂必须有很强的悬浮能力，甚至在很低黏度时也是如此，而且它还必须与农药活性成分有良好的配伍性和长期稳定性。常用的有明胶、羧甲基纤维素钠、羧乙基纤维素、改性淀粉、黄原胶、膨润土、二氧化硅和硅酸铝镁等，其中尤以黄原胶和硅酸铝镁使用较多，效果较好。增稠剂用量一般为 0.2%～5%。黏度一般控制在 0.2～1Pa·s 为最佳。

（4）稳定剂　悬浮剂加工过程中因农药活性成分含量低带进杂质或加入各种助剂成分，有时会影响制剂化学稳定性。加入稳定剂是为了提高农药活性成分的化学稳定性和制剂质量，稳定剂一般用量 0.1%～10%，作为稳定剂的有膨润土、轻质碳酸钙、硅酸钙、白炭黑、硅藻土、硅胶、珍珠岩粉、滑石粉等。膨润土的稳定作用是由于它的水和作用，膨润土大量吸水形成高黏度的胶体分散体系。

（5）抗冻剂　加入抗冻剂，可增加悬浮剂承受的冻融能力，提高悬浮剂的低温稳定性。可选用的抗冻剂有多元醇类（如乙二醇、丙二醇、丙三醇）、甘醇类（二甘醇、三甘醇）、聚乙二醇等。在使用抗冻剂之前，必须鉴定活性成分保证不会溶在选用的抗冻剂中，否则将发生结晶长大，导致 SC 剂型不稳定，这时将另选其他类型的抗冻剂如尿素和无机盐类等。

（6）消泡剂　悬浮剂中由于加入表面活性剂，在生产和稀释产品时，必然会产生泡沫，所以加入消泡剂是必要的。常用的消泡剂有脂肪酸类、脂肪醇类、椰子酸

EO-PO 聚合物、聚氧乙烯甘油醚和有机硅类等。其中尤以有机硅油类在水中乳化的消泡剂为好，用量少，它们在低浓度及任何 pH 值下都是有效的，应用较广，用量为 0～5％。

（7）防霉剂　悬浮剂在长期贮存过程中有可能发臭，生长微生物，这时需要加入防霉剂，它可避免因受到细菌分解而受害失去作用。常用的有苯甲酸钠、水杨酸钠、丙酸和山梨酸及其钠盐或其他生物杀菌剂。

（8）pH 调节剂　为了调整悬浮剂中达到农药活性成分合适的 pH 值范围，常用的有有机酸类、有机碱类、酯类和醇类。

（9）结晶抑制剂　当碰到易结晶的农药活性成分时，可加入结晶抑制剂，防止结晶长大，又不破坏悬浮剂的稳定性。加结晶抑制剂有多种方法，如加入化学杂质（农药活性成分类似物）、加聚合物类以及加阳离子表面活性剂吸附粒子，都可有效起到结晶抑制作用。此外，通常使用的梳型或接枝共聚物作为结晶长大抑制剂效果也很好，首先它们不形成通常的胶束，其次它们显示对许多农药活性成分的晶体表面有强的亲和性。如果它们吸附在晶体表面，能够防止溶质沉积，起结晶长大抑制作用。

（10）矿物等有机溶剂　用量 5％～10％，该组分并非悬浮剂所必需的，有时为提高水质性悬浮剂对蜡质层的渗透性，增强防治效力，延长残效期，或者为降低密度差，提高分散度和稳定度，防止胶凝等而加入矿物或有机溶剂。在悬浮剂中加入的溶剂品种和用量比乳油中的溶剂用法有更大的灵活性，通常用变压器油、机油、太阳油、百节油、松节油、液体石蜡、锭子油等，其中以挥发度低的不饱和烃较好，另外，还用酯胶、石油树脂等防止悬浮剂中析出原药晶体。

三、悬浮剂的加工

农药悬浮剂以水为介质，是最实用、最有意义和最有应用前景的一种农药剂型。农药悬浮剂物理状态为黏稠可流动的液固态体系，农药悬浮剂制备原理是将水溶解度小的农药原药细粉、载体以及各种助剂混合，以水为介质进行制备，以获得粒径在 0.5～5μm（平均粒径 2～3μm）之间的细度。

由于农药品种和配方组成不同，悬浮剂的生产流程略有差异，但一般的制造过程有两种：用机械或气流粉碎、结晶造粒或喷雾造粒等方法，将水不溶的固体原料加工至微米以下，然后再与表面活性剂、防冻剂、增稠剂等水溶性助剂混合调配、分散或熔融制成浆料，经胶体磨匀化磨细，再经砂磨机研磨，最后调整 pH 值、流动性、润湿性等，经质量检查合格后即可包装而得成品；或者先把原药与表面活性剂、消泡剂和水均匀分散，经粗细两级粉碎制成原药浆料，然后与增稠剂、防冻剂、防腐剂和水混合，经过滤后即得悬浮剂。悬浮剂的加工流程如图 4-11 所示。

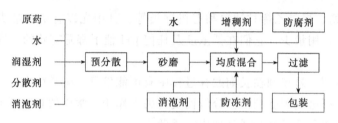

图 4-11　悬浮剂加工流程

四、悬浮剂的性能指标

悬浮剂的性能指标包含外观、有效含量、悬浮率、密度、细度、分散性和稀释稳定性、离心稳定性、pH 值、冷热贮稳定性、黏度、水质、水温适应性等，具体要求如下。

（1）外观　包括颜色、物态、气味等。颜色一般为乳白色最佳，物态一般为黏稠的可流动性的悬浮液体。

（2）有效含量测定　有效成分为 50％～80％，多数为 40％～60％。根据有效成分的性质确定相应的分析方法，然后进行制剂的含量分析，一般采用液相色谱分析。

（3）悬浮率测定　称取 1g 左右的悬浮液于 250mL 量筒中，用标准硬水稀释，然后上下振荡 30 次，30℃恒温水浴中静置 1h 后，取走上层 225mL 的悬浮液，用蒸馏水将余下悬浮液转移至小烧杯中，烘干（80℃）后用甲醇溶解并定容至 10mL 容量瓶中，用液相色谱分析。

（4）密度测定　取 10mL 容量瓶一只，称取待测悬浮剂质量 a（精确至 0.1mg），再用吸管吸取水悬浮剂于 10mL 容量瓶中并定容至 10mL，称取两者质量 b，以$(b-a)/10$ 即得水悬浮剂密度（g/mL）。重复三次，取算术平均值。

（5）细度测定　水悬浮剂粒径一般控制在 $1\sim5\mu m$。粒径的测定方法分为两种：一种是目测法，借助显微镜观察统计，计算出该悬浮剂粒径的算术平均值，具有相对的准确性；另一种精确的方法是采用先进的仪器测定，如采用光透射式粒度分布测定仪、微机处理粒子谱和激光衍射粒度分布测定仪等进行测定。

（6）自动分散性及稀释稳定性测定　于 100mL 具塞锥形量筒中，装入 99.5mL 标准硬水，用注射器取 0.5mL 待测水悬浮剂样品，从距量筒水面 5cm 处滴入水中，观察其分散状况。按其分散的好坏分为优、良、劣三级。

优级：在水中呈云雾状自动分散无可见颗粒下沉。

良级：在水中能自动分散，有颗粒下沉，下沉颗粒可慢慢分散或轻微摇动后分散。

劣级：在水中不能自动分散，呈颗粒状或絮状下沉，经强烈摇动后才能分散。

稀释液倒置 30 次后置于（30±1）℃的水中，静置 1h。若上无漂浮物下无沉淀则为合格。

（7）离心稳定性测定　取 3 支带刻度的 5mL 锥形玻璃管，每支准确加入 5mL 待测悬浮剂，然后对称放入离心机中，以 3000r/min 离心 30min 后取出，观察记录析水和沉淀情况。按析水和沉淀体积多少分为优、良、劣三级。

按析水情况分为以下几种。

优级：析水体积<1%或无析水；

良级：析水体积<5%；

劣级：析水体积>5%。

按溶液体积多少分为以下几种。

优级：沉淀体积<1%或无沉淀；

良级：沉淀体积<5%；

劣级：沉淀体积>5%。

（8）pH 值测定　pH 值一般控制在 7～9。测定方法：于 100mL 烧杯中，称取 0.50g 待测悬浮剂，用蒸馏水稀释至 50g，混合均匀后用 pH 计测定。

（9）热贮稳定性测定　将待测水悬浮剂样品用安瓿瓶密封后放于（54±2）℃的烘箱中，静置热贮 14d 后取出，分别检测记录外观、流动性、分散性、粒径、有效含量、悬浮率等各项指标有无变化。若贮前与贮后相同或有轻微变化（其变化应在允许范围内），视热贮合格。其中，物理稳定性方面，若有油或沉淀析出为不合格，析水率以小于 5% 为合格。其结果相当于常温下贮藏两年，产品合格。

（10）冷贮稳定性测定　将待测水悬浮剂样品用安瓿瓶密封后放于 0℃、−10℃和−20℃下贮存一定的时间，取出后观察结冻情况。然后在室温条件下静置融化，并分别检测记录外观、流动性、分散性、粒径、有效含量、悬浮率等各项指标有无变化。若贮前与贮后相同或有轻微变化（其变化应在允许范围内），视冷贮合格。其结果相当于常温下贮藏两年，产品合格。

（11）水质适应性试验　取 100mL 具塞锥形量筒三个，分别装入 0mg/L、342mg/L、500mg/L 硬水 99.5mL。用注射器分别取 0.5mL 待测悬浮剂依次从量筒水面上 5cm 处滴入水中，观察分散性和悬浮稳定性。若能自动分散，振荡后静置 1h 后，上无漂浮、下无沉淀即为合格，表明该悬浮剂对水质的适应能力强；反之，则适应能力差，悬浮剂不合格。

（12）水温适应性试验　取 100mL 具塞锥形量筒三个，分别装入 15℃、25℃、35℃ 标准硬水 99.5mL。用注射器分别取 0.5mL 待测悬浮剂依次从量筒水面上 5cm处滴入水中，观察分散情况。若能自动分散，振荡后静置 1h 后，上无漂浮、下无沉淀即为合格，表明该悬浮剂对水温的适应能力强；反之，则适应能力差，悬浮剂不合格。

（13）黏度测定　黏度是影响农药悬浮剂稳定性的主要因素之一，因而是农药悬浮剂的主要技术指标。测量黏度的仪器有多种，常用的有恩式黏度计、旋转式黏度计，根据农药悬浮剂的性质，一般选用旋转式黏度计测定简洁方便。

第六节　超低容量喷雾剂

超低容量喷雾剂（ultra low volume concentrate，ULV）是供超低容量喷雾装备施用的一种专用剂型。ULV是一种特制的油剂。用地面施药设备或用飞机将ULV喷洒成 $70\sim120\mu m$ 的细小雾滴，均匀分布在植物茎叶的表面上，从而有效地发挥防治病、虫害的作用。

超低容量喷雾剂按使用方法可分为地面超低容量喷雾剂和空中超低容量喷雾剂；按制剂组成可分为超低容量喷雾油剂（UVL formulation）、静电超低容量油剂（electrostatic formulation）和油悬剂（oil flowable formulation），其中应用最多的是超低容量喷雾油剂。

静电超低容量油剂，是专供静电超低容量喷雾使用的。它的配制方法基本和超低容量喷雾油剂相同，但需加静电剂，调整药液的介电常数和电导率，使药液在一定电场力作用下，充分雾化并带电。

供超低容量喷雾使用的油悬剂，其组成和制备过程类似悬浮剂，不同的是以油为分散介质，对油的质量要求同超低容量喷雾油剂用的溶剂。

超低容量制剂最初用于卫生害虫控制，目前在农林作物病虫害防治方面有少量应用。由于超低容量喷雾施药效率高，比常规喷雾工效高几十倍，属于"高功效植保"范畴，近年来吸引较多关注，并带动了超低容量制剂的研究。

一、超低容量喷雾的特点

超低容量喷雾与常规喷雾相比有如下特点：

（1）药液浓度高，单位面积施药液量少，工效高。超低容量喷雾时，药液浓度比常规喷雾的药液浓度高数百倍，施药液量通常少于 $5000mL/hm^2$，采用飘移累积性喷雾，比常规针对性喷雾工效高几十倍。

（2）雾滴直径小，易于在靶标上附着。超低容量喷雾的雾滴直径一般在 $70\sim120\mu m$ 范围内，比常规喷雾的雾滴直径（为 $200\sim300\mu m$）小，细小雾滴附着在靶标上后，不易从靶标滚落。

（3）用油质溶剂作载体。超低容量喷雾的药液主要采用高沸点的油质溶剂作载体，挥发性低，油质小雾滴沉积后，耐雨水冲刷，持效期长，药效高。

（4）局限性。超低容量喷雾受施药时气象因素影响较大，防治范围窄，对操作者技术要求较高。另外，超低容量制剂的油基载体选择不当时，易对作物产生药害，小雾滴也更易进入施药人员呼吸系统，因而安全性相对较低，对所用药剂、载体等性能要求较严。

通常的超低容量制剂为油基制剂，因为超低容量喷雾法所产生的雾滴极细，而且必须在有风的条件下才能使用，若使用水基制剂，细雾滴在空气中极易迅速蒸发，变成超细雾滴而随风飘失或消失在大气中，无法沉降在作物上。基于无人直升机的航空施药发展较快，以加入雾滴蒸发抑制剂（如纸浆废液、废糖蜜、甘油、尿素、食盐、黄原胶、LO 等）的水为载体的超低容量制剂及加入填料、增加雾滴体积及密度并使其迅速沉降而超低容量制剂得到研究。目前也有采用农药乳油、水剂及可湿性粉剂进行 ULV 喷雾的，从防效来说，只要适当增加雾滴粒径、密度和喷雾容量，理论上是可以收到较好效果的，但很少有生物学防治效果的报道。

二、超低容量喷雾制剂的组成 ▪▪▪▪

超低容量喷雾剂在使用时，一般地面喷雾用药量为 $900 \sim 2250 mL/hm^2$，而飞机喷雾用药量为 $900 \sim 1500 mL/hm^2$。超低容量喷雾剂含量应根据不同农药品种、防治对象及生产实践而定。

超低容量喷雾剂一般由原药、溶剂及其他助剂组成。

1. 原药

用于配制超低容量喷雾剂的原药一般均为高效、低毒的品种，原药对大鼠的经口急性毒性 $LD_{50} \geqslant 100 mg/kg$，制剂的 $LD_{50} > 300 mg/kg$。

2. 溶剂

超低容量喷雾剂中，溶剂品种的选择是配制超低容量喷雾剂的关键技术。超低容量喷雾剂的主要技术性能指标，如挥发性、溶解性、植物安全性、黏度、闪点、表面张力、相对密度、毒性、化学稳定性等，在很大程度上取决于溶剂的品种及其特性，一种较理想的溶剂应该符合下列要求：

（1）溶剂必须对原药有较高的溶解性能；

（2）溶剂与助剂的互溶性要好；

（3）溶剂的挥发度必须很低；

（4）溶剂必须对植物无害；

（5）溶剂必须具有低黏度。

表 4-2 所示为敌百虫超低容量油剂溶剂筛选结果，结果表明：溶剂 LS-1、溶剂 LS-2 适合作为敌百虫超低容量油剂溶剂。

表 4-2　敌百虫超低容量油剂溶剂筛选结果

溶剂名称	溶解力(20~25℃)	冷贮稳定性	热贮稳定性	挥发度
甲醇	高	—	—	大
乙醇	高	—	—	大
C₄~C₇混醇	中	—	—	中
二乙二醇	中	—	+	小
丙三醇	低	+++		
乙二醇	中	—		小
三氯乙烯	中	+		中
亚磷酸二丁酯	低	++		
溶剂 LS-1	高	—	—	较小
溶剂 LS-2	高	—	—	较小
溶剂 LS-3	高	—	+	较小
氯苯系列	高	—	—	较小
乙二醇醚	中	—	—	较小
理想溶剂	高	—	—	小

注：1. 溶解度大于 30％者，其溶解力为高；小于 30％者为中；小于 10％者为低。

2. 其他各项均以 25％浓度的溶液为基液进行测定。

3. 表中符号说明："—"表示不结晶、不分层，或化学稳定；"＋"、"＋＋"、"＋＋＋"表示有结晶析出或有分层现象，亦表示化学稳定性差、更差、最差。

超低容量喷雾雾滴表面积大，挥发率高，必须选用挥发性低的溶剂。沸点在170℃以上的溶剂，如多烷基苯、多烷基萘等在挥发性上都可以达到使用要求。溶剂对原药的高溶解度可避免分层、结晶。闪点高能显著提高超低容量喷雾油剂在加工、贮藏、运输和使用过程中的安全性，闪点应≥70℃（开口杯测定法），以确保安全。溶剂直接接触到人体和作物表面，易对人、畜引起中毒或对作物产生药害，溶剂一定要选择对人、畜和作物都安全的。溶剂的表面张力小有利于药剂的分散和在作物及防治对象上附着。相对密度大，不仅有利于药剂的分散，而且有利于雾滴沉降。

3. 其他助剂

为改善超低容量喷雾油剂的理化性状，方便使用、提高药效，除选好主溶剂外，有时还需添加其他助剂。

（1）助溶剂　助溶剂可以提高药剂的溶解度。一般对农药溶解性能好的溶剂大多为挥发性比较强的，而溶解性强的高沸点溶剂却很少。用有一定溶解度的高沸点溶剂为主溶剂，以溶解性强的吡咯烷酮、DMF 等为助溶剂组成的混合溶剂可解决这个矛盾。

（2）减黏剂　溶剂的黏度大，不利于药剂的分散，适当加一些中等分子量的醚类或酮类化合物作为减黏剂，有利于降低制剂的黏度。

（3）化学稳定剂　根据不同原药的特点，选择合适的化学稳定剂。如采用拟除虫菊酯作为有效成分时，可选用胡椒基丁醚等作为稳定剂，以提高贮藏期的稳定性。

（4）降低药害剂　当溶剂中多元醇、芳烃及含不饱和键的植物油含量较大时，为保证使用时对作物安全可以加入适量蜂蜡、羊毛酯等作为药害降低剂。

（5）防冻剂　对 ULV 要控制低温相容性指标，即在−5℃下，制剂贮存 48h 不分层，不析出沉淀物或悬浮物。有些溶剂配制的 ULV，在低温条件下易变黏稠，还可能会有少量沉淀产生。为了改善这种情况，可以加入防冻剂，如多元醇等。在马拉硫磷 ULV 中，加入 10％的 N-甲基吡咯烷酮可起到防冻助溶作用。

三、超低容量喷雾剂的加工方法

超低容量喷雾剂加工时按制剂各组分（原药、溶剂、增溶剂、降低药害剂、减黏剂、静电剂等）的定额数量，通过计量槽，投入一个反应釜中，充分搅拌均匀，过滤并对制剂进行检测后即可，工艺流程见图 4-12。

加工过程用到的主要设备有：反应釜、过滤器、真空泵、计量槽、贮槽、冷凝器。反应釜上应装有电机、变速器、搅拌器等。

配制过程中应注意：

（1）投料前首先将主要原料规格进行检验，根据含量准确投料，一般投料量要求高于规定值 0.2％～0.5％。生产投料前先按配方配出小样，小样各项指标合格了，说明各种原料也合格了。

（2）反应釜的装料系数一般不要超过 80％，以免某些助剂在搅拌下泡沫溢出，造成浪费，产生污染。

（3）开始前整个流程设备要细致检查，按规程操作，防止跑冒滴漏。

（4）有些产品配制很容易，没有任何杂质和不溶物，这样的产品过滤，主要防止设备运行过程中夹带有意外杂质或机械杂质。但有些产品，由于原料等多种原因，配制出的产品有絮状物或者有不溶的杂质、不溶的油状物，必须要严格过滤，以保证产品清澈透明。

超低容量制剂应根据不同的产品选用合适的包装材料，一般宜采用不与农药发生化学反应，不溶胀，不渗漏，不影响产品质量的氟化塑料桶包装。

包装上所要求的标志也应符合有关规定。包括收发货标志、包装贮运图形标志、危险货物包装标志、生产许可证编号及其他标志。

四、质量标准及检测方法

1. 质量标准

超低容量喷雾剂应符合以下质量标准：

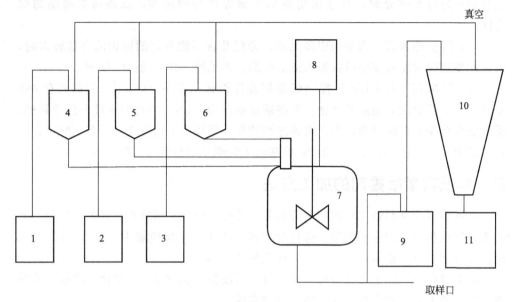

图 4-12　超低容量制剂加工工艺流程

1—液体原药；2—溶剂；3—助剂；4，5，6—计量槽；7—反应釜；
8—冷凝器具；9—过滤器；10—产品贮槽；11—包装线

（1）有效成分含量达到额定标准。

（2）外观为单相透明油状液体。

（3）低温稳定性－5℃下贮存 48h 不析出沉淀物或漂浮物。

（4）热贮稳定性合格。

（5）挥发性以滤纸悬挂法测定，挥发率≤30%。

（6）闪点用开口杯法测定，＞70℃。

（7）黏度以恩氏黏度计测定，＜2Pa·s(25℃)。

（8）急性毒性指标为小白鼠急性经口 LD_{50}＞300mg/kg。

（9）植物安全性指标为在推荐使用剂量下，不产生药害。

2. 检测方法

超低容量喷雾剂的检测方法如下。

（1）有效成分含量测定　采用液相色谱法、气相色谱法等方法检测。

（2）水分的测定　按 GB/T 1600—2001 中的方法进行。

（3）酸碱度的测定　酸度或碱度的测定按 HG/T 2467.1—2003 中的方法进行。

（4）闪点　用开口式闪点测试仪测试。

（5）低温稳定性试验　按 HG/T 2467.20—2003 中的方法进行。经轻微搅动，应无可见的粒子和油状物。将适量样品装入安瓿瓶中，密封后于 0℃冰箱中贮存 1 周或 2 周后观察，不分层无结晶为合格。

（6）热贮稳定性试验　按 HG/T 2467.20—2003 中 4.11 进行。样品密封于安瓿瓶中，于（54±2）℃恒温箱贮存 14d，分析热贮前后有效成分含量，计算有效成分分解率；同时观察记录析水、析油或沉淀产生情况。有效成分分解率应低于 5％。

（7）黏度　可用 NDJ-79 或 Brookfield 黏度计测定。

五、配方实例

例一：12％毒氟磷超低容量液剂

配方：毒氟磷 12kg，蓖麻油聚氧乙烯醚 5kg，十二烷基苯磺酸钙 5kg，N-甲基吡咯烷酮 5kg，正辛醇 12kg，油酸甲酯补足至 100kg。

制备方法：在带电动搅拌的反应容器中，在常温下按配方比例先用溶剂将活性成分毒氟磷搅拌溶解，搅拌速度为 100r/min，再加入助剂成分，充分搅拌 30min，混合均匀，即得 12％毒氟磷超低容量液剂。

例二：4％氰戊菊酯油剂

原料：氰戊菊酯 4.0％；DMF10％；芝麻油 10.0％；棉籽油 76％。

制备方法：先将有效成分氰戊菊酯加入 DMF 中加热至 40℃，搅拌 2h 溶解后加入芝麻油、棉籽油，搅拌 1h 降温至 23℃，过滤除去残渣即为产品。

第七节　热雾剂

热雾剂（hot fogging concentrate，HN）是用热能使制剂分散成细雾，可直接或用高沸点的溶剂或油稀释后，在热雾器械上使用的油性液体制剂。热雾剂除原药之外，还有溶剂、助溶剂、展着剂、闪点和黏度调节剂以及稳定剂等组分。

传统的热雾剂按载体种类及来源的不同可分为油基热雾剂和多元醇基热雾剂。油基热雾剂在使用时可用矿物油或植物油稀释，多元醇基热雾剂使用时可添加适量的水。目前也有以水、矿物油、表面活性剂及沉降剂如白炭黑等调制而成的重热雾剂配方报道，其雾滴主要由热雾机产生的高温高速热气流冲散雾化而形成，可被认为属于气力雾化范畴。

一、热雾剂的特点

热雾剂多用于森林、果园、高秆作物、仓库、保护地、下水道等场合的病虫害防治，近年来由于制剂学家的努力和农药助剂品种的迅速发展，热雾剂的性能日臻完善，适用的农药品种日趋增多，远远超越了早期的仅由有效成分和溶剂所组成的热雾剂。

热雾剂的特点有：耐雨水冲刷能力强；药效高、持效期长；工效高，且可节省大量淡水资源；药液烟雾会穿透作物繁茂的枝叶；雾滴沉积行为受气流影响大。

二、热雾剂的组成 ▪▪▪▪

热雾剂通常由有效成分、溶剂、表面活性剂、稳定剂、增效剂、防药害剂、防飘移剂、闪点和黏度调节剂等组成。热雾剂作为直接施用的农药剂型，其有效含量视原药的生物活性和热烟雾机的发烟效率而定，如浓度过低，大量的溶剂、助溶剂和助剂的存在，将会增加制剂的成本和包装运输费用；如浓度过高，对于高效农药，由于亩用药量很少，有可能因发烟量不够，从而影响雾滴在靶标上的覆盖率。通常取 10%～15% 为宜。

（1）有效成分　要根据防治对象来选择有效成分。作为热雾剂用的有效成分应符合下列条件：毒性较低；能与溶剂互溶或在溶剂中的溶解度较大；化学稳定性和物理稳定性好，在贮存期间，有效成分不与其他组分发生化学作用，不分解或分解率很小，不分层和不产生沉淀；挥发性较低；在正常使用浓度下，对植物不产生药害。

（2）溶剂　溶剂的选择要从溶剂对有效成分的溶解性能、溶剂的挥发性、闪点、黏度等方面考虑，并通过试验来选择适用的溶剂。

热雾剂要求溶剂对农药原药的溶解性强。根据原药的性能，从芳香烃、脂肪烃、醇类、酮类、植物油和矿物油等各类溶剂中，用各种溶剂进行溶解度的试验来选取合适的溶剂。要选用挥发性不太大的溶剂。

溶剂的沸点在 170℃ 以上通常挥发性较低。配制闪点较高的热雾剂就需要选用闪点较高的溶剂。在选定溶剂前应对所选用的溶剂闪点进行测定。实际操作时，溶剂选定和配方确定后，再测定热雾剂的闪点，看能否符合使用要求。如不能满足要求，还需添加适量的闪点调节剂，加以调整。热雾剂所用的溶剂如果黏度太大，难以形成微细雾滴，雾滴穿透植被能力减弱、覆盖面积减小，大雾滴在高温区滞留时间较长，容易着火。要制取黏度较低的热雾剂，必须选用低黏度的溶剂。

选择一个既符合热雾剂各项性能要求、又经济的"理想溶剂"是很困难的。当用一种主溶剂不能配制出合格的油剂时，就必须添加少量的助溶剂。助溶剂一般为强溶剂，其中的大多数极性较强，如吡咯烷酮、二甲基甲酰胺、低碳醇类、苯酚、混合甲酚、乙酸乙酯等。由于矿物油比有机溶剂价廉易得，其中很多成分具有生物活性，如主要成分为石蜡烃、环烷烃和芳香烃的复杂混合物构成的精炼矿物油。常用的催化裂化轻柴油二线芳烃简称二线油，属于重质混合芳烃，主要由萘的取代物所组成，二线油对于多种农药的溶解性较好，适用性较广，而且与低碳醇类溶剂混合，可以配制极性较强的农药热雾剂。

（3）表面活性剂　配制热雾剂时，需要在制剂中加入适量的表面活性剂，以降低液体的表面能力，使有效成分易于分散。此外，当植物枝、茎、叶表面或昆虫表皮有水分存在时，雾滴飘落在靶标上后，表面活性剂可以帮助油性雾滴在靶标上润湿、展开，以增大药液的黏着性和覆盖面而提高药效和延长持效期。常用的表面活性剂有阴离子型表面活性剂、非离子型表面活性剂以及它们的复配组分。要根据不同的原药和溶剂，通过试验来选用适宜的表面活性剂。

（4）稳定剂　一般热雾剂的热贮稳定性都比较好，如果热贮稳定性不符合标准，则需在制剂中添加稳定剂。常用的稳定剂有有机酸类、酚类、醇类、抗氧剂、环氧氯丙烷、妥尔油等。其具体选用方法是针对原药品种，通过配方试验，筛选出适用的稳定剂品种及用量。

（5）增效剂　为了增强有效成分的药效和延缓病菌、害虫的抗性发展，常在热雾剂的组成中加入适量的增效剂。常用的增效剂有胡椒基醚类（如增效醚PB）、增效砜、增效醛和增效磷等。要根据主剂的品种，通过药效筛选试验来选用增效剂。

（6）防药害剂　植物表面是由抗水而亲油的油溶性物质组成的。因此，油剂往往对植物容易引起药害。为防止油剂对作物产生药害，首先考虑的是选用安全的溶剂。然而，低挥发性的芳香烃类和醇类的溶剂，对作物的毒性较高，用其配制油剂，有时达不到对作物安全的要求，必须添加药害防止剂（安全剂）。国外曾用过植物或动物蜡或它们的水解产物，如蜂蜡、糖蜡、羊毛脂酸和羊毛醇等作"降低药害剂"。要根据热雾剂的组成来选用安全剂。

（7）防飘移剂　为了提高靶标上的沉积量，常在热雾剂中加入适量的防飘移剂，以增大热雾剂的密度。防飘移剂既可是固体，也可以是液体，但须能在溶剂中溶解或与热雾剂互溶。如用一线油或二线油作溶剂时，曾用对位二氯苯作防飘移剂。

三、热雾剂的加工方法

热雾剂的加工技术和农药乳油、超低容量制剂加工方法大体相同（图4-13）。以制备哒螨酮热雾剂为例，具体操作程序为：从计量槽中放入一定量的主溶剂到反应釜中，开启搅拌器，在搅拌下投入定量的原药和表面活性剂后，停止加料，分别由计量槽加入助溶剂、黏着剂和增效剂等其他助剂。物料加完后继续搅拌，得均匀单相产品。经检验，如含量偏高或偏低可补加适量的溶剂或原药，再搅拌均匀，得到合格产品后，将产品抽入成品贮槽中，供包装用。

热雾剂通常采用塑料桶包装，每桶质量不得超过20kg。用玻璃瓶包装时，每瓶净重500g，紧密排列在钙塑瓦楞箱内。根据用户要求或订货协议，也可以采用其他形式的包装。

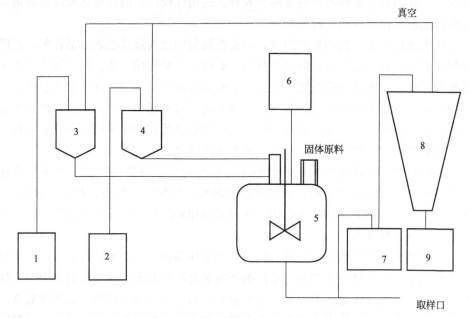

图 4-13　哒螨酮热雾剂加工工艺流程

1—溶剂；2—助剂；3，4—计量槽；5—反应釜；

6—冷凝器具；7—过滤器；8—成品贮槽；9—包装线

四、性能指标与包装

迄今为止，联合国粮农组织和世界卫生组织颁布的农药制剂标准中尚无农药热雾剂产品的技术标准。根据符合安全使用要求以及实践中所积累的经验，建议热雾剂产品参考以下技术标准。

（1）外观　均相液体，无可见沉淀物和悬浮物。

（2）有效成分含量　有效成分含量不得小于标签所标明的含量。

（3）水分　热雾剂的水分含量应小于或等于 0.2%。

（4）酸度　热雾剂的酸度（以 H_2SO_4 计）一般应小于或等于 0.2%。

（5）黏度　热雾剂的黏度是影响雾滴大小的因素之一。应通过药剂与施药机械的性能确定合适的黏度。

（6）闪点　热雾剂遇到高温高速气流，如果闪点过低，有可能着火和有效成分产生分解的危险。所以要求制剂的闪点尽可能高一些，但这会增加选择有机溶剂的困难，根据经验，暂定热雾剂的闪点应大于或等于 75℃。

（7）热贮稳定性　热贮稳定性是衡量热雾剂中有效成分是否稳定的一项重要指标。热雾剂在 (54±2)℃下贮存 14d，有效成分的分解率一般应小于或等于 5% 为合格。

（8）低温稳定性　热雾剂低温稳定性技术指标和农药乳油相同。

（9）热分解率　通过烟雾机发烟后，有效成分的分解率一般应小于或等于5%为合格。

五、配方实例 ▪▪▪▪

例一：三唑酮热雾剂的配制

三唑酮原药10～20份、石油芳烃溶剂（二线油或三线油）65～80份、DMF 3～10份、表面活性剂（0201B）3～10份加入调制釜中，搅拌、过滤得成品。

例二：15%毒死蜱烟雾剂的制备

原料配方（质量分数）：毒死蜱15%；表面活性剂，OP-4　5%；溶剂，邻二氯苯40%、松节油三号35%；助溶剂，丙二醇5%。

制备方法：首先将活性成分与溶剂、助溶剂一起加入调制釜中，在搅拌加热50℃以下溶解，待完全溶解后，再将表面活性剂加入，继续搅拌、加热至成为透明均相溶液。冷却至室温，过滤除少量残渣，将成品进行分析检测，达到产品合格标准后即可包装贮运。

参 考 文 献

[1]　曹永松，聂思桥，龙胜佑.22%残杀威热雾剂的研究.卫生杀虫药械，1999，01：28-30.

[2]　曾鑫年，田梦，陈凯哥，赵金鹏.除虫菊素热雾剂及其制备方法与应用：CN，102511477A.2012-06-27.

[3]　陈福良，曹坳程，刘勇良，等.氨氯吡啶酸静电喷雾油剂及其制备方法：CN，102057896A.2011-05-18.

[4]　党志红，高占林，潘文亮，李耀发.氰戊菊酯油剂及其用途：CN，100477916C.2007-07-04.

[5]　邓新平，何林，赵志模.30%虫螨净烟雾剂对桔蚜和桔全爪螨的控制作用.农药，2003，01：21-22.

[6]　丁春.高氯胺菊酯热雾剂：CN，102885069A.2013-01-23.

[7]　丁克坚，叶正和，陈莉，苏贤岩.一种含丙环唑和毒死蜱的热雾剂及制备方法：CN，101773113A.2010-07-14.

[8]　冯建国，张小军，于迟，等.我国农药剂型加工的应用研究概况.中国农业大学学报，2013，18（2）：220-226.

[9]　冯建国，张小军，赵哲伟.农药水乳剂用乳化剂的应用研究现状.农药，2012，51（10）：706-709，723.

[10]　华乃震.安全和环保型的农药水乳剂.现代农药，2003，2（5）：28-31.

[11]　黄冬发，黎焕光，梁闻.15%毒死蜱烟雾剂防治甘蔗棉蚜药效试验.甘蔗糖业，2004，04：19-20.

[12]　黄建荣.现代农药加工新技术与质量控制实务全书.北京：北京科大电子出版社，2004.

[13]　黄向东，张天栋，臧秀强.飞机超低量喷洒阿维菌素防治马尾松毛虫试验.中国森林病虫，2001，04.7-9.

[14]　姜磊，周惠中.农药水乳剂.农药，2002，49（9）：43，45.

[15]　焦海洲，卫念理，关慎伟.超低容量喷雾剂双敌油剂与飞防用敌百虫油剂的研制.河南化工，1983，01：21-24.

[16]　解敏雨，刘同英. 毒死蜱烟雾剂及其制备方法：CN，1233240C. 2005-12-28.

[17]　李谱超，赵军，林雨佳，等. 农药水乳剂、微乳剂研发与生产中存在的问题及对策. 农药管理与科学，2011，32（2）：26-30.

[18]　李姝静，郭勇飞，李彦飞，等. 农药水乳剂稳定性机制研究进展. 现代农药. 2012，4（4）：6-10.

[19]　李卫国，李耀秀，迟海军，卢镇. 一种用于防治水稻纹枯病的超低容量组合药剂：CN，101755734A. 2010-06-30.

[20]　李耀秀，陈玲，罗常泉，李现玲. 一种含氰戊菊酯的超低容量静电油剂：CN，101755743A. 2010-06-30.

[21]　刘步林. 农药剂型加工丛书. 北京：化学工业出版社，2004.

[22]　刘钰，温劲，王伟，等. 农药水乳剂稳定性研究. 世界农药，2009，31（4）：43-49.

[23]　刘钰，温劲，王伟. 液体原药被制备成农药水乳剂稳定性研究. 世界农药，2009，31（6）：39-44.

[24]　骆焱平，朱俊洪，张方平. 一种螺螨酯热雾剂及其制备方法. CN，101816303A. 2010-09-01.

[25]　汤坚，丁超，刘平，等. 速灭灵烟雾剂防治马尾松毛虫的研究. 安徽农学院学报，1991，02：107-112.

[26]　唐卫，卢镇，王群利，等. 含毒氟磷的超低容量液剂：CN，102657219 B. 2012-09-12.

[27]　屠豫钦. 农药剂型与制剂及使用方法. 北京：金盾出版社，2007.

[28]　王广远，刘同英，张祖新，等. 粉锈宁烟雾剂：CN，86103076. 1987-11-11.

[29]　王广远，刘同英，罗明科. 三唑酮热雾剂的稳定性研究. 农药，1990，06：21-22，20.

[30]　王广远. 三唑酮热雾剂的研制. 农药，1997，05：20-22.

[31]　王以燕，宋俊华，赵永辉，等. 浅谈我国农药剂型名称和代码. 农药，2013，10：703-709，716.

[32]　邬国良，刘奎，黎忠城，等. 烟雾剂对蔗田东亚飞蝗的防治试验. 热带农业科学，2002，04.26-27.

[33]　邬国良，郑服丛. 丙环唑超低量制剂及其制备方法：CN，101743974A. 2010-06-23.

[34]　杨进高，王素琴，田勤俭，等. 腈菌唑-咪鲜胺热雾剂：CN，102090410A. 2011-06-15.

[35]　张登科，魏方林，朱国念. 我国农药水乳剂的发展现状及稳定机理研究. 现代农药，2007，6（5）1-4，13.

[36]　张强，周省金，汪国平，等. 农药水乳剂专用乳化剂的研制. 农药研究与应用，2008，12（1）：18-19.

第五章 微生物制剂

微生物农药是指微生物及其代谢产物和由它加工而成的具有杀虫、杀菌、除草、杀鼠或调节植物生长等活性的物质。包括活体微生物农药和农用抗生素两大类。前者主要包括 Bt（苏云金芽孢杆菌）制剂、病毒杀虫剂、真菌杀虫剂和真菌除草剂；后者主要指微生物所产生的一些有活性的次级代谢产物及其化学修饰物。微生物农药具有许多优点：①特异性强，选择性高，对脊椎动物和人类无害；②对病虫害的防治效果良好，有自然传播感染的能力；③害虫不易产生抗药性；④能保护害虫天敌；⑤不污染环境。

微生物农药的加工与化学农药相比，其难度更大，技术含量更高，施用时对环境条件的改变更敏感，不能简单地模仿化学农药的加工方式，为此，将微生物制剂单列一章进行介绍。

第一节 微生物农药的生产

一般情况下微生物的生命周期短，对外界环境条件比较敏感，如紫外线、温度、湿度、酸碱度、光照强度等。如球形芽孢杆菌悬浮剂在碱性条件下杀虫活性迅速降低；Bt 在自然环境下的半衰期为 4～7d，受紫外线辐射影响 Bt 制剂的药效期仅有 3～5d。所以，在微生物农药的生产加工、贮存、运输、施用等各个环节都要采取相应的措施以保证微生物的活性，才能使其发挥真正的效用。

一、细菌类微生物农药的生产 ▪▪▪▪

苏云金芽孢杆菌（Bt）杀虫剂的生产介绍如下。

（1）菌种选育　采用诱变的方法筛选高毒力的菌株，并且，菌种一旦出现退化，应立即采取措施，使菌种复壮。

（2）菌种保藏　苏云金芽孢杆菌的保藏方法一般有：液体石蜡法、沙土管保藏法、土壤保藏法、滤纸带保藏法和昆虫尸体保藏法等。

苏云金芽孢杆菌经过长期人工培养或保藏会发生毒力减退、杀虫率降低等现象，可用退化的菌株去感染菜青虫的幼虫，然后再从病死的虫体内重新分离典型菌株，如此反复多次，就可提高菌株的杀虫率。

（3）菌种活化　将具有高活性的菌株在专用培养基上活化。

（4）发酵　Bt 杀虫剂的生产主要有深层液态发酵和固态发酵两种方式。其中深层液态发酵适用范围广，能精确控制，效率高，易于机械化和自动化。固态发酵具有环境污染小、能耗低、工艺简单、投资省、产物浓度高且后处理方便等优点，在 Bt 生物农药的生产中逐渐显示出其优越性。合格的成品一般每克应含有 50 亿～100 亿活芽孢。

二、真菌类微生物农药的生产

1. 白僵菌的生产

（1）菌种筛选　筛选方法有僵虫法、土壤分离法、大蜡螟诱饵法、活虫体法等，以此获得活性菌株。

（2）菌种选育　为了减少菌株退化，通过诱变处理、单孢分离、原生质体融合、基因克隆等技术或手段，获得稳定的活性。

（3）菌种退化及其控制　①保持良好的培养条件，定期进行虫体复壮；②人工强制形成异核体；③筛选稳定的高毒力单孢株；④最有效的调控措施是采取生物工程技术，培育出稳定的高毒力菌株。

（4）固体发酵　发酵是当前白僵菌工业生产采用的主要方式，生产工艺是：菌种→斜面菌种→二级固体→三级固体扩大培养→干燥→粉碎过筛→成品包装。

（5）质量标准　平均活孢子 80 亿/g，幅度（50 亿～90 亿）/g，孢子萌发率90％以上，水分 5％以下。颗粒剂，含活孢子 50 亿/g。白僵菌产品为白色至灰色粉状物。

2. 绿僵菌的生产

绿僵菌主要以气生分生孢子、液生分生孢子和干菌丝为田间害虫防治的制剂成分。目前，国内外发酵绿僵菌的方法主要有液体深层发酵、固体发酵和液固双相发酵。

（1）液体深层发酵　绿僵菌的液体深层发酵主要是在发酵罐里进行的，绿僵菌在液体培养条件下，通过菌丝隔膜间裂殖或细胞酵母式芽殖产生芽生孢子或深层发酵分生孢子。绿僵菌在液体深层发酵中，生长发育过程大致为：振荡培养24h后，绿僵菌分生孢子开始萌发，原生质转移至芽管生长点，芽管白孢子一端或两端伸出。36h菌体呈网状；48h菌体呈团状；60h菌体出现产孢结构，开始形成液生芽孢子，液生芽孢子呈长卵形；72h液生芽孢子开始大量形成。部分芽孢子以循环产孢方式，不经营养生长阶段，直接从芽孢子上形成分生孢子。液生分生孢子卵球形，与气生分生孢子有明显差异。

① 发酵流程　斜面菌种→摇瓶培养→发酵罐培养→干燥→包装。

② 培养基质　蔗糖、可溶性淀粉和乳糖是液体培养产分生孢子的较好碳源，而花生饼粉、酵母浸出汁和蛋白胨是较理想的氮源，且复杂的氮源比简单的氮源更有利于液生分生孢子的形成。

（2）固体发酵　固体发酵是指利用自然底物作碳源及能源，或利用惰性底物作固体支持物，其体系无水或接近无水的发酵过程。

① 发酵流程　原始菌种→斜面菌种→固体种子→固体培养→预干燥分离孢子→后干燥→包装→保存。

② 发酵方式　固体发酵根据具体条件和生产规模可采用多种方式，如瓶、盘培养及厚层通风培养等。固体发酵比较适合真菌杀虫剂的生产，因为虫生真菌几乎都是好氧的，它们在固态培养料的细小颗粒表面可形成大量的气生分生孢子。所以，固体发酵在绿僵菌生产中越来越受到人们的重视。

③ 培养基质　固体发酵培养基组成简单，常采用来源广泛且便宜的天然基质或工农业下脚料，如麸皮、玉米芯粉、大米等，同时也可以包括没有营养的蛭石、海绵甚至织物等。

（3）液固双相发酵　液固双相发酵是指经液体深层培养出菌丝或芽生孢子后，接入浅盘或其他容器的固体培养基上产生分生孢子的方法。由于物理学、酶学及生物学特性，液固双相发酵是迄今所知国内外气生分生孢子最成熟的生产工艺，由于其经济实用、生产效率高而被广泛采用。其发酵过程包括液体发酵和固体发酵两个阶段，具体是通过摇瓶或发酵罐快速产生大量菌丝或芽生孢子，然后转接到固体培养基或惰性基质上产孢子。

① 发酵生产工艺流程　原始菌种→斜面菌种→摇瓶培养→发酵罐→固体培养→预干燥→分离孢子→后干燥→包装→保存。

② 培养基质　大规模发酵生产绿僵菌分生孢子主要以大米、麦麸和米糠为基质。其中大米及其大米副产品广泛应用于绿僵菌发酵的培养基质。

液固双相发酵综合了液体发酵和固体发酵的优势：①提高培养真菌的竞争力，降低杂菌的污染；②提高真菌产分生孢子的速度，降低真菌的培养时间和使用空间；③液体培养阶段对可能受杂菌污染种子斜面培养基做进一步筛选；④确保接种菌液对固体颗粒物质的均匀覆盖,使菌体能同步生长。

3. 虫霉杀虫剂的生产

大多数虫霉为专性昆虫病原真菌,对营养要求很高甚至苛刻,人工分离培养的难度很大。这使得虫霉菌种在应用方面一直受到限制。

(1)虫霉分离培养 虫霉大致可分为 4 类:一是新月霉科的耳霉,它们最容易分离培养,在普通培养基上即可生长良好;二是巴科霉、虫疫霉、虫瘟霉等,这些需加入蛋黄、牛奶等特殊的营养才能正常生长;三是虫霉、噬虫霉、新接霉,它们需用昆虫组织培养的方法进行分离和有限繁殖;四是斯魏霉,它们不能进行人工分离培养。蝇虫霉和实蝇虫霉是蝇类的重要生防因子,目前只采用活体接种的方法,得到受感染的活蝇或蝇尸,捣碎后再释放到环境中防治蝇类和实蝇类。

(2)虫霉的生产 在虫霉的生活史中,有 3 个阶段可在人工培养基上产生和采收:菌丝、分生孢子和休眠孢子。到目前为止,虫霉应用技术的研究主要针对菌丝和休眠孢子。

目前虫霉杀虫剂在生产过程中主要存在的问题是:虫霉的培养条件苛刻,有些虫霉至今无法人工培养,即使能够人工培养,也需要较高的营养条件,使得培养成本高,不利于大规模生产。

三、病毒类微生物农药的生产

目前研究较多、应用较广的是核型多角体病毒(NPV)、颗粒体病毒(GV)和质型多角体病毒(CPV)。目前病毒杀虫剂的生产方式主要有:①以健康寄主昆虫作为活体培养基生产病毒杀虫剂;②虫害大发生时,在田间直接喷洒病毒悬浮液,任其自然感染并在昆虫体内大量增殖;③在室内人工大量饲养昆虫,然后接种病毒,病毒大量增殖后破碎虫体,回收病毒。其中第三种方式,是目前病毒杀虫剂所采用的主要方式,不同病毒的生产工艺类似,生产流程见图 5-1。

1. 核型多角体病毒杀虫剂的生产

核型多角体病毒杀虫剂 NPV 是应用最广泛的昆虫病毒。在中国已进入生产的核型多角体病毒杀虫剂有:棉铃虫 NPV、斜纹夜蛾 NPV、油桐尺蠖 NPV、茶黄毒蛾 NPV、舞毒蛾 NPV、美国白蛾 NPV、杨尺蠖 NPV、甘蓝夜蛾 NPV 等。现以斜纹夜蛾 NPV 为例,介绍 NPV 杀虫剂的生产工艺及流程。

(1)健康斜纹夜蛾幼虫的人工饲养和管理。①人工饲料的成分:黄豆粉、山梨酸、麸皮、尼泊金、酵母粉、水、琼脂、L-抗坏血酸。②卵管理:在幼虫孵化前一天,用 5%福尔马林溶液将卵块浸泡 15min,无菌水漂洗 3 次,灭菌纸上晾干,移入盛有人工饲料的塑料盒里,放置 25℃条件下孵育。③幼虫管理:根据幼虫的生

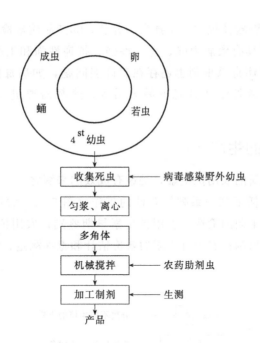

图 5-1 病毒杀虫剂生产流程

活习性和饲养密度要求,把幼虫分为两阶段进行饲养。1~4龄幼虫饲养密度可为300~500粒/盒;4龄后,饲养密度要适当调小。由于4~6龄幼虫蜕皮会吐水,造成容器湿度过大,影响生长发育,所以相对湿度应适度调低。④蛹的管理:将老熟幼虫放入自制沙营造蛹室(在已消毒的有纱盖的木盒里,放入10cm高的已高温消毒的沙子),待蛹体变黑后,挑取个体大,富有光泽,有活力的蛹,放入产卵箱羽化。⑤成虫管理:将蛹放入垫有湿滤纸的培养皿中,移入纸制养虫笼内,每笼放10对蛹,成虫交配产卵后收捡卵块。

(2)幼虫感染和回收。将饲养至4龄的幼虫,按一定浓度进行涂毒感染,饲养24h后换无毒饲料。从感染后的第5天开始收集病死虫。收集的死虫及时处理或冷藏。

(3)病毒提取干燥。将病虫尸以1:10与自来水混合,倒入电动匀浆机研磨过滤,滤液经差速离心法,离心3~4次,收集沉淀,将沉淀按1:1加入填充剂,-20℃保存。取冻结的沉淀物机械粉碎,便可获多角体干粉。显微镜下细胞计数确定含量,4℃保存备用。

(4)产品的质量检测与药效 含量-毒力测定-卫生性检测-安全性检测。

2. 颗粒体病毒杀虫剂的生产

我国颗粒体病毒有菜粉蝶GV、小菜蛾GV、黄地老虎GV。菜粉蝶GV杀虫剂的生产工艺与核型多角体病毒类似,简易生产流程如下:①人工饲料饲养菜青虫；②感染回收；③颗粒体提取；④拌合、分装；⑤产品质量检验。

由于病毒杀虫剂具有致病力强、专一性强、抗逆性强和生产简便等优点，发展前景十分广阔。但病毒杀虫剂也还存在着许多问题，如病毒的工业化生产还有困难，病毒多角体在紫外线及日光下易失活等，这都需要进一步的研究并加以解决。

四、农用抗生素的生产

从放线菌中寻找新的农用抗生素，是最有成效的来源之一。从放线菌中寻找新的农用抗生素大致包括下列一系列综合性的工作（图 5-2）：农用抗生素产生菌的分离；农用抗生素产生菌的筛选；农用抗生素早期鉴别；农用抗生素的生产工艺；农用抗生素的提取和精制；农用抗生素的效价估计和毒性测定；农用抗生素的理化性质和结构的确定等。

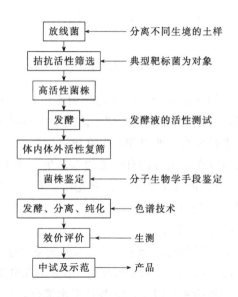

图 5-2　农用抗生素筛选的基本程序

（1）农用抗生素产生菌的分离　采集不同的土壤样本；采用高氏 1 号、甘油精氨酸、葡萄糖天门冬素、黄豆饼粉浸汁和马铃薯葡萄糖等培养基分离培养放线菌；农用抗生素杀菌剂的筛选，以体外测定抑菌圈的大小作用为筛选手段和依据；农药抗生素杀虫剂的筛选，可直接使用如绿豆象、红蜘蛛等来作杀虫活性的测定，也可以用幼龄蚕作为筛选模型。

（2）农用抗生素的发酵、分离和纯化　现代抗生素工业生产过程如下：菌种→孢子制备→种子制备→发酵→发酵液预处理→提取及精制→成品包装。

第二节 微生物制剂的加工

与化学农药相比，微生物农药市场份额不足全球市场的 5％。究其原因，首先与微生物农药自身的发展状况有关，其次与当前微生物农药的制剂水平和施药技术有关。有学者指出，生物农药的制剂加工好坏或制剂水平的高低，已成为微生物农药开发成功的瓶颈。因此微生物农药的制剂加工比化学农药的加工难度更大，如果只是简单地模仿化学农药的加工方式，是很难达到预期的施用效果的。

一、微生物制剂的特性

（1）微生物农药中的有效成分是活体微生物，一般微生物都是颗粒物质，是不溶于水的生物体，其颗粒大小可以从纳米级（病毒）到微米级（线虫）不等，这种颗粒性和疏水性直接影响其制剂的润湿性、分散性和悬浮性等物理性能。但在使用过程中，又必须将有效活体与载体混合均匀施用于不同的靶标上，使其均匀分布以获得有效沉积并维持活性。

按照化学制剂模式制成的微生物农药制剂在润湿性、分散性、悬浮性等物化性能方面相对于化学农药都存在很大的差距。目前在农药制剂的考察指标中，几乎没有针对施药液后药液分布情况的考察，而微生物农药正因为不同于化学农药，除了制剂中的微生物含量是其中一项考察指标外，如孢子（菌）数、活孢（菌）率，施药液后的物化指标（如润湿性、展着性能等）也是考察的重点。

（2）微生物作为生物体，具有对外界各种环境因素如温度、湿度和光照等比较敏感，制剂贮存稳定性差，田间持效期短，作用速度慢等缺点。所以在选择助剂时除需考虑制剂理化性能之外，还要考虑选择一些特殊助剂，如防光剂、增效剂等。

（3）微生物农药的活体对某些农药助剂敏感，可能造成活体死亡、孢子自然萌发或者微生物能够降解该助剂，使得该助剂可能完全不能发挥作用。因此，在选择助剂时，必须选择与微生物农药具有良好相容性的助剂。

（4）微生物制剂的一些加工手段也限制了微生物农药制剂的加工。如，为了提高悬浮率，在生产悬浮剂时减小颗粒细度进行高剪切的打磨，容易对活体微生物的细胞造成机械损伤，使其失活或致死。生产粉剂时的粉碎过程也可能对微生物个体产生伤害，生产乳油制剂的有机溶剂对环境有负作用，这与生物农药的环保原则背道而驰。

有些制剂是微生物农药所特有的，如，细菌杀虫剂 Bt 可加工为乳悬剂、水分散粒剂、微胶囊剂等；真菌杀虫剂白僵菌和绿僵菌可制成可湿性粉剂、孢子粉油剂、孢子水悬剂、白僵菌微囊剂和绿僵菌菌丝体颗粒剂等；真菌除草剂粉剂和干粉状制剂等。总的趋势是微生物农药剂型的加工逐渐由水基剂向油基剂，从液体制剂向固体制剂，从粉末状制剂向颗粒状制剂方向发展。表 5-1 为我国已商品化的微生物农药主要品种及剂型。

表 5-1　我国已商品化的微生物农药主要品种及剂型

活体微生物		抗生素	
名　称	剂　型	名　称	剂　型
地衣芽孢杆菌	水剂	春雷霉素	可湿性粉剂、水剂
假单胞菌	可湿性粉剂	多抗霉素	可湿性粉剂、水剂
荧光假单胞菌	可湿性粉剂、水分散粒剂	井冈霉素	可湿性粉剂、水剂
蜡质芽孢杆菌	可湿性粉剂、悬浮剂	赤霉素	膏剂、可湿性粉剂、结晶粉、乳油、水溶性粒剂、水溶性片剂
苏云金芽孢杆菌	颗粒剂、可湿性粉剂、水分散粒剂、悬浮剂	硫酸链霉素	可湿性粉剂
棉铃虫 NPV	可湿性粉剂、悬浮剂	中生菌素	可湿性粉剂、水剂
斜纹夜蛾 NPV	可湿性粉剂	宁南霉素	水剂
苜蓿银纹夜蛾 NPV	悬乳剂	农抗 120	水剂、可湿性粉剂
小菜蛾病毒	可湿性粉剂	土霉素	可湿性粉剂
枯草芽孢杆菌	可湿性粉剂、悬浮种衣剂	武夷霉素	水剂
木霉菌	可湿性粉剂	浏阳霉素	乳油
块状耳霉菌	悬浮剂	阿维菌素	可湿性粉剂、乳油、微乳剂
厚孢轮枝菌	母粉、微粒剂	双丙氨磷	可湿性粉剂

二、微生物农药助剂 ▪▪▪▪

微生物农药助剂的选择，如改善制剂理化性能的各种助剂的选择与化学农药大致相同。但由于微生物农药在贮存过程中和田间使用后易受环境条件的影响，作用速度较慢，防效不稳定等，所以微生物农药制剂的保护剂和增效剂一直是研究重点。

1. 微生物农药保护剂

微生物农药保护剂主要有两类：一类在贮存过程中防止微生物菌体受到损伤，如防止 Bt 晶体蛋白分解，防止真菌孢子萌发，防止线虫死亡等。这类保护剂研究较少，目前主要靠选择适当的剂型来防止微生物体在贮存过程中受到损伤。另一类是保护微生物农药施用到田间后免受不利环境的影响的保护剂，如防光剂等。

（1）紫外线保护剂　由于阳光紫外线对微生物农药的破坏作用最突出，所以

Bt 杀虫剂和病毒杀虫剂的保护剂研究主要是筛选紫外线（UV）防护剂。阳光中紫外线被划分为三组射线，分别是 A 射线、B 射线和 C 射线（简称 UVA、UVB 和 UVC），波长范围分别为 400～315nm、315～280nm、280～190nm。其中波长为 240～300nm 的紫外线对昆虫病原微生物有致死作用，作用最强的波长为 265～266nm。紫外线保护剂的筛选工作已有 20 多年的历史，研究发现很多种紫外线保护剂对病毒和 Bt 都有保护效果。

① 黄酮类化合物　黄酮类化合物是一类分布广泛的天然植物成分，为植物多酚类代谢物。主要包括异黄酮（isoflavone）、黄酮（flavone）、黄酮醇（flavonol）、异黄酮醇（isoflavonol）、黄烷酮（flavavone）、异黄烷酮（isoflavavone）、查耳酮（chalcone）等。黄酮类化合物不仅是一种较强的捕捉剂和淬灭剂，而且由于分子结构中主要含有 5,4,7-三羟基黄酮和葡糖苷酸，具有很强的紫外线吸收能力，因此是良好的紫外线保护剂。

核型多角体病毒（NPV）在田间环境中易受紫外线照射而失活，在该病毒制剂中加入适量黄酮类紫外线保护剂，可提高 NPV 对害虫的致病率，延长其持效期，增强杀虫活性。

② 卵磷脂类　卵磷脂分为两种，广义的卵磷脂是指各种市售有机磷酸及其盐产品的惯用名称。主要成分有磷脂酰胆碱（PC）、磷脂酰胆胺（PE）、磷脂酸和磷酸肌醇（PI）；而狭义的卵磷脂是指磷脂酰胆碱。卵磷脂为两性分子，既具有脂溶性，又具有亲水性，其等电点为 pH6.7。纯净的卵磷脂呈液态，淡黄色，有清淡、柔和的风味和香味，可溶于乙醇、甲醇、氯仿等有机溶剂中，也能溶于水成为胶体状态，但不溶于丙酮。具有乳化功能、溶解作用、润湿作用、抗氧化作用、发泡作用、晶化控制功能、与蛋白质的结合作用和防止淀粉老化作用等，也是农药紫外线保护剂的良好材料。

③ 刺槐毒素　刺槐毒素可作为 NPV 的紫外线保护剂，可明显提高 NPV 对紫外线的抵抗能力。

④ 牛奶　根据紫外线难以穿透牛奶的特性，有些学者研究了牛奶对农药的紫外线保护作用，使用布氏白僵菌芽生孢子防治欧洲鳃角丽金龟时，曾用脱脂牛奶作为芽生孢子的黏着剂和紫外线保护剂，提高了防治效果。

（2）染料　研究认为，对 UVA 吸收能力强的染料对核多角体病毒（NPV）的保护能力强，对 330～400nm 有吸收的物质可作为 Bt 保护剂。刚果红可作为舞毒蛾 NPV 的紫外线保护剂，当浓度为 0.1% 时，刚果红就能对舞毒蛾 NPV 起到保护作用，当加入浓度为 1% 时，舞毒蛾 NPV 暴露在紫外线下 60min 后仍能保持 100% 的活性。此外，果绿、翠蓝、黑染料等都可作为紫外线保护剂，对多种微生物农药具有紫外线保护作用。

（3）荧光增白剂　荧光增白剂（fluorescent brightener）是一类能显著提高昆

虫病毒杀虫能力，加快病毒致死昆虫速度，提高昆虫病毒对紫外线的保护作用的化学因子。其本身结构性能稳定，在 360nm 紫外线照射下，其增强作用和光保护作用不被破坏，可望发展成为有效提高和改善昆虫病毒制剂，持续控制农林害虫的重要助剂，荧光增白剂主要品种包括 1,2-二苯乙烯类、二氨基-1,2-二苯乙烯类等。

关于荧光增白剂的研究结果表明：①只有二苯乙烯类荧光增白剂对病毒具有保护和增效双重作用，但不是所有的二苯乙烯类荧光增白剂都有效；②病毒荧光增白剂复合物必须被昆虫消化；③荧光增白剂对病毒无不良影响；④ 荧光增白剂作用于昆虫中肠；⑤荧光增白剂可扩大病毒的杀虫谱。荧光增白剂的作用机制目前尚不清楚，可能作用于昆虫中肠几丁质微纤丝，改变围食膜的透性，有些荧光增白剂可增加昆虫中肠对病毒的吸收作用。

（4）抗氧化剂　有研究认为 UV 辐射可使生物分子产生过氧化物自由基或氧自由基，然后破坏生物分子。所以，抗氧化剂可以对 Bt 和病毒（NPV）有保护作用。

2. 微生物农药增效剂

微生物农药增效剂的研究主要有荧光增白剂和病毒增效因子（viral enhancing factor，VEF，现改称 enhancin）等两方面的工作。研究表明，只有二苯乙烯类荧光增白剂对病毒具有保护和增效双重作用。研究表明黏虫（*Pseudaletia unipuncta*）颗粒体病毒（GV）的夏威夷株系对黏虫核型多角体病毒（NPV）有增效作用，这种作用是由包涵体内部一种被称为病毒增效因子的组分引起的。后来很多科学家又发现和研究了其他病毒增效因子，并对病毒增效因子的分子生物学进行了深入研究。病毒增效因子的作用方式可能是破坏昆虫中肠围食膜。各种化学添加剂（目的是提高昆虫肠道 pH 值或提高蛋白酶活性），如无机盐、氨基酸、有机酸、蛋白质溶解剂等；植物次生物质（有适当毒性的物质），如烟碱、印楝素、单宁酸等；取食刺激剂（增加昆虫对毒素的摄入量），如 COAX（棉籽粉＋棉籽油＋蔗糖＋吐温-80）等，都有不同程度的增效作用。

3. 微生物农药喷雾助剂

喷雾助剂是有别于农药加工的助剂，在农药喷施前临时加入药桶或药箱中，混合均匀后改善药液理化性质的农药助剂，又被称为桶混助剂。农药喷雾助剂主要有非离子表面活性剂、矿物油型助剂、植物油型助剂等。

对微生物农药的喷雾助剂的功能要求如下：①喷雾助剂对活体生物不会造成伤害，最好是无毒的天然产品，可被植物吸收利用和土壤微生物分解，符合绿色食品和有机食品的生产要求；②混合均匀后，药液中的活体生物个体具有良好的分散性、悬浮性和被保护作用；③能增进药液在靶标叶片或害虫体表的润湿、渗透和黏着性能，减少水分挥发、漂移损失，耐雨水冲刷，增加药效，减少用药量，提高农药利用率；④对环境的适应性好，在高温低湿、强光照下能维持活体活性，保证药效持续时间长；⑤喷雾助剂容易获得，用量省，操作使用方便；⑥可采用现有喷洒机具进行低容量或超低容量喷雾，节水节能，提高作业效率。

喷雾助剂应用于微生物农药的可行性：

① 喷雾助剂的使用是随用随混，即可以将微生物农药冷藏后，采用冷藏箱将微生物农药带至田间，解冻后可保持微生物农药活体的活性。不仅直接冷藏微生物农药费用比制成制剂后冷藏的费用低很多，而且冷藏方式可以提高微生物农药的贮存稳定性。另外，也可以减少场地空间的占用，减少耗能。

② 由于微生物农药的个体与水或其他载体不能互溶，当以雾滴形式喷施时，一般不宜采用太细小雾滴喷雾。因为采用小孔径喷头以细雾喷施，容易堵塞喷嘴；细小雾滴虽然穿透性、附着性好，覆盖率高，用药省，但单个小雾滴含有效物少，甚至为空白的无效雾滴；同时小雾滴易受环境因素影响，飘移到非靶标区，或者在空气中水分蒸发，微生物个体失水可能导致微生物个体死亡或半衰期缩短。而大雾滴含有足够的活性成分，又保持有一定的湿度，有利于活体的存活，但施药量大，大雾滴容易从叶面上滚落，附着性、捕获性差，有效利用率低。如果加入喷雾助剂增加雾滴的黏着性能和展布性能后，大雾滴则能黏附于靶标表面并迅速展布，可以避免飘移和流失。

③ 一般作物表皮覆盖着亲油性蜡质。若雾滴表面张力高于叶面临界表面张力，则形成与叶面不浸润的液珠，极易滑落。加入喷雾助剂后，药液表面张力降低，增加药液浸润叶面的能力和药液持留能力。目前大多数农药制剂未考虑该问题。某些化学农药中表面活性剂的用量没有达到其本身的临界胶束浓度（CMC），有些药剂的推荐浓度与表面活性剂达到临界胶束浓度时的药液浓度相差 10 倍以上，所以无从考察药液与作物临界表面张力的关系。这也是目前造成化学农药喷施后流失和污染环境的重要原因。微生物农药若采用喷雾助剂，则可针对所喷施作物的临界表面张力，进行合理配比施药，使得药液所载微生物农药均匀地分布于作物表面。应注意的是，若降低药液的表面张力，则易使药液喷施后持留量减少。

④ 对于外界环境对微生物农药的影响，可在药液中增加防紫外线助剂如荧光素钠、七叶灵、小檗碱等；为防止药液蒸发过快而导致微生物个体死亡或半衰期缩短，可在助剂中加入抗蒸发剂以保持微生物个体生存所需的水分。

⑤ 由于微生物农药药效发挥缓慢，目前微生物农药多与化学农药混用。这既能迅速控制病虫的危害，又能长远治理病虫害。但是某些微生物农药和化学制剂的相容性差，加入喷雾助剂可增强微生物农药与化学农药制剂的相容性，达到综合治理的目的。

⑥ 喷雾助剂多为易降解的化合物，可被植物和土壤微生物分解，被植物吸收利

用，而且用量少，有效解决了大剂量施药所带来的环境污染问题。

尽管喷雾助剂在应用于微生物农药中有很多优势，但是要真正实现喷雾助剂添加于微生物农药中还要做大量工作。首先，应对喷雾助剂的配方进行筛选；其次，应研究不同作物表面的临界表面张力和表皮性质；再次，由于环境因素对微生物农药的影响明显，所以对微生物农药添加喷雾助剂后的生物测定工作也很重要。

三、微生物可湿性粉剂

可湿性粉剂（WP）是由农药原药、惰性填料、表面活性剂和一定量的助剂，按比例经充分混合粉碎后，达到一定细度的粉体剂型。在微生物农药中，该剂型最为常见。例如：云南农业大学与中国农业大学以枯草芽孢杆菌 B908 为有效成分共同研制了"百抗"可湿性粉剂；河北省农林科学院以枯草芽孢杆菌 NCD-2 为菌株为有效活性成分研制了"萎菌净"可湿性粉剂；此外美国 AgraQuest 公司以枯草芽孢杆菌 QST713 为菌剂有效成分研制出"Serenade"可湿性粉剂。一般微生物发酵制备可湿性粉剂的工艺流程见图 5-3。

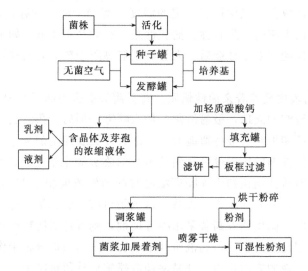

图 5-3　微生物可湿性粉剂加工工艺流程

下面以一种木霉菌可湿性粉剂的制备方法为例，配制方法如下：固体发酵物，40℃烘干备用；将风干好的固体发酵物 40～50g、分散剂（WLNPK 2～3g，D5001～2g）3～5g、润湿剂 3～4g、填料硅藻土 40～50g，用气流粉碎机粉碎至 325 目，再用混合设备充分混合均匀，即制备成木霉菌可湿性粉剂。

四、微生物水分散粒剂

微生物水分散粒剂与普通化学农药相比，其制剂加工更复杂。原因是：①活体微生物是颗粒物质，是不溶于水的生物体。它的颗粒性和疏水性直接影响制剂的润湿性、分散性和悬浮性等物理性能。②活体微生物对外界环境因素如温度、湿度和光照等比较敏感，制剂贮存稳定性差，田间持效期短，作用速度慢。所以在选择助剂时还要考虑选择一些特殊助剂，如保护剂、稳定剂等。③活的微生物与各种助剂的相容性比一般化学农药都差，某些助剂完全不能使用，因此选择助剂时要考虑与分生孢子的生物相容性。

以一种5亿活孢子/g木霉菌水分散粒剂为例，用挤压造粒法加工木霉菌水分散粒剂，称量各种助剂，混合均匀，经气流粉碎机粉碎，加入超细木霉菌分生孢子粉以及15%～25%的含有0.1%～3%黏结剂的水溶液，搅拌捏合成可塑形状，挤压造粒，然后在50℃的烘箱内干燥1～2h，得到产品。其工艺流程见图5-4。

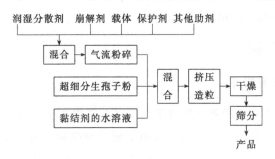

图5-4　木霉菌水分散粒剂加工工艺流程

（1）含孢量的测定　称取1g木霉菌水分散粒剂成品，悬于10mL 0.5%Tween-80溶液中，磁力搅拌30min，用血球计数板测定孢子悬液浓度，计算木霉菌水分散粒剂成品的含孢量。用血球计数板计数时，通常数5个中方格中的总孢子数，然后求得每个中方格的平均值，再乘以25或16，就得出一个大方格的总孢子数，然后换算成1mL悬浮液中的总孢子数。设5个中方格中的总孢子数为A，孢子悬浮液稀释倍数为B，如果是25个中方格的计数板，则：

1mL孢子悬浮液中的总孢子数=$(A/5)\times25\times10^4B=50000AB$（个）

计算出1mL孢子悬浮液中的总孢子数后，再乘以10即为1g木霉菌水分散粒剂成品的含孢量。

（2）活孢率的测定　称取1g木霉菌水分散粒剂成品，悬于10mL无菌水中，磁力搅拌30min，取0.1mL孢子悬浮液涂布在琼脂培养基（WA）平板上，设3个重复，（28±1）℃12h光照，12h黑暗，培养24h后镜检，每个平板所计孢子总数约500个。用出芽孢子数除以所计孢子总数即为活孢率。

（3）润湿性的测定　湿润时间采用刻度量筒试验法测定：①加500mL 342mg/L硬度水于500mL量筒内；②用称量皿快速倒1.0g样品于量筒中，不搅动；③立刻记秒表；④记录99%样品沉入桶底的时间。小于1min为合格。

（4）悬浮率的测定　制剂悬浮率和孢子悬浮率的测定，参照 GB/T 14825—2006《农药悬浮率测定方法》。量筒中剩余物为下悬液，用血球计数板测下悬液中孢子的含量。

（5）崩解性的测定　采用刻度量筒混合法进行，小于 3min 为合格。

（6）湿筛试验测定　参照 GB/T 16150—1995《农药粉剂、可湿性粉剂细度测定方法》中的湿筛法，崩解后通过 325 目试验筛，残留物不大于 0.3% 为合格。

（7）水分的测定　按 GB/T 1600—2001《农药水分测定方法》中的共沸法，水分小于 2% 为合格。

（8）粒度范围的测定　使用激光粒度分析仪测定产品的粒度范围。

（9）贮存期的测定　可湿性粉剂制成品在室温（10～20℃）下贮存，每隔 15d测定活孢率，连续测定 150d。

五、微生物悬乳剂

1. 白僵菌孢子悬乳剂

白僵菌孢子悬乳剂是指将分生孢子悬浮在由矿物油或植物油与乳化剂等助剂组成的乳液中配制的制剂，可用水稀释成孢子悬浮液喷雾，有利于提高孢子附着率，且与常规用药习惯相符。以惰性矿物油作为球孢白僵菌制剂的主要载体，辅以生物学相容的乳化剂、紫外线保护剂和悬浮稳定剂而配制的孢子悬乳剂，在田间试验中对蚜虫、粉虱及茶叶蝉表现出良好效果，持效期达 15～20d 甚至更长。

2. 苏云金芽孢杆菌（Bt）悬乳剂

以一种简便方法制备的苏云金芽孢杆菌（Bt）悬乳剂为例，简介微生物农药悬乳剂的制备方法。

（1）发酵液的后处理　将苏云金芽孢杆菌的发酵液用工业盐酸调至 pH5.0～6.5。并用薄膜浓缩器（或离心机）进行真空浓缩。

（2）检测　根据发酵液的含菌数及浓缩倍数估算含菌数为 100 亿/mL 时取样检测，化验符合产品质量标准时即可终止浓缩，压入贮罐。

（3）制备方法　取上述苏云金芽孢杆菌 5g，加入 0.2g 十二烷基苯磺酸钙、0.2g 蓖麻油环氧乙烷加成物、2g 棉籽油、3g 二苄基联苯酚聚氧乙烯醚、5g 二甲苯，加热至 60～80℃，同时不断搅拌，再加入 12g 的水，备用；再将 8g 淀粉胶、8g 褐藻酸钠分别加入 92g 水中进行水解，分别加热至 60℃，取上述水解后的胶液各 20g 进行过滤，过滤后混合，并搅拌均匀，将搅拌均匀的胶液加入前面制成的备用液中，在 300～600r/min 的转速下混合搅拌，同时自然降温 2h 后，即得苏云金芽孢杆菌悬乳剂。

（4）质量检验方法（芽孢数的测定）　将待测样品摇匀后迅速吸取 10mL 于等量的 0.5mol/mL 的 NaOH 溶液中。间歇摇动，处理 1～2h，使晶体全部自溶，直至显微镜检查无晶体为止。在 500mL 三角瓶（内装玻璃珠）中，装入 99.5mL 无菌水，将经 NaOH 处理过的样品摇匀后迅速用吸管吸取 0.5mL 于三角瓶中（即共稀释 400 倍）。用无菌吸管从充分摇匀的 400 倍稀释液中吸取少许，从盖玻片的一端注入血球计数板，使菌液沿玻片间渗入，并用滤纸吸干槽中流出的多余菌液，操作过程中血球计数板不得产生气泡。静置 15min 后再计数。计数方法同水分散粒剂中所介绍的方法。

（5）毒效测定

① 供试虫采集　人工饲养或野外采集（最好在特定区域范围内同一株植物上收集）龄期一致（一龄或二龄）、生长发育良好的健康昆虫（常用菜青虫，但要避免在喷药不久的作物上采取），在室内观察 1～2d 后备用。

② 一切用具洗净，用蒸汽灭菌 30min，备用。

③操作。将样品稀释 500 倍、1000 倍、1500 倍、2000 倍，每个浓度设 3 个重复。用 12cm 培养皿或罐头瓶作容器，其中放 2～3 片白菜叶，将菌液涂在菜片上（正、反两面），晾干后放入 20～25 头二龄菜青虫，同时做一组对照组。在 27～28℃光照下，饲养试验幼虫。试验后 24h、48h、72h 分别观察和记录死活虫数以及虫体化蛹数。结果根据计算 72h 菜青虫死亡率。

六、微生物微胶囊剂

微胶囊是以天然或合成的高分子材料作为囊壁，通过化学法、物理法或物理化学法将一种活性物质（囊心）包裹起来形成具有半透性或密封囊膜的微型胶囊。其优势在于形成微胶囊时，囊心被包裹在内而与外界环境隔离，使其免受外界的温度、氧气和紫外线等因素的影响，即使是性质不稳定的囊心也不会变质。而在适当条件下，壁材被破坏时又能将囊心释放出来，发挥药效。

利用微胶囊技术可以把微生物农药活性物质包覆在囊壁材料中形成微小的囊状制剂，从而起到延长药效、降低农药毒性、降低药物挥发、减少溶剂用量、减轻对环境的污染和提高药剂选择性等作用。微胶囊剂从外观看很像水乳剂，也是以水作为基质的非均相体系，活性成分包含在分散的油相之中。所不同的是在分散的油粒外层，微胶囊包以高分子聚合物构成的极薄的囊膜。此囊膜赋予了该微生物农药剂型许多重要的功能：①减少了环境因素（如光、热、空气、雨水和土壤）对微生物造成的失效影响，提高了药剂本身的稳定性；②囊膜可抑制活性成分的挥发性，掩蔽其原有的异味，降低它的接触毒性、吸入毒性和药害；③引入控制释放的功能，提高农药的利用率，延长其持效期，从而减少施药的用量和频率；④为多种不同性能的农药活性物质的有效复配提供极大的方便，如具杀虫活性的 Bt 与杀螨活性的阿维菌素的复配；⑤囊膜材料是惰性的，不会改变昆虫病原菌的休眠状态；⑥粒状或液体状的防护剂、增效剂都易于加入到微胶囊中，提高农药的药效。不难看出，微胶囊的上述功能，无论是对现有的微生物农药品种的改进和完善，或是促成新的微生物农药品种的成功开发和推广应用，都将是极其重要的。

1. 微胶囊的组成

（1）芯材　芯材亦称囊心物质，是微胶囊的活性组分，通常是液体、固体或气体，其组成可以是单一物质或混合物。微生物农药微胶囊芯材是微生物活体或其所产生的生物活性物质。

（2）壁材　壁材亦称包囊材料，是影响微胶囊性能的关键。壁材首先应具有成膜性，能在囊心物质上形成一层具有黏附力的薄膜，又与其发生化学反应没有毒副作用。同时还要考虑到产品的渗透性、稳定性、强度及囊心的释放速率等因素。工业上常用的壁材可分为2类，即天然的、半合成的或合成的高分子化合物。天然或半合成的高分子化合物包括：①蛋白质类，如明胶和酪蛋白等；②高分子糖类，如阿拉伯胶、淀粉、琼脂和黄原胶等；③纤维素类，如甲基纤维素、乙基纤维素、醋酸纤维素和羧甲基纤维素等；④脂肪酸及衍生物，如硬脂酸、软脂酸、虫胶和蜂蜡等；⑤无机高分子，如水玻璃胶等。合成高分子化合物包括：①乙烯基聚合物，如聚乙烯醇、聚甲基丙烯酸甲酯、聚乙烯吡咯烷酮和聚苯乙烯等；②聚酰胺、聚脲、聚氨酯和聚酯等；③其他，如氨基树脂、醇酸树脂、聚硅氧烷和环氧树脂等。

2. 微囊剂制备技术

微胶囊的制备方法种类繁多，主要有界面聚合法、原位聚合法、锐孔-凝固浴法、复合凝聚法、单凝聚法、油相分离法、复相乳液法、粉末床法、锅包法、空气悬浮成膜法、喷雾干燥法、蒸发法、包结络合法、静电结合法、流化床包衣法等。目前制备农药微胶囊，主要使用的是界面聚合法、锐孔-凝固浴法、复合凝聚法及流化床包衣法等方法。

（1）界面聚合法　界面聚合是指将农药以及能够形成囊壁材料的2种反应单体分别溶于互不相溶的2种溶液（通常为油相和水相）中，在两相界面发生聚合反应，生成的聚合物囊壁材料包覆农药，从而形成农药微胶囊。界面聚合法制备农药微胶囊的优点是：①反应速率快，在两相界面发生的缩聚反应可在几分钟内完成；②反应条件温和，通常在室温下即可；③对2种反应原料配比及纯度要求不严，易于实现工业化生产；④由于反应在界面进行，产物可不断离开界面，因而反应为不可逆反应，从而提高收率。

（2）锐孔-凝固浴法　锐孔-凝固浴法与界面聚合法不同之处在于，不是以单体通过聚合反应生成膜，而是以可溶性高聚物壁材为原料包覆囊心，在凝固浴中固化形成微胶囊。锐孔-凝固浴法的固化过程可能是化学反应，也可能是物理变化。如把褐藻酸钠水溶液用滴管或注射器一滴滴加入氯化钙溶液中时，液滴表面就会凝固形成胶囊。滴管或注射器是一种锐孔装置，而氯化钙溶液是凝固浴。

（3）复合凝聚法　复合凝聚法是水相分离法中的一种，其特点是使用2种带有相反电荷的水溶性高分子电解质作成膜材料，当2种溶液混合时，电荷相互中和而引起成膜材料从溶液中凝聚产生凝聚相。在该方法中，由于微胶囊化是在水溶液中进行的，所以囊心只能是非水溶性物质。

（4）流化床包衣法　将囊心置于流化床内，在气流的作用下快速规则运转，当囊心通过包衣区域时，包衣液在气压作用下呈雾化状均匀喷射在囊心表面，液滴在囊心表面铺展并相互结合，同时有机溶剂蒸发，聚合物由原来的伸展状变成卷曲交叉状，形成一小块一小块的衣膜，随着囊心反复被包衣液喷射，整个表面都被包裹起来。因为流化床能提供较高的蒸发热，故包衣效率高，在包衣区内，颗粒高度密集，物料混合均匀，被雾滴喷射的几率相等，包衣均匀度好。

3. 常见的微生物农药微胶囊制剂

常见的微生物农药微胶囊制剂有Bt淀粉胶囊剂、Bt生物微囊化产品、白僵菌微囊剂和线虫的海藻酸凝胶剂等。

（1）Bt淀粉胶囊剂　Bt淀粉胶囊剂目前已开发了一种可喷洒型制剂，是由Bt、蔗糖、预胶化淀粉或预胶化玉米面粉及其他助剂和防光剂等制成的预混物（淀粉比例较小）。该预混物加水后形成的悬液可直接用常规喷雾器喷洒，随着滞留在作物叶片上的雾滴不断干燥，淀粉浓度增加，雾滴便形成不溶性薄膜并将有效成分和其他成分捕集在膜内，加入蔗糖可使薄膜不易剥落。除Bt淀粉胶囊剂外，该剂型也适用于其他微生物农药，如真菌、病毒、原生动物和线虫等。

（2）Bt生物微囊化产品　由美国Mycogen公司采用生物微囊化技术（CellCap系统）研制的革兰氏阴性细菌荧光假单胞菌细胞微囊化Bt毒素蛋白产品MVP和M-Trak™已经获得EPA登记。

4. 农药微胶囊制剂实例

以一种聚γ-谷氨酸微生物微胶囊制剂为例，详述微生物农药微胶囊制剂的制作方法。该制剂是由新型有机高分子聚γ-谷氨酸和明胶交联形成囊壁，以活的微生物细胞作为囊心组成。该制剂不仅能提高微生物抗逆性，而且能够控制微生物在应用中的释放速度。

（1）微胶囊的囊壁材料水溶液的制备　①按质量分数配制1.5%～4.0%的聚γ-谷氨酸水溶液，备用；②按质量分数配制1.5%～4.0%的明胶水溶液，备用。

（2）菌悬液的制备　将微生物发酵，收集发酵液，12000r/min离心收集沉淀，然后用0.9%的生理盐水稀释到所需浓度。该方法适用的微生物为芽孢菌的芽孢、芽孢菌的营养体细胞、非芽孢细菌细胞或真菌孢子等。例如：枯草芽孢杆菌、苏云金芽孢杆菌、巨大芽孢杆菌、淡紫拟青霉等。

（3）微胶囊固定液和pH调整液的配制　①配制40.0%的甲醛溶液；②配制3mol/L的HCl和1mol/L的NaOH水溶液。

（4）微胶囊的制备　量取40体积份数质量分数为1.5%～4.0%的明胶水溶液，在35～50℃下，300～500r/min的磁力搅拌下缓慢加入5～20体积份数的菌悬液，在35～50℃下搅拌10～20min，然后慢速加入40体积份数质量分数为1.5%～4.0%的聚γ-谷氨酸水溶液，在35～50℃下搅拌10～20min，用3mol/L的HCl和1mol/L的NaOH水溶液调pH到3.8～4.2，在35～50℃下搅拌10～20min，按0.6mL/g明胶的量加入甲醛溶液，在35～50℃下搅拌10～20min，得到微生物微胶囊水剂，备用。

（5）将上一步得到的微生物微胶囊水剂，采用喷雾干燥或真空干燥或真空冷冻干燥得到固体微胶囊制剂。其中喷雾干燥条件：进口温度为（170±5）℃，出口温度为（70±5）℃，进料速度为（700±10）mL/min；真空干燥条件：70℃，－0.1～－0.09MPa；真空冷冻干燥条件：－110℃，－0.1～－0.09MPa。

具体应用时，将制备得到的微胶囊制剂按照控制菌体终浓度要求稀释原产品，并将所得稀释液调pH至中性，灌施到作物根部或喷施到作物叶面，使其起到促进作物生长或抗病作用。

参 考 文 献

[1] Beckaqe N. The range of insect virus. J Bioscience，2000，50（4）：371-373.

[2] Broderick N A，Raffa K F，Handelsman J. Midgut bacteria required for *Bacillus thuringiensis* insecticidal activity. PNAS，2006，103：15196-15199.

[3] Crickmore N，Zeigler D R，Feitelson J，Schnepf E，Van J，Rie，Lereclus D，Baum J，Dean D H. Revision of the nomenclature for the *Bacillus thuringiensis* pesticidal crystal proteins. Mol Biol Rev，1998，62：807-813.

[4] Ryan W，Kurtz A M，David O' Reilly. Insect resistance management for Syngenta，s VipCot transgenic cotton. Journal of invertebrate pathology，2007，95：227-230.

[5] Wen L，He K，Wang Z. Susceptibility of *Ostrinia furnacalis* to *Bacillus thuringiensis* and Bt corn under long-term laborato. Agricultural Sciences in China，2005，4（2）：125-133.

[6] Yuan Z，Cai Q. High level resistance to *Bacillus sphaericus* C3-41in field collected *Culex quinquefasciatus*. Biomedical and Environmental Sciences，1999，12（2）：155-155.

[7] Zhang X，Candas M，Griko N B，et al. A mechanism of cell death involving an adenylyl cyclase/PKA signaling pathway is induced by the Cry1Ab toxin of Bacillus thuringiensis. PNAS，2006，103：9897-9902.

[8] 阿地力·沙塔尔，张永安，王玉珠. 低温条件下苏云金芽孢杆菌增效剂的研究. 林业科学研究，2005，18（1）：70-73.

[9] 陈守文，冀志霞，邓友辉，等．一种微胶囊制剂及制备方法与应用：CN，102763684 A．2012-11-07．

[10] 陈永兵，吴若萍，兰海姑．芽孢杆菌可湿性粉剂防治番茄青枯病田间药效研究．上海农业科技，2005 (3)：97-97．

[11] 陈在佴，吴继星，张志刚．蜡质芽孢杆菌12-14菌株对苏云金杆菌增效作用的研究．湖北农业科学，2003 (4)：49-51．

[12] 段永兰，侯金丽，邢文会．我国微生物农药的研究与展望．安徽农业科学，2010，38 (8)：4135-4138．

[13] 方菁，袁方玉．球形芽孢杆菌缓释块剂对幼蚊的毒效试验．实用寄生虫病杂志，1994，2 (2)：7-9．

[14] 方新，王志学，冯键，等．BA-生物种衣剂对小麦应用效果的初步研究．微生物学杂志，2004，24 (2)：60-61．

[15] 高穗生，夏维泰，黄莉欣．核多角体病毒添加展着剂对甜菜夜蛾幼虫致病效果之影响．中华昆虫，1991，11：330-334．

[16] 李影，段锐．一种新型活菌制剂保存方法．吉林畜牧兽医，2004 (12)：54-54．

[17] 林同．舞毒蛾核型多角体病毒的基因及其在害虫防治中的应用．东北林业大学学报，2002，30 (2)：24-29．

[18] 刘国辉，威廉姆·福斯特，张秋莲，等．木霉菌可湿性粉剂及其制备方法：CN，101926325A．2010-12-29．

[19] 吕鸿声．昆虫病毒分子生物学．北京：科学出版社，1998．

[20] 吕鸿声．昆虫病毒与昆虫病毒病．北京：中国农业科技出版社，1985．

[21] 彭可凡．苏云金芽孢杆菌杀虫剂的剂型加工研究进展．微生物学杂志，2000，20 (1)：35-37．

[22] 申继忠．微生物农药剂型加工研究进展．中国生物防治，1998，14 (3)：129-133．

[23] 孙怀山．微生物农药在我国开发应用综述．安徽农学通报，2009，15 (19)：124 -125．

[24] 魏海燕，蔡磊明，赵玉艳，等．我国微生物农药的应用现状．干旱环境监测，2008，22 (4)：236-242．

[25] 许丽娟，刘冬华，刘红，等．我国微生物农药的应用现状及发展前景．农药研究与应用，2008，12 (1)：9-11．

[26] 杨丽荣，全鑫，刘玉霞，等．农用微生物杀菌剂研究进展．河南农业科学，2009，(9)：131-134．

[27] 喻子牛．苏云金杆菌．北京：科学出版社，1990．

[28] 张发文，刘维真，农向群，等．白僵菌可湿性粉剂的研制．生物防治通报，1992，8 (3)：118-120．

[29] 张敏．5亿活孢子/克木霉菌水分散粒剂的研制．重庆西南大学．2008．

[30] 张天良．苏云金芽孢杆菌微胶囊悬乳剂及其制备方法：CN，03139130.3．2003-08-16．

[31] 周燚，王中康，喻子牛．微生物农药研发与应用．北京：化学工业出版社，2006．

第六章 其他制剂

第一节 种衣剂

种衣剂是由农药原药（杀虫剂、杀菌剂等）、肥料、生长调节剂、成膜剂及配套助剂经特定工艺流程加工制成的，可直接或经稀释后包覆于种子表面，形成具有一定强度和通透性的保护层膜的农药制剂。

国际发展概况。1926 年美国的 Thornton 和 Ganulee 首先提出种子包衣。20 世纪 30 年代英国的 Germains 种子公司在禾谷类作物上首次成功研制出用作种子包衣的药剂。1941 年美国缅因州种子科技人员为便于小粒蔬菜和花卉种子的机械播种而采用包衣种子。20 世纪 60 年代前苏联首先提出"衣剂"的概念，20 世纪 70～80 年代在美国、德国等国家得到迅速发展和广泛应用。

国内发展概况。1976 年我国原轻工业部甜菜糖业研究所对甜菜种子包衣进行了研究。1978 年沈阳化工研究院进行了甲拌磷与多菌灵或五氯硝基苯为有效组分混配开发的种衣剂的探讨。1981 年中国农科院土肥所研制成功适用于牧草种子飞播的种子包衣技术。20 世纪 80 年代，中国农业大学主持种衣剂的研制，率先在国内开展了种衣剂系列产品配方、制造工艺及应用效果的研究和推广应用工作，先后研制成功适用于不同地区、不同作物良种包衣的种衣剂产品 30 多个型号。

一、种衣剂的特点和功能

种子包衣时，种衣剂中的成膜剂能在种子表而形成具有毛细管型、膨胀型或裂缝型孔道的膜，并将杀虫杀菌剂、肥料等活性成分及其他非活性成分网结在一起，从而在种子周围形成一个暂时"无活性"的微型"活性物质库"。种子播种后，膜质种衣在土壤中吸水膨胀，此时"无活性"的"活性物质库"转变为有活性的"活性物质库"，其活性成分通过膜孔道或者膜本身极缓慢的溶解或降解而逐步与种子及邻近土壤接触；丸化种衣则通过毛细管作用吸水膨胀、产生裂缝，其活性成分缓慢通过裂缝与种子及邻近土壤接触，从而参与作物苗期生长发育阶段的生理生化过程，由于活性物质系缓慢释放，不会因迅速淋溶或溶解而导致活性物质快速损失，或因农药、养分等突然聚集而产生药害。

"活性物质库"中的杀虫杀菌剂在种衣吸胀后，与种子表面及内部接触，杀死种传病菌、虫害；并在种子周围形成保护屏障，使其周围的病虫难以生存，从而有效防治土传和空气传播病菌、地下害虫以及有害生物、鼠、雀等。种子萌发后，"活性物质库"中的内吸性杀虫杀菌剂在渗透剂等助剂的帮助下，逐步被种子及植株吸收传导至地上未施药部位，继续起防病治虫作用，从而有效防控作物菌期病虫害。由于药力集中，利用率较高，加之与土壤接触，种衣剂不易受日晒雨淋及高温的影响，因而药效期远远长于其他施药方式，可节省用药量及次数，省工省时；同时高毒农药包裹于膜内，使之低毒化，施药方式变为隐蔽式，从而有效降低人畜、害虫天敌的中毒机会，减少环境污染。

"活性物质库"中生长素类及赤霉素类激素可以打破种子休眠，促进萌发，促进根系生长，提高出苗率、抗逆性及成苗率，三唑类生长延缓剂则可抑制幼苗体内赤霉素合成，提高苗内吲哚乙酸氧化酶活性，降低苗内吲哚乙酸含量，缓解顶端生长优势，促进侧芽分蘖，缩短节间，增粗茎秆，促进根系发达，从而提高壮苗率，为增穗增产打下良好基础。

"活性物质库"中常量及微量元素肥料可以弥补土壤肥力不足，满足作物苗期正常生长所需养分，有效防治作物缺素症；有益微生物则起促进幼苗生长及拮抗病菌等作用。

种衣剂的主要作用有以下几点。

（1）有效防治苗期病虫害。种衣剂衣膜内的杀虫剂、杀菌剂等能在作物苗期缓慢释放，杀灭地下害虫，同时通过内吸传导至植株上部，从而有利于提高种子质量，有效防控苗期虫害和系统侵染性病害。

（2）促控幼苗生长，提高作物产量。种衣剂中的微肥和植物生长调节剂等活性成分在作物苗期缓慢释放，提高种子出芽率，促控幼苗生长，增强抗逆性，培育健壮苗，有利于最终提高作物的品质和产量。

（3）节约种子和农药，降低生产成本。衣膜内的活性成分可有效减少烂种和死苗，提高成苗率。同时包衣种子质量高，可精量播种，从而减少用种量。由于衣膜内农药持效期长，可减少用药次数及用量，节约农药和劳动力。

（4）减少环境污染，有利于保护天敌。种子包衣使苗期用药方式由隐蔽式代替开放式，具有高度的靶标性，使高毒农药低毒化，且减少了用药次数与剂量，从而减少了人畜和害虫天敌中毒机会，降低了农药对大气、土壤生态环境的污染程度，有利于维护生态平衡。

（5）便于机播和匀播。小粒种子经过丸化包衣后，其体积和质量均增加，且形状、大小均匀一致，在条播机中易于流动，从而有利于机械化播种和均匀播种。

（6）利于精准施药，促使良种标准化。种衣剂与一般用于浸种和拌种所用药肥不同，其在种子上能立即固化成膜，且在土中遇水吸胀而几乎不被溶解，不易脱落淋失，靶标施药效能高，对人畜安全。

二、种衣剂的分类

1. 按种衣剂组成成分分类

按种衣剂组成成分分为单元型种衣剂和复合型种衣剂。单元型种衣剂是为解决某一问题而配制的种衣剂。如杀虫种衣剂、防病种衣剂、除草种衣剂等。其特点是针对性强，能及时彻底地解决生产上的某一突出问题，药用效率高、效果好。国外种衣剂多属此类型。复合型种衣剂是为解决两个或两个以上问题，利用多种有效成分复配而成的。我国目前开发研制的多为此类型种衣剂，其特点是适用范围广，易为群众接受，缺点是针对性差，有效成分间容易发生拮抗而降低药效，无效药物易产生药害和污染。我国的药肥复合型种衣剂一直处于世界领先地位。

2. 按种衣剂的使用时间分类

按种衣剂的使用时间分为预结合型种衣剂和现制现用型种衣剂。预结合型种子与药物先包衣成型，经历较长的贮存期，播后产前一包到底，种衣剂的作用发挥较为充分，但配方制作技术复杂，药物和种子能长期共存而又无害的几率较少。现制现用型在播种前几小时或几天内用种衣剂包覆种子，起消毒、杀菌、健苗及防治苗期病虫害的作用，该种衣剂所涉及问题相对较少。目前我国种衣剂多为此类型。

3. 按种衣剂处理后种子形状是否改变分类

按种衣剂处理后种子形状是否改变分为薄膜种衣剂和丸化种衣剂。薄膜种衣剂种子经薄膜种衣剂包衣后不改变其形状和大小，质量一般增加 $2\%\sim15\%$，可以抑制种子发芽，且此类种衣剂的一些多聚物对种子易产生毒害及抑制作用。我国现已研究、推广应用的种衣剂基本属于此类型。丸化种衣剂包衣后改变种子的形状及大小，种子质量一般增加 $3\sim50$ 倍，便于机械化播种且可增强良种的抗逆性。目前我国因存在价格、发芽率不能保证等问题，还没有商品化的丸化种衣剂。

4. 按种衣剂应用范围分类

按种衣剂应用范围分为多作物种衣剂和单一作物种衣剂。多作物种衣剂适用于多种作物，其不仅应用范围广，而且有广谱的防病治虫效果。单一作物种衣剂只适用于一种作物种子包衣，用于其他作物有时可产生药害或效果下降。如棉花、玉米、水稻、小麦、大豆、西瓜、油菜、番茄、菠菜等专用种衣剂。其虽只适用于一种作物，但针对性强（特别是微量元素与生长调节剂），防病治虫效果常高于多种作物种衣剂。

5. 按适用作物分类

旱地作物种衣剂：是指适用旱地作物（含水稻旱育秧）的种衣剂。水田作物种衣剂：是指适用于水田作物的种衣剂。

6. 按种衣剂的制剂形态分类

种衣剂的制剂形态可以是悬浮剂、悬乳剂、水乳剂、水剂、干悬浮剂、微粉剂等，只是在这些剂型的基础上引入了缓释剂和成膜剂。目前，悬浮型种衣剂的应用最为广泛，占总商品量的90%以上。

（1）微粉型种衣剂 微粉型种衣剂是将活性成分及非活性成分经气流法粉碎后均匀搅拌而成的，通常采用拌种式包衣或者在包衣前加适量水调节成悬浮液再进行雾化包衣。此类种衣剂工艺简单，生产成本低，产品安全，贮存期长，但生产技术和设备密封性要求高。

（2）悬浮型种衣剂 悬浮型种衣剂是将活性成分及部分非活性成分经湿法研磨后与其余成分混合而成的悬浮分散体系，一般采用雾化等方式包衣。其生产工艺较简单，包衣效果较好，缺点是活性成分含量低，药种质量比小，生产成本较高，且贮存时产品易沉淀、结块。

（3）胶悬型种衣剂 胶悬型种衣剂是将活性成分用适当溶剂及助剂溶解后与非活性成分混匀而成的胶悬分散体系。活性成分在体系及衣膜上分布比悬浮型更均匀，包衣效果更好且更牢固，是种衣剂发展主要方向之一。

（4）水乳型种衣剂 水乳型种衣剂是将液体或与溶剂混合制得的液体农药原药以 $0.5\sim1.5\mu L$ 的小液滴分散于水中的制剂。

（5）微胶囊型种衣剂 采用物理或化学的方法使农药活性成分高度分散成几到几百微米的微粒，再用高分子化合物包裹和固定起来，形成具有一定包覆强度的胶囊。微胶囊剂通过选择性半透膜有效控制其释放，对环境危害小，可以较长时间发挥药液的生物活性。

7. 按种衣剂用途分类

（1）农药型种衣剂 是当前种类最多应用最广泛的种衣剂，能防止土传、种传病虫害的蔓延，并能有效地防治苗期病虫害，有效期可达 $45\sim60d$。

（2）微肥型种衣剂　通过加入微量元素来调治作物缺素症，可节约微量元素用量，提高微肥的应用效果。如玉米施用锌肥时，每 $667m^2$ 农田需硫酸锌 $500\sim1000g$，用锌肥拌种需硫酸锌 $10\sim15g$。

（3）除草种衣剂　这类种衣剂含有易扩展的高效除草剂，专治苗床或大田苗期杂草。

（4）促进作物生长种衣剂　美国、新西兰等国家用石灰将牧草种子包衣，在酸性土壤中播种，使石灰中和土壤酸度，保护种子正常萌发和幼苗生长，使牧草植株健壮，增加牧草产量，改善草原。日本近年来将过氧化钙加入水稻种衣剂中，用于水下直播和育苗，由于过氧化钙在水中分解释放氧气，可促进种子水下萌发，保证出苗，提高健苗率。

（5）调节花期的种衣剂　美国 Northrup King 公司研制出的种衣剂，包衣后土壤水分向种子内移动缓慢，使种子发芽延迟，从而也延迟了生长和开花，用于杂交育种调节花期，提高产量。

（6）利于播种的种衣剂　主要用于对小粒或表面皱凹不平的种子进行处理，使其大粒化、均匀化、表面光滑，方便机械播种。

（7）蓄水抗旱种衣剂　中东海湾地区国家，还有我国的一些干旱地区，采用吸水树脂进行种子包衣处理，可增强种子的吸水能力。吸水树脂在种子周围形成"水库"，其水量为吸水树脂的 $300\sim1000$ 倍，并在土壤中反复吸收水分，陆续供水，保证种子对水分的需求，促进种子发芽及幼苗生长。

（8）抗流失种衣剂　由美国 Northrup King 公司研制而成，它是把水黏附剂黏附在种子上，播后一旦遇水便与周围土粒合在一起，限制了种子的流动，可用于在水土易流失的斜坡上播种使用。

（9）生物种衣剂　用微生物研制成种衣剂处理种子，可防止污染，保护环境。美国曾用木霉菌、肠杆菌配成黏质药剂进行玉米、棉花的种子处理。我国也成功地研制出根瘤种衣剂等生物种衣剂，已初步应用于大田生产。

（10）调节 pH 值种衣剂　研究者针对土壤中 pH 状况，对症研究 pH 的缓冲或反向的种衣剂，以提高种子发芽率和成苗率。如酸性土壤，含 P、Ca、Mg 等种衣剂，可调节 pH，并具有补磷作用。

（11）抑制除草剂残效型种衣剂　以活性炭为主要成分的种衣剂，可免除残害，保证后茬作物的正常生长发育。

三、种衣剂的组成

种衣剂的组成大致包括活性成分和非活性成分两部分。

种衣剂的活性成分主要包括农药、激素、肥料、有益微生物等，其种类、组成及含量直接反映种衣剂的功效。

常用农药通常根据作物种类及病虫害防治对象加以选择，并考虑与其他组分的配伍。所选组分之间应具有互补或增效作用。

常用激素主要包括生长素类、赤霉素类及生长延缓剂，其选择应考虑相应作物生长特性。

常用肥料包括尿素、KH_2PO_4 等常量肥料和 $ZnSO_4$（ZnO、$CuSO_4$、$MnSO_4$、MnO_2）硼肥、钼肥等微量肥料，通常根据作物生长需要及土壤肥力状况加以选择。

常用有益微生物包括根瘤菌、固氮菌、木霉菌、肠杆菌、芽孢杆菌等。

非活性成分（助剂系统）一般包含润湿分散剂、防冻剂、消泡剂、增稠剂、成膜剂、警戒色、稳定剂等，丸化种衣剂还含有泥炭、膨润土、硅藻土、石膏、滑石粉、石棉纤维等，起填充、崩解、吸水等作用。根据不同要求还可加入防腐剂、pH 调节剂、载体等，这些成分决定了种衣剂的理化性状，并在一定程度上提高了药效。

（1）润湿剂和分散剂　使用润湿剂的目的是帮助排除农药活性成分粒子表面上的空气，加快粒子进入水中的润湿速度，使粒子迅速润湿。分散剂主要促进粒子分散和阻止粒子的絮凝和凝聚，保证粒子呈悬浮状态。

（2）抗冻剂　抗冻剂能增加种衣剂承受的冻融能力，提高制剂的低温稳定性。

（3）消泡剂　悬浮种衣剂是水基性制剂，由于加工时加入表面活性剂，在生产和稀释产品时，会产生泡沫。泡沫将给加工带来诸多不便（如生产中产生冲料，降低生产能力和不易计量），而且还会影响用户使用和药效，所以加入消泡剂是必要的。

（4）增稠剂　是为了调整制剂的流动性，防止分散的粒子因受重力作用产生分离和沉淀，使产品具有良好的长期贮存性能。常用的增稠剂有：①多糖类高分子化合物，如羧甲基淀粉钠、可溶性淀粉等；②纤维素衍生物。如羧甲基纤维素钠等；③海藻类，如海藻酸钠、琼脂等；④无机物类，如石膏、水泥、黏土、硅酸铝镁、水玻璃。

（5）成膜剂　成膜剂包覆于种子表面形成透气、吸水的衣膜，使药效缓慢释放而达到防治病虫害的作用。成膜剂作为种衣剂最关键的非活性成分，直接影响着种衣剂的质量和应用效果。常用的成膜剂有淀粉及其衍生物类、纤维素及其衍生物类、合成高聚物类以及其他天然物质类，其中目前应用最广泛的是合成高聚物类，如聚乙烯醇、聚丙烯酸酯等，并逐渐由单一型向复合型发展。成膜剂可分为四大类：①淀粉及其衍生物类，如可溶性淀粉、羧甲基淀粉、磷酸化淀粉、氧化淀粉以及接枝淀粉；②纤维素及其衍生物类，如乙基纤维素、羟丙基纤维素、羟丙基甲基纤维素等；③合成高聚物类，如聚醋酸内酯、聚丙烯酰胺、聚乙烯吡咯烷酮等；④其他类，如碱性木质素、阿拉伯树胶、海藻酸钠等。

成膜剂的主要作用：①可使空气和适量水分通过，维持种子生命的功能；②播种种子后，土壤中包衣的膜吸水膨胀而不被溶解，同时允许种子正常发芽、出苗生长；③使所含农药（和种肥等）物质能缓慢释放，确保较长时间防治病虫害的侵袭和促进幼苗的生长，增加作物的产量。

成膜剂对开发悬浮种子处理剂是一个重要关键因素。好的成膜剂具有的特点为：①种子能被平滑均匀地包衣，所包的膜能透过空气和适量水；②不但对种子发芽没有影响，而且能使种子发芽速度均匀，能最大限度发挥药效；③在种子处理（包装、运输和贮存）过程中，不会有碎屑和粉尘产生；④包衣后膜均匀，不易脱落，种子间不会形成团粒，尤其是在较高温度和潮湿环境下不会发生黏结；⑤处理包衣种子时的沉积物很容易从设备中清洗掉；⑥经过包衣的种子有良好的种植性。

不同的作物种子、种植方式和包衣方式对成膜剂的要求也是不同的。例如水田和旱田种子处理剂的成膜剂就不一样，像水稻种子在播种前农民一般需浸种 $1\sim2d$ 催芽。因此，包衣的种子在浸种后，膜在水中不能很快地溶解，而只能溶胀；而包衣膜必须能透过空气和适量水；保证不影响种子的发芽，选好成膜剂是关键。采用测定膜的耐折性考察成膜强度，最终以包衣种子脱落率的方法来综合考察成膜剂的性能。

（6）防霉剂　当使用改性淀粉和黄原胶等增稠剂时，加入防霉剂是必要的，它可避免药剂受到细菌分解而失去作用。

（7）pH 调节剂　调整悬浮种衣剂的 pH，以达到农药活性成分的 pH 值范围。

（8）安全剂　安全剂（亦称警戒剂）主要是用于标记悬浮种衣剂产品，起警戒作用（与未包衣的种子有区别）。一般以有颜色的染料或颜料作为安全剂。

国际上不同作物用不同的颜色作为警示，以区分类别。通常谷物种子是红色，水稻是黄色，棉花为黑色，瓜菜为紫、蓝、绿色。安全剂色料已由原来用的染料改用颜料，有时还可增加荧光色料，以对检查包衣的均匀度有利或为了满足不同作物种子包衣的需要。对同一种作物使用同样的色料，其外观色泽度往往与悬浮种衣剂的粒子细度有关联（国外样品一般显得较亮丽）。通常粒子细度越细，则色泽亮，牢固度强，稀释时也不易变淡。虽然如此，颜料一般不会影响使用效果。

（9）稳定剂　加工过程中因农药活性成分含量低，带进的杂质或加入各种助剂成分有时会影响制剂化学稳定性。加入稳定剂是为了提高农药活性成分的化学稳定性和制剂质量。

（10）填充剂或稀释剂　水基、干种衣剂：硅藻土、高岭土、膨润土、白炭黑等填充剂或尿素、K_2HPO_4 等肥料；粉体种衣剂：尿素、钙镁磷肥、硼泥、磷矿渣等；泥炭、蛭石、长石、重晶石、石灰石等；多过磷酸钙、微量元素、稀土元素、生物肥料、某些工矿废渣。

四、种子包衣技术 ▪▪▪▪

1. 包衣技术条件

（1）种衣剂对包衣的作物种子应是专用型的。对种子安全。

（2）种衣剂包衣时，首先应试验明确种衣剂、助剂和种子的最佳比例，确定的比例，不能随意改变。

（3）种衣剂包衣的种子应是良种，发芽率一般在85％以上，种子含水量在12％以下，同时种子应去杂去劣后再包衣。

（4）种子包衣的力学性能要好。均匀一致。

（5）种子包衣一般应由种子公司或农技推广部门统一加工，应采用专用的包衣机进行，不提倡用塑料袋、大锅等土法包衣，以免包衣不匀造成药害。

2. 种衣剂的加工类型

干粉种子处理剂（powders for seed treatment，DS）：干粉种子处理剂是最老的一种剂型，它类似于农药剂型中的粉剂，也称干拌种剂。加工工艺和设备较简单，除了使用矿物油或十二烷基苯作增稠剂代替润湿剂和分散剂之外，还用红色颜料作为种子的安全标记。干拌种剂的优点是易于贮藏，而且很少存在种子发芽问题。这种干粉种子处理剂当然不可能被种子黏附住，为了改善它们在种子上的黏附性，一般需要加入黏合剂。

水浆粉种子处理剂（water slurriable powders for seed treatment，WS）：水浆粉种子处理剂类似于可湿性粉剂，也称湿拌种剂。为了使粉能容易进入水中成为浆料，更容易应用在种子上，必须使用润湿剂和分散剂。例如可使用木质素磺酸钠和聚氧乙烯脂肪醇等表面活性剂，还可采用一种多磷酸盐类来保护农药粒子浆料，使种子处理操作时避免太快沉淀。此外还加入一种红色染料或颜料作为种子的安全标记。目前，湿拌种剂在许多国家还十分流行，如法国在杀菌剂中还经常应用。它的优点是容易生产，贮藏稳定性好以及可用水稀释。

液体溶液种子处理剂（liquid solutions for seed treatment，LS）：液体溶液种子处理剂亦即非水溶液种子处理剂（non aqueous solutions for seed treatment）。它是一种农药活性成分溶解在（例如丙二醇、甘醇醚类或 N-甲基吡咯烷酮等）有机溶剂中的剂型。此外它还含有一种可溶的染料作为种子的安全标记。LS剂型的优点是对合适的农药活性成分比较容易生产，有较好的贮藏稳定性和种子黏附性。缺点是使用有机溶剂存在安全问题，不能用水稀释产品，同时因含有有机溶剂可能会存在某些种子发芽问题。

流动的悬浮种子处理剂（flowable suspensions for seed treatment，FS）：流动的悬浮种子处理剂是以水为介质加工成的在水中悬浮的种子处理剂。一般也认为，它是一种可应用泵送直接到种子的液体剂型。这种剂型非常像悬浮剂（SC），它一般含有类似 SC 的分散剂，含有成膜物质，也含有一种红色颜料作为种子的安全标记。还需要一种凝胶或增稠剂来控制其黏度，既要有足够的黏度防止粒子分离，又要确保药剂易于泵送到种子。FS 具有水基性，应用安全，农药活性成分在种子上可很好地持留，无粉尘问题，很少存在种子发芽问题，种子处理设备容易被清理等优点。

资料报道种衣剂加工的制剂形态有油悬浮剂、悬乳剂、水乳剂、水剂、干悬浮剂和微粉剂等。实际上国内外加工和应用的悬浮种衣剂占到 90％以上，它们是全球最流行、最安全和最有效应用的种衣剂。

3. 种子剂的加工方法

种子包衣的加工流程是由种子计量装置、药液计量箱、种药混合室、搅拌混合装置和供液器等 5 大工作部分组成的（见图 6-1）。

图 6-1　种子包衣工艺流程

合格种子进入贮料箱后，通过定量喂入装置，按额定量连续进料，同时，给药机构按预行设定的药液量，由药液流量控制器连续定量给药，种子和药液在混合室混合后进入搅拌滚筒，经过充分搅拌后由排种口排出，完成种子包衣。

五、种衣剂的质量标准 ▪▪▪▪▪

（1）有效成分含量　指农药和微量元素的含量，如添加了化学调节剂，同样需要列出其有效成分含量。采用液谱气谱法、薄层色谱-紫外分光光度法和化学分析法测定有机农药的含量，多采用原子吸收法测定金属微量元素含量。

（2）粒谱分布　种衣剂外观为糊状或乳糊状，为保证其成膜性和贮藏期悬浮稳定性，一般要求粒谱分布均匀，即要求 95％以上的微粒粒径$\leqslant 2\mu m$，98％以上$\leqslant 4\mu m$。

（3）pH 值　pH 值主要影响种子发芽率，也影响种衣剂的稳定性，国际上一般要求种衣剂产品的 pH 保持在 4.5～7.0。

（4）动力黏度　黏度与种子包衣的均匀度和成功率有关，黏度过高种衣覆盖率低，且分布不均匀；黏度过低，种衣牢度差。通常包衣不同作物种子时对其黏度要求不同，如玉米种衣剂黏度较低，而棉花种衣剂黏度较高。

（5）成膜性　成膜性与包衣质量、种衣光滑度有关。合格的种衣剂在包衣时自动成膜，种子相互不黏结，不需干燥和晾晒。成膜性用成膜时间来表示，通常成膜时间$\leqslant 20min$。

（6）干物质量　种衣剂一般由干物质和液体物质两部分组成，其中干物质所占比例不得低于 26％，否则包衣效果较差。

（7）筛上残存量　筛上残存量能够表明种衣剂产品中所含杂质的情况。通常以乙酸乙酯等不同溶剂溶解种衣剂的干物质，然后再要求筛目的筛子上用一定溶剂冲洗，最后测定筛上不溶物残存量，残存量越高，则杂质含量越高，对种子包衣越不利。

（8）析水比　种衣剂是以水为载体的胶体分散体系，析水比反映出各有效组分在种衣剂中的分散情况以及组分间的亲和性，与产品的贮藏稳定性有关。一般要求析水比≤7%～10%，如果析水比较大，说明组分间的亲和性较差，粒子的悬浮性亦差，直接影响包衣效果。

（9）警戒色　国际上通用的警戒色为若达明2B（Rhotamine 2B），而国内目前主要用酸性大红或碱性玫瑰精。

（10）包衣成功率　通常以包衣遗漏率来表示，包衣遗漏率计算需要明确种衣覆盖面积，如玉米包衣覆盖面积达到种子表面的80%，而水稻、小麦种子包衣覆盖面积要求在90%以上才算包衣合格。未达到覆盖面积的种子即为包衣遗漏种子，一般遗漏率允许在5%～7%。

（11）种衣牢度　种衣牢度与种衣剂质量、包衣机性能以及包衣技术三方面有关。种衣牢度现在多以种衣脱落率来表示，即在振荡器上放上装有包衣种子的密闭容器，经一定时间模拟振荡，用脱落的干物质量占包衣所用的干物质量的百分率来表示，一般种衣脱落率≤0.7%为合格。

（12）包衣均匀度　通常采用比色法检测，要求其有效成分含量在平均值±30%以内的种子数目应大于包衣种子总数的90%。

（13）发芽率　发芽率是十分重要的生物学指标，要求包衣种子的发芽率相同或稍低于不包衣种子的发芽率。具体测定方法，国外多用"纸卷法"，国内现用"湿毛巾法"和"湿砂皿法"。

（14）组分间亲和性　要求种衣剂活性组分、助剂和惰性物质之间必须具有亲和性，以免某些物化反应引起成分分解失效，由此可见组分间亲和性是保持产品质量稳定的重要指标。

（15）有效成分缓释性　种衣剂含有的关键助剂、成膜剂以及交链剂等能够使有效组分颗粒固定在高分子成膜剂的交链聚合网格上。种子在土壤中遇水后只能吸水膨胀但几乎不被溶解，有效成分在种子发芽出土后被植物吸收并向根部和地上部传导，继续起防治病虫的作用，持效期可达40～60d。

第二节　熏蒸剂

熏蒸剂（fumigant）是在室温下可以气化的药剂。它与烟剂和雾剂不同，它不是依靠外界热源使药剂挥发气化成微小的固体粒子悬浮在空中成烟，也不是依靠外界热源使药剂挥发气化成微小的液滴悬浮在空气中成雾，而是以分子状态分散在空气中形成混合气体，发挥控制有害生物作用的。

熏蒸剂的扩散和渗透能力更强，在密闭条件下，消灭有害生物更彻底，常用于仓库、温室、帐幕、房屋、土壤及田间生长茂密的作物、苗木等防治害虫、病菌、线虫、鼠类等有害生物。在植物检疫部门，用于彻底消灭检疫的有害生物，更具有重要意义。另外由于熏蒸剂在加工过程中没有专门加助燃剂、燃料等易燃物质，使用过程中不点燃，没有燃烧过程，因此药剂损失少。在加工、贮藏、运输和使用中较烟剂安全。

对于熏蒸剂的基本要求是，对人、畜尽可能低毒，有警戒气味；对保护对象无腐蚀、变质、药害和残毒；药剂使用时挥发性、渗透性强，不易燃，不易爆；原料易得，加工容易，贮存、运输和使用方便等。

一、熏蒸剂的分类

根据熏蒸剂的防治对象、物理形态和制作原理可将熏蒸剂分为以下几种类型。

1. 根据防治对象分类

（1）杀虫熏蒸剂　如敌敌畏、磷化铝、萘、溴甲烷、硫酰氟等。

（2）杀菌熏蒸剂　如三氯硝基甲烷（氯化苦）、漂白粉、甲醛、聚甲醛、乙醇等。

（3）杀鼠熏蒸剂　如氯化苦、HCN、PH_3 等。

2. 根据物理形态分类

（1）气体熏蒸剂　如 HCN、CH_3Br、PH_3、SO_2、Cl_2、N_2、NH_3、H_2S、CH_2O、SO_2F_2、CO_2 等。

（2）液体熏蒸剂　如 CCl_3NO_2、二溴乙烷、二溴氯丙烷、二氯乙院、CCl_4、三氯乙氰、CS_2、环氯丙烷、丙烯腈、乙醇、敌敌畏等。

（3）固体熏蒸剂　如 AlP、Zn_3P_2、Ca_3P_2、$Ca(CN)_2$、萘、樟脑、多聚甲醛、偶氮苯等。

3. 根据制作原理分类

（1）化学型熏蒸剂　如磷化物与空气中水分反应生成磷化氢；重亚硫酸盐在空气中潮解氧化，放出 SO_2；漂白粉等含氯消毒剂吸水放出氯气和新生态氧；聚甲醛降解放出甲醛；过氧化钙水解放出氧等。

（2）物理型熏蒸剂　如敌敌畏蜡块、敌敌畏塑料块等；萘、樟脑等防蛀药剂；固体乙醇；驱避性制剂等。

二、化学型熏蒸剂及加工 ▪▪▪▪

1. 磷化物化学型熏蒸剂

（1）原理　PH_3 气体有强烈的杀虫、杀鼠作用，但对人、畜也剧毒，且易燃，显然是无法直接使用的。因此常常制成它的三个磷化物，如 Ca_3P_2、AlP、Zn_3P_2 等使用。这些化合物本身都是固体，没有气味。但遇水即发生化学反应，放出毒力很强的 PH_3 气体，在密闭环境中对虫、螨、鼠都有强力毒杀作用。鼠类吃了毒饵在体内发生同样化学反应而中毒死亡。

（2）制作方法及质量控制　磷化物 Ca_3P_2、AlP、Zn_3P_2 的制造方法和质量要求基本相同，但具体操作条件各异。AlP 效果好，应用广泛，以其为代表简单介绍其制作程序和质量控制标准。

① 磷化铝（AlP）片剂的制作方法　为充分保证药效，控制 AlP 分解及贮运使用过程的安全，其常用配方是，AlP（含量 85％以上）占片剂的 66％，增效阻燃剂氨基甲酸铵占 25％～30％，防湿剂石蜡占 4％，稀释剂硬脂酸镁（或滑石粉）占 2％～5％。必要时还可加 0.1％～0.3％的苯胺或吡啶以防自燃。

将磷化铝、石蜡和氨基甲酸铵分别粉碎过 20～40 目筛。然后与滑石粉等其他成分按比例混匀，再用压片机压制成需要的片剂，立即装入可承受一定压力又防潮的包装罐内，并放入无水 $CaSO_4$ 小布袋防潮，即成产品。

② 磷化铝片剂的质量控制标准

a. 外观　黄绿色或灰绿色的圆凸片（厚 14mm×直径 16mm）。

b. 有效成分含量　≥56％。

c. 片重　（3.3±0.1）g/片。

d. 氨基甲酸铵　30％左右。

e. 石蜡　2.5％～4％。

2. 焦亚硫酸盐化学型熏蒸剂

（1）原理　焦亚硫酸钾或钠盐在潮湿空气中能缓慢放出有生物活性的 SO_2 气体，可作为杀虫、杀菌熏蒸剂使用。SO_2 对青霉、绿霉、灰霉、毛霉、隔连孢木霉、丝核、镰刀菌等有强抑制作用，将亚硫酸盐或焦亚硫酸盐加工成片剂，置于葡萄、柑橘、蒜薹等水果和蔬菜袋内，防腐保鲜除虫效果良好。

（2）制作方法　在焦亚硫酸钠中适当加入 SO_2 释放抑制剂、黏合剂（如淀粉浆）、填料及吸附剂（如硬脂酸钯、硅胶），捏合造粒，或用打片机打片，包装于聚乙烯薄膜中。使用时用针打孔，放入装水果、蔬菜的聚乙烯袋中，封好，即能起到保鲜和杀菌作用。

3. 漂白粉化学型熏蒸剂

（1）原理　漂白粉在空气中吸收水分和 CO_2 而分解，放出氯气和新生态氧，具有漂白、消毒和驱虫作用。

（2）制作方法　将漂白粉或氯胺 T、二氯异氰尿酸钠、钾盐等含活性氯化合物，与硼酸、黏合剂、滑石粉等混合均匀，压片（7.5g/片）即成产品。除有消毒作用外，对蟑螂亦有良好的驱避作用。

4. 多聚甲醛化学型熏蒸剂

（1）原理　甲醛是一广谱杀菌剂，对多种杆菌、球孢子菌、细菌芽孢、芽生菌和病毒等均有杀灭和抑制作用。但单分子甲醛气体刺激性很强，使用不方便，如果制成聚甲醛，刺激性大大降低，并能在一定条件下缓慢解聚放出甲醛，熏蒸杀菌。

（2）制作方法　将37％的工业甲醛在水浴上加热，蒸去甲醇，浓缩，加入0.3％的 NaOH，在 $50\sim60℃$ 下反应制得聚甲醛。聚甲醛与苯甲酸、水杨酸以 $3:1:1$ 的比例混合，可制得消毒用熏蒸剂。用于蚕宝、蚕具消毒；仓库、书库防霉和病房、棉种的消毒等。

5. 过氧化钙化学型熏蒸剂

（1）原理　过氧化钙在干燥时十分稳定，但在水或潮湿的空气中会逐渐水解，生成氧气和氢氧化钙。利用这一原理，可将过氧化钙作为动植物的增氧剂、水质和空气净化剂、水果蔬菜保鲜剂等。该熏蒸剂已在对虾养殖、水稻栽培、冰箱除臭等方面得到应用。

（2）制作方法　加25％～50％过氧化钙、10％～15％分解促进剂、3％～5％杀菌剂、2％～5％毒藻抑制剂、35％～60％水质消毒净化剂混合而成。

过氧化钙冰箱除臭剂由50％～70％ CaO_2、5％～10％消毒剂和20％～25％吸附剂混合加工而成。

三、物理型熏蒸剂及加工 ▪▪▪▪

1. 原药直接成型熏蒸剂

有些原药可以由固态直接升华成气态发挥杀虫或杀菌作用。如萘、樟脑、二氯苯、六氯乙烷等，可以直接压制成球或块状使用。也可以用几种药剂混合加工成型使用。

2. 载体成型熏蒸剂

更多的物理型熏蒸剂是靠载体与挥发性强的药剂结合成型并控制药剂挥发，发挥熏蒸作用的，具体剂型有以下几种类型。

（1）塑料块剂　如敌敌畏塑料块熏蒸剂，就是敌敌畏原油与聚氯乙烯加工而成的。具体做法是，敌敌畏（9.09%）先与增塑剂三甲苯基磷酸酯（18.80%）混合，搅拌下加入聚氯乙烯入模具，蒸汽加热，挥发后，即成多孔敌敌畏塑料块熏蒸剂。悬挂于室内或仓库，可有效控制家蝇等害虫2～3个月。

（2）凝胶剂　如乙醇凝胶剂，是乙醇与成型剂、黏合剂、水及其他添加物混合加工而成的，能缓慢释放乙醇到环境中消毒灭菌并起保鲜作用。具体做法是，先将成型剂（C_{12}～C_{30}的脂肪酸等，5%～40%）、黏合剂（乙基纤维素类等，0～1%）、水（5%～40%）混合，在水浴上加热并强烈搅拌使之熔化分散，然后在搅拌下迅速加入乙醇，搅拌均匀后倒入模具中，冷却成型。用聚乙烯薄膜包装密封，即成乙醇凝胶剂熏蒸剂产品。使用时用针钻孔，放入蔬菜、半干食品、半熟食品等的包装袋中。乙醇在密封的包装袋中缓慢释放，起杀菌、保鲜作用。

（3）驱虫油和驱虫霜剂　将挥发性强的驱避剂加工成油或霜剂涂在身上，使其缓慢释放熏蒸驱除害虫。例如将0.52%除虫菊、5%邻苯二甲酸二丁酯（驱蚊叮）、3%桉叶油、5%芝麻油、20%盐蒿籽油、66.5%白油混合均匀即成防蚊油。

又如将硬脂酸15g和80mL水放入烧杯中，在85℃水浴熔化，在另一烧杯中加入碳酸钾、硼砂、甘油和40mL水亦在85℃水浴上熔化，然后在搅拌下滴加到熔化的硬脂酸液中，待完全皂化后停止加热，当温度降至30℃时，加入邻苯二甲酸二甲酯（驱蚊油），继续搅拌至室温即成驱虫霜产品，使用方法同防蚊油，其优点是不污染衣物，感觉更舒适。

3. 高压容器包装型熏蒸剂

常温下为气体的熏蒸剂，为贮运安全和使用方便，常装在高压容器内做为商品出售使用。如溴甲烷、硫酰氟等通常都是压缩成液体装钢瓶使用的。

第三节　气雾剂

气雾剂（aerosols）是利用低沸点发射剂急剧气化时所产生的高速气流将药液分散雾化的一种罐装制剂。常用的有油质气雾剂和水质气雾剂两大类。前者是以油为溶剂的油状均相液体，后者是以水为分散介质的水乳剂或水悬液。由于药液是靠发射剂在常温下急速气化喷射成雾的，所以都需要灌装在特制的耐压罐里并配有阀门喷嘴使用。显然与其他剂型不同的是，它把药液与雾化的手段结合起来了，形成了一个特殊剂型。

一、气雾剂的特点 ▪▪▪▪▪

气雾剂由于受到其自身及生产的制约，即需要耐压容器、气雾阀。特殊的生产设备和流水线，容器的一次性使用等因素，造成相对高的成本。当前，国内外都没有广泛应用在农业上。但是，气雾剂也有其独特的优点。① 使用简单、便捷，内容物密封在容器内，不易分解变质。使用时，只需开启阀门，按需要量喷雾，在有效期内，可以持续使用，而不像其他制剂，使用时现配，放置则易减效甚至失效；在短时间内，能将药剂喷出，这极有利于害虫出没时使用。加上定向性好，因而见效快。由于容器（气雾罐）体积小，在小空间如居室、车船、飞机上也应用自如。② 用量省、药效高。药液从阀门喷出后，均匀分散在空气中并形成气溶胶，其雾粒粒径范围为 $1\sim100\mu m$，数量中值粒径（NMD）为 $25\sim35\mu m$，接近 $30\mu m$ 的最佳雾粒粒径。雾粒细，沉降慢，在空间滞留时间长，增大了飞虫与雾粒接触的几率，大大提高了药效。而常规喷雾，其雾粒 NMD 值为 $250\mu m$ 左右，在空气中迅速沉降，对付飞虫的效果要差些。在驱除爬行害虫、防霉、蚊虫驱避时，雾粒细，单位药量喷布面积大，节省药量。另外，由于它们的渗透性、润湿性、穿透性较普通剂型强，提高了击倒速度（KT_{50} 值缩短）和致死率，也显示出高效、速效、省药的特点。③使用安全，药剂对环境的影响较小。用量少，雾粒细，不留下痕迹，喷雾处很少受到污染。药液靠特殊阀门控制，使用时不会污染使用者手指。因此，适用于家庭、宾馆、医院等公共场所作为防虫、驱虫、杀菌消毒等使用。

二、气雾剂的组成 ▪▪▪▪▪

农药气雾剂有以下两种分类方式。

（1）按包装容器分为：①铁质罐罐装气雾剂；②铝质罐罐装气雾剂。

（2）按分散系分为：①油基气雾剂（用脱臭煤油作为分散系）；②水基气雾剂（用乳化液作为分散系）；③醇基气雾剂（用醇溶液作为分散系）。

主要组成如下：

（1）有效成分　选用低毒、无刺激性、持效期长、易挥发、击倒力强、在有机溶剂中溶解性好的。如天然除虫菊素、拟除虫菊酯、高效低毒的有机磷和氨基甲酸酯品种等。

（2）发射剂　是气雾剂的雾化动力，又是有效成分的溶剂和稀释剂。其组成和用量直接影响气雾剂喷雾的粒径大小和质量。其用量一般为农药有效成分的 60%左右。对发射剂的要求是低沸点高蒸气压，易挥发，气化速度快，毒性低，不易燃，价格低廉等。常用的发射剂有一氟二氯甲烷（氟里昂 F_{11}）、二氟二氯甲烷（氟里昂 F_{12}）、四氟二氯乙烷（氟里昂 F_{114}）、丙烷、异丁烷、正丁烷、氯乙烯、氯甲烷、二氯甲烷、氮气、二氧化碳、环氧乙烷等。为弥补各发射剂性能不足，常根据需要选择几种发射剂混合使用。氟里昂因破坏大气臭氧层而被逐渐减少使用。

（3）其他助剂　用作气雾剂的其他助剂有溶剂、助溶剂、增效剂、香料等，根据药剂有效成分的特性和使用的要求而添加。常用的有机溶剂有石油醚、乙醇、乙酸乙酯、环己酮、二甲基甲酰胺、精炼煤油等。

三、气雾剂的加工 ▪▪▪▪

1. 油基剂及醇基剂的加工

通常先用溶剂或助溶剂将原料分别配成母液，经分析检验，确定每批母液的含量。配料时，先通过计量槽把溶剂等加到釜内，然后边搅拌，边按投料顺序加入各种母液。加完后，继续搅拌半小时即可。

用于配料的各种原材料，要有严格的质量要求。如油基剂配制时，原材料的酸度和水分对气雾剂质量影响较大。水分含量高，酸值大，极有可能出现不可弥补的气雾罐穿孔问题，也会促进有效成分分解。不溶性杂质，如铁锈等，即使是非常细小，也要杜绝，以免混入剂液。一般采用纱网过滤清除，如果是装入了气雾罐，势必堵塞喷嘴。

2. 水基剂的加工

水基剂药液的配制有两种方法：①先配成油剂母液，即含有有效成分、助溶剂（通常为脱臭煤油）；再用去离子水（或蒸馏水）、乳化剂和其他水溶性辅料制成乳化水液。在充填时分三步，即油剂母液＋乳化水液＋推进剂。②将有效成分、乳化剂、助溶剂、辅料配成乳剂。充填时，乳剂装入容器，嵌上阀门，压入推进剂即得成品。

参 考 文 献

[1] 冯建国. 浅谈种衣剂的研究开发. 世界农药，2010，32（1）：48-52.
[2] 高云英，谭成侠，胡冬松. 种衣剂及其发展概况. 现代农药，2012，11（3）：7-10.
[3] 华乃震. 悬浮种衣剂的进展、加工和应用. 世界农药，2011，33（1）：50-57.
[4] 黄建荣. 现代农药剂型加工新技术与质量控制实务全书. 北京：北京科大电子出版社，2004.
[5] 凌世海. 固体制剂. 第3版. 北京：化学工业出版社，2003.
[6] 刘广文. 现代农药剂型加工技术. 北京：化学工业出版社，2013.
[7] 刘国军. 我国种衣剂的类型及应用研究. 种子世界，2010，33-34.
[8] 吴凌云，李明，姚东伟. 化学农药型种衣剂的应用与发展. 农药，2007，46（9）：577-579，590.
[9] 吴学宏，刘西莉，王红梅，等. 我国种衣剂的研究进展. 农药，2003，42（5）：1-5.
[10] 吴学宏，张文华，刘鹏飞. 中国种衣剂的研究应用及其发展趋势. 植保技术与推广，2003，23（10）：36-38.
[11] 熊远福，文祝友，江巨鳌，等. 农作物种衣剂研究进展. 湖南农业大学学报：自然科学版，2004，30（2）：187-192.
[12] 熊远福，邹应斌，唐启源. 种衣剂及其作用机制. 种子，2001，（2）：35-37.
[13] 杨桦. 种衣剂在林木种子上应用及壳聚糖作为种衣剂抗性添加剂的研究. 雅安：四川农业大学. 2008.
[14] 张红辉. 种衣剂研究的新进展. 种子，2002，（2）：39-40.

1 农药剂型名称及代码

章条号	剂型名称	剂型英文名称	代码	说　　明
1　原药和母药				
1.1	原药	technical material	TC	在制造过程中得到有效成分及杂质组成的最终产品,不能含有可见的外来物质和任何添加物,必要时可加入少量的稳定剂
1.2	母药	technical concen-trate	TK	在制造过程中得到有效成分及杂质组成的最终产品,也可能含有少量必需的添加物和稀释剂,仅用于配制各种制剂
2　固体制剂				
2.1　可直接使用的固体制剂				
2.1.1　粉状制剂				
2.1.1.1	粉剂	dustable powder	DP	适用于喷粉或撒布的自由流动的均匀粉状制剂
2.1.1.2	触杀粉	contact powder	CP	具有触杀性杀虫、杀鼠作用的可直接使用的均匀粉状制剂
2.1.1.3	漂浮粉剂	flo-dust	GP	气流喷施的粒径小于 $10\mu m$ 以下,在温室用的均匀粉状制剂
2.1.2　颗粒状制剂				
2.1.2.1	颗粒剂	granule	GR	有效成分均匀吸附或分散在颗粒中,及附着在颗粒表面,具有一定粒径范围可直接使用的自由流动的粒状制剂
2.1.2.2	大粒剂	macro granule	GG	粒径范围在 $2000\sim6000\mu m$ 之间的颗粒剂
2.1.2.3	细粒剂	fine granule	FG	粒径范围在 $300\sim2500\mu m$ 之间的颗粒剂

章条号	剂型名称	剂型英文名称	代码	说　明
2.1.2.4	微粒剂	micro granule	MG	粒径范围在 $100\sim600\mu m$ 之间的颗粒剂
2.1.2.5	微囊粒剂	encapsulated granule	CG	含有有效成分的微囊所组成的具有缓慢释放作用的颗粒剂
2.1.3	特殊形状制剂			
2.1.3.1	块剂	block formulation	BF①	可直接使用的块状制剂
2.1.3.2	球剂	pellet	PT	可直接使用的球状制剂
2.1.3.3	棒剂	plant rodlet	PR	可直接使用的棒状制剂
2.1.3.4	片剂	tablet for direct application 或 tablet	DT 或 TB	可直接使用的片状制剂
2.1.3.5	笔剂	chalk	CA①	有效成分与石膏粉及助剂混合或浸渍吸附药液,制成可直接涂抹使用的笔状制剂(其外观形状必须与粉笔有显著差别)
2.1.4	烟制剂			
2.1.4.1	烟剂	smoke generator	FU	可点燃发烟而释放有效成分的固体制剂
2.1.4.2	烟片	smokei tablet	FT	片状烟剂
2.1.4.3	烟罐	smoke tin	FD	罐状烟剂
2.1.4.4	烟弹	smoke cartridge	FP	圆筒状(或像弹筒状)烟剂
2.1.4.5	烟烛	smoke candle	FK	烛状烟剂
2.1.4.6	烟球	smoke pellet	FW	球状烟剂
2.1.4.7	烟棒	smoke rodlet	FR	棒状烟剂
2.1.4.8	蚊香	smoke coil	MC	用于驱杀蚊虫,可点燃发烟的螺旋形盘状制剂
2.1.4.9	蟑香	cockroach coil	CC①	用于驱杀蜚蠊,可点燃发烟的螺旋形盘状制剂
2.1.5	诱饵制剂			
2.1.5.1	饵剂	bait	RB	为引诱靶标害物(害虫和鼠等)取食或行为控制的制剂
2.1.5.2	饵粉	powder bait	BP①	粉状饵剂
2.1.5.3	饵粒	granuoar bait	GB	粒状饵剂
2.1.5.4	饵块	block bait	BB	块状饵剂
2.1.5.5	饵片	plate bait	PB	片状饵剂
2.1.5.6	饵棒	stick bait	SB①	棒状饵剂
2.1.5.7	饵膏	paste bait	PS①	糊膏状饵剂
2.1.5.8	胶饵	bait gel	BG①	可放在饵盒里直接使用或用配套器械挤出或点射使用的胶状饵剂
2.1.5.9	诱芯	attract wick	AW①	与诱捕器配套使用的引诱害虫的行为控制制剂

章条号	剂型名称	剂型英文名称	代码	说　　明
2.1.5.10	浓饵剂	bait concentrate	CB	稀释后使用的固体或液体饵剂。
2.2　可分散用的固体制剂				
2.2.1　可分散粉状制剂				
2.2.1.1	可湿性粉剂	wettable powder	WP	可分散于水中形成稳定悬浮液的粉状制剂
2.2.1.2	油分散粉剂	oil dispersible powder	OP	用于有机溶剂或油分散使用的粉状制剂
2.2.2　可分散粒状制剂				
2.2.2.1	水分散粒剂	water dispersible granule	WG	加水后能迅速崩解并分散成悬浮液的粒状制剂
2.2.2.2	乳粒剂	emulsifiable granule	EG	加水后成为水包油乳液的粒状制剂
2.2.2.3	泡腾粒剂	effervescent granule	EA①	投入水中能迅速产生气泡并崩解分散的粒状制剂,可直接使用或用常规喷雾器械喷施
2.2.3　可分散片状制剂				
2.2.3.1	可分散片剂	water dispersible tablet	WT	加水后能迅速崩解并分散形成悬浮液的片状制剂
2.2.3.2	泡腾片剂	effervescent tablet	EB	投入水中能迅速产生气泡并崩解分散的片状制剂,可直接使用或用常规喷雾器械喷施
2.2.4　缓释制剂				
2.2.4.1	缓释剂	bripuette	BR	控制有效成分从介质中缓慢释放的制剂
2.2.4.2	缓释块	bripuette block	BRB①	块状缓释剂
2.2.4.3	缓释管	briquette tube	BRT①	管状缓释剂
2.2.4.4	缓释粒	briquette granule	BRG①	粒状缓释剂
2.3　可溶性固体制剂				
2.3.1	可溶粉剂	water soluble powder	SP	有效成分能溶于水中形成真溶液,可含有一定量的非水溶性惰性物质的粉状制剂
2.3.2	可溶粒剂	water soluble granule	SG	有效成分能溶于水中形成真溶液,可含有一定量的非水溶性惰性物质的粒状制剂
2.3.3	可溶片剂	water soluble tablet	ST	有效成分能溶于水中形成真溶液,可含有一定量的非水溶性惰性物质的片状制剂
3　液体制剂				
3.1　均相液体制剂				
3.1.1　可溶液体制剂				
3.1.1.1	可溶液剂	soluble concentrate	SL	用水稀释后有效成分形成真溶液的均相液体制剂
3.1.1.2	水剂	aqueous solution	AS①	有效成分及助剂的水溶液制剂
3.1.1.3	可溶胶剂	water soluble gel	GW	用水稀释后有效成分形成真溶液的胶状制剂

章条号	剂型名称	剂型英文名称	代码	说　明
3.1.2	油制剂			
3.1.2.1	油剂	oil miscible liquid	OL	用有机溶剂或油稀释后使用的均一液体制剂
3.1.2.2	展膜油剂	spreading oil	SO	施用于水面形成油膜的制剂
3.1.3	超低容量制剂			
3.1.3.1	超低容量液剂	ultra low volume concentrate	UL	直接在超低容量器械上使用的均相液体制剂
3.1.3.2	超低容量微囊悬浮剂	ultra low volume aqueous capsule suspension	SU	直接在超低容量器械上使用的微囊悬浮液制剂
3.1.4	雾制剂			
3.1.4.1	热雾剂	hot fogging concentrate	HN	用热能使制剂分散成细雾的油性制剂，可直接或用高沸点的溶剂或油稀释后，在热雾器械上使用的液体制剂
3.1.4.2	冷雾剂	cold fogging concentrate	KN	利用压缩气体使制剂分散成为细雾的水性制剂，可直接或经稀释后，在冷雾器械上使用的液体制剂
3.2	可分散液体制剂			
3.2.1	乳油	emulsifiable concentrate	EC	用水稀释后形成乳状液的均一液体制剂
3.2.2	乳胶	emulsifiable gel	GL	在水中可乳化的胶状制剂
3.2.3	可分散液剂	dispersible concentrate	DC	有效成分溶于水溶性的溶剂中形成胶体液的制剂
3.2.4	糊剂	paste	PA	固体粉粒分散在水中，有一定黏稠密度，用水稀释后涂膜使用的糊状制剂
3.2.5	浓胶（膏）剂	gel or paste concentrate	PC	用水稀释后使用的凝胶或膏状制剂
3.3	乳液制剂			
3.3.1	水乳剂	emulsion, oil in water	EW	有效成分溶于有机溶剂中，并以微小的液珠分散在连续相水中，成非均相乳状液制剂
3.3.2	油乳剂	emulsion, water in oil	EO	有效成分溶于水中，并以微小水珠分散在油相中，成非均相乳状液制剂
3.3.3	微乳剂	micro-emulsion	ME	透明或半透明的均一液体，用水稀释后成乳状液体的制剂
3.3.4	脂膏	grease	GS	黏稠的油脂状制剂
3.4	悬浮制剂			
3.4.1	悬浮剂	aqueous suspension concentrate	SC	非水溶性的固体有效成分与相关助剂，在水中形成高分散度的黏稠悬浮液制剂，用水稀释后使用

章条号	剂型名称	剂型英文名称	代码	说　明
3.4.2	微囊悬浮剂	aqueous capsule suspension	CS	微胶囊稳定的悬浮剂,用水稀释后成悬浮液使用
3.4.3	油悬浮剂	oil miscible flowable concentrate	OF	有效成分分散在非水介质中,形成稳定分散的油混悬浮液制剂,用有机溶剂或油稀释后使用
3.5　双重特性制剂				
3.5.1	悬乳剂	aqueous suspo-emulsion	SE	至少含有两种不溶于水的有效成分,以固体微粒和微细液珠形式稳定地分散在以水为连续流动相的非均相液体制剂
4　种子处理制剂				
4.1　种子处理固体制剂				
4.1.1	种子处理干粉剂	powder for dry seed treatment	DS	可直接用于种子处理的细的均匀粉状制剂
4.1.2	种子处理可分散粉剂	water dispersible powder for slurry seed treatment	WS	用水分散成高浓度浆状物的种子处理粉状制剂
4.1.3	种子处理可溶粉剂	water soluble powder for seed treatment	SS	用水溶解后,用于种子处理的粉状制剂
4.2　种子处理液体制剂				
4.2.1	种子处理液剂	solution for seed treatment	LS	直接或稀释后,用于种子处理的液体制剂
4.2.2	种子处理乳剂	emulsion for seed treatment	ES	直接或稀释后,用于种子处理的乳状液制剂
4.2.3	种子处理悬浮剂	flowable concentrate for seed treatment	FS	直接或稀释后,用于种子处理的稳定悬浮液制剂
4.2.4	悬浮种衣剂	flowable concentrate for seed coating	FSC[①]	含有成膜剂,以水为介质,直接或稀释后用于种子包衣(95%粒径≤$2\mu m$,98%粒径≤$4\mu m$)的稳定悬浮液种子处理制剂
4.2.5	种子处理微囊悬浮剂	capsule suspension for seed treatment	CF	稳定的微胶囊悬浮液,直接或用水稀释后成悬浮液种子处理制剂
5　其他制剂				
5.1　气雾制剂				
5.1.1	气雾剂	aerosol	AE	将药液密封盛装在有阀门的容器内,在抛射剂作用下一次或多次喷出微小液珠或雾滴,可直接使用的罐装制剂
5.1.1.1	油基气雾剂	oil-based aerosol	OBA	溶剂为油基的气雾剂
5.1.1.2	水基气雾剂	water-based aerosol	WBA	溶剂为水基的气雾剂
5.1.1.3	醇基气雾剂	alcohol-based aerosol	ABA[①]	溶剂为醇基的气雾剂
5.2　其他液体制剂				

章条号	剂型名称	剂型英文名称	代码	说　　明
5.2.1	滴加液	drop concentrate	TKD[①]	由一种或两种以上的有效成分组成的原药浓溶液,仅用于配制各种电热蚊香片等制剂
5.2.2	喷射剂	spray fluid	SF[①]	用手动压力通过容器喷嘴,喷出液滴或液柱的液体制剂
5.2.3	静电喷雾液剂	electrochargeable liquid	ED	用于静电喷雾的液体制剂
5.3　熏蒸制剂				
5.3.1	熏蒸剂	vapour releasing product	VP	含有一种或两种以上易挥发的有效成分,以气态(蒸气)释放到空气中,挥发速度可通过选择适宜的助剂或施药器械加以控制
5.3.2	气体制剂	gas	GA	装在耐压瓶或罐内的压缩气体制剂,主要用于熏蒸封闭空间的害虫
5.3.3	电热蚊香片	vaporizing mat	MV	与驱蚊器配套使用,驱杀蚊虫的片状制剂
5.3.4	电热蚊香液	liquid vaporizer	LV	与驱蚊器配套使用,驱杀蚊虫用的均相液体制剂
5.3.5	电热蚊香浆	vaporizing paste	VA[①]	与驱蚊器配套使用,驱杀蚊虫用的浆状制剂
5.3.6	固液蚊香	solid-liquid vaporizer	SV[①]	与驱蚊器配套使用,常温下为固体,加热使用时,迅速挥发并熔化为液体,用于驱杀害虫的固体制剂
5.3.7	驱虫带	repellent tape	RT[①]	与驱虫器配套使用,用于驱杀害虫的带状制剂
5.3.8	防蛀剂	moth-proofer	MP[①]	直接使用防蛀虫的制剂
5.3.8.1	防蛀片剂	moth-proofer tablet	MPT[①]	片状防蛀剂
5.3.8.2	防蛀球剂	moth-proofer pellet	MPP[①]	球状防蛀剂
5.3.8.3	防蛀液剂	moth-proofer liquid	MPL[①]	液体防蛀剂
5.3.9	熏蒸挂条	vaporizing strip	VS[①]	用于熏蒸驱杀害虫的挂条状制剂
5.3.10	烟雾剂	smoke fog	FO[①]	有效成分遇热迅速产生成烟和雾(固态和液态粒子的烟雾混合体)的制剂
5.4　驱避制剂				
5.4.1	驱避剂	repellent	RE[①]	阻止害虫、害鸟、害兽侵袭人、畜、或植物的制剂
5.4.1.1	驱虫纸	repellent paper	RP[①]	对害虫有驱避作用,可直接使用的纸巾
5.4.1.2	驱虫环	repellent belt	RL[①]	对害虫有驱避作用,可直接使用的环状或带状制剂
5.4.1.3	驱虫片	repellent mat	RM[①]	与小风扇配套使用,对害虫有驱避作用的片状制剂
5.4.1.4	驱虫膏	repellent paste	RA[①]	对害虫有驱避作用,可直接使用的膏状制剂
5.5　涂抹制剂				
5.5.1	驱蚊霜	repellent cream	RC[①]	直接用于涂抹皮肤,难流动的乳状制剂

章条号	剂型名称	剂型英文名称	代码	说　　明
5.5.2	驱蚊露	repellent lotion	RO[①]	直接用于涂抹皮肤,可流动的乳状制剂,黏度一般为 2000~4000mPa·s
5.5.3	驱蚊乳	repellent milk	RK[①]	直接用于涂抹皮肤,自由流动的乳状制剂
5.5.4	驱蚊液	repellent liquid	RQ[①]	直接用于涂抹皮肤,自由流动的清澈液体制剂
5.5.5	驱蚊花露水	repellent floral water	RW[①]	直接用于涂抹皮肤,自由流动的清澈、有香味的液体制剂
5.5.6	涂膜剂	lacquer	LA	用溶剂配制,直接涂抹使用并能成膜的制剂
5.5.7	涂抹剂	paint	PN[①]	直接用于涂抹物体的制剂
5.5.8	窗纱涂剂	paint for window screen	PW[①]	为驱杀害虫 涂抹窗纱的制剂。一般为 SL 等剂型
5.6　蚊帐处理制剂				
5.6.1	蚊帐处理剂	treatment of mosqueto net	TN[①]	含有驱杀害虫的有效成分的浸渍蚊帐的制剂
5.6.2	驱蚊帐	oong-lasting insecticide treated mosqueto net	LTN	含有驱杀害虫有效成分的化纤制成的长效蚊帐
5.7　桶混制剂				
5.7.1	桶混剂	tank mixture	TM[①]	装在同一个外包装材料里的不同制剂,使用时现混现用
5.7.1.1	液固桶混剂	combi-pact solid/liquid	KK	由液体和固体制剂组成的桶混剂
5.7.1.2	液液桶混剂	combi-pact liquid/liquid	KL	由液体和液体制剂组成的桶混剂
5.7.1.3	固固桶混剂	combi-pact solid/solid	KP	由固体和固体制剂组成的桶混剂
5.8　特殊用途制剂				
5.8.1	药袋	bag	BA[①]	含有有效成分的套袋制剂
5.8.2	药膜	mulching film	MF[①]	用于覆盖保护地含有除草有效成分的地膜
5.8.3	发气剂	gas generating product	GE	以化学反应产生气体的制剂

① 我国制定的农药剂型英文名称及代码。

2　农药 pH 值的测定方法

中华人民共和国国家标准 GB/T 1601—93

1　适用范围

本方法适用于农药原药、粉剂、可湿性粉剂、乳油等的水分散液（或水溶液）的 pH 值的测定。

2 定义

水溶液的 pH 值定义为：以 mol/L 表示的氢离子活度的负对数。

3 方法提要

用 pH 计测定水溶液的 pH 值。

4 试剂和溶液

4.1 水：新煮沸并冷至室温的蒸馏水，pH 值为 5.5~7.0。

4.2 $c(C_8H_5KO_4)=0.05mol/L$ 苯二甲酸氢钾 pH 标准溶液：称取在 105~110℃ 烘至恒重的苯二甲酸氢钾 10.21g 于 1L 容量瓶中，用水溶解并稀释至刻度，摇匀。此溶液放置时间应不超过一个月。

4.3 $c(Na_2B_4O_7)=0.05mol/L$ 四硼酸钠 pH 标准溶液：称取 19.07g 四硼酸钠于 1L 容量瓶中，用水溶解并稀释至刻度，摇匀。此溶液放置时间应不超过一个月。

4.4 标准溶液 pH 值的温度校正：0.05mol/L 苯二甲酸氢钾溶液的 pH 值为 4.00（温度对 pH 值的影响可忽略不计）。0.05mol/L 四硼酸钠溶液的温度校正值见附表 1。

附表 1 0.05mol/L 四硼酸钠溶液的温度校正值

温度/℃	10	15	20	25	30
pH 值	9.29	9.26	9.22	9.18	9.14

5 仪器

5.1 pH 计：需要有温度补偿或温度校正图表。

5.2 玻璃电极：使用前需在蒸馏水中浸泡 24h。

5.3 饱和甘汞电极：电极的室腔中需注满饱和氯化钾溶液，并保证饱和溶液中总有氯化钾晶体存在。

6 测定步骤

6.1 pH 计的校正

将 pH 计的指针调整到零点，调整温度补偿旋钮至室温，用上述中一个 pH 标准溶液校正 pH 计，重复校正，直到两次读数不变为止。再测量另一 pH 标准溶液的 pH 值，测定值与标准值的绝对差值应不大于 0.02。

6.2 试样溶液的配制

称取 1g 试样于 100mL 烧杯中，加入 100mL 水，剧烈搅拌 1min，静置 1min。

6.3 测定

将冲洗干净的玻璃电极和饱和甘汞电极插入试样溶液中，测其 pH 值。至少平行测定三次，测定结果的绝对差值应小于 0.1，取其算术平均值即为该试样的 pH 值。

3 农药酸（碱）度测定方法 指示剂法

中华人民共和国国家标准 GB/T 28135—2011

1 范围

本标准规定了农药酸（碱）度的测定方法——指示剂法。

本标准适用于农药原药及其加工制剂中酸度或碱度的测定（仅适用于在乙醇或丙酮中溶解的产品）。

2 规范性引用文件

下列文件对于本文件的应用是必不可少的。凡是注日期的引用文件，仅注日期的版本适用于本文件。凡是不注日期的引用文件，其最新版本(包括所有的修改单)适用于本文件。

GB/T 601《化学试剂 标准滴定溶液的制备》

GB/T 603《化学试剂 试验方法中所用制剂及制品的制备》

3 试验方法

3.1 方法提要

试样用乙醇溶解(若乙醇不易溶解则用丙酮或丙酮溶液溶解)，以甲基红(或混合指示剂)为指示剂，用规定浓度的碱标准滴定溶液或酸标准滴定溶液滴定，测定样品的酸度或碱度。

3.2 试剂和溶液

95％乙醇；

丙酮；

氢氧化钠标准滴定溶液：

$c(NaOH)=0.02mol/L$，按 GB/T 601 配制；

盐酸标准滴定溶液 $c(HCl)=0.02mol/L$，按 GB/T 601 配制；

甲基红指示剂：1g/L 乙醇溶液；

混合指示剂：溴甲酚绿乙醇溶液(1g/L)＋甲基红乙醇溶液(2g/L)＝3＋1，按 GB/T 603 配制。

3.3 仪器

玻璃量杯：50mL、100mL；

锥形瓶：250mL；

滴定管：25mL；

超声波清洗器。

3.4 测定

3.4.1 农药原药测定方法

取少量试样用乙醇溶解（若乙醇不易溶解则用 90％或 95％丙酮溶液溶

解），加入 3～5 滴甲基红指示剂（或混合指示剂）鉴别，若溶液呈现红色为酸性溶液，测定酸度；若呈现黄色（混合指示剂为绿色）则为碱性溶液，测定碱度。

称取试样 1～3g（精确至 0.002g），置于一个 250mL 锥形瓶中，加入 95％乙醇（或丙酮）50mL，摇动使试样溶解，加入 3～5 滴甲基红指示剂（或混合指示剂）后立即用标准滴定溶液滴定。

测定酸度，用 0.02mol/L 氢氧化钠标准滴定溶液滴定至黄色（混合指示剂为绿色）即为终点。测定碱度，用 0.02mol/L 盐酸标准滴定溶液滴定至红色即为终点。

同时做空白测定，取与测定样品相同的溶剂 50mL 置于 250mL 锥形瓶中用 0.02mol/L 氢氧化钠标准滴定溶液滴定。

3.4.2 农药制剂测定方法

取少量试样用乙醇溶解（若乙醇不易溶用丙酮溶解），加入 3～5 滴甲基红指示剂（或混合指示剂）鉴别，呈红色为酸性溶液，测定酸度；呈黄色（混合指示剂为绿色）则为碱性溶液，测定碱度。

称取试样 2～5g（精确至 0.002g），置于一个 250mL 锥形瓶中，加入 95％乙醇（或丙酮）50mL，摇动使试样溶解（如需要可在超声波水浴中超声震荡使其溶解），加入 3～5 滴甲基红指示剂（或混合指示剂）后立即用标准滴定溶液滴定。

测定酸度，用 0.02mol/L 氢氧化钠标准滴定溶液滴定至黄色（混合指示剂为绿色）即为终点，测定碱度，用 0.02mol/L 盐酸标准滴定溶液滴定至红色即为终点。

同时做空白测定，取与测定样品相同的溶剂 50mL 置于 250mL 锥形瓶中用 0.02mol/L 氢氧化钠标准滴定溶液滴定。

3.5 计算

试样的酸度 w_1（％），以硫酸计，按式(1)计算：

$$w_1 = [c(V_1 - V_0)M_1 \times 100]/(m \times 1000) \tag{1}$$

式中　w_1——试样的酸度，以％表示；

　　　c——氢氧化钠标准滴定溶液的实际浓度，mol/L；

　　　V_1——滴定试样溶液，消耗氢氧化钠标准滴定溶液的体积，mL；

　　　V_0——滴定空白溶液，消耗氢氧化钠标准滴定溶液的体积，mL；

　　　m——试样的质量，g；

　　　M_1——硫酸的摩尔质量的数值，g/mol。

试样的碱度 w_2（％），以氢氧化钠计，按式(2)计算：

$$w_2 = [(V_2 c_1 + V_0 c)M_2 \times 100]/(m \times 1000) \tag{2}$$

式中　w_2——试样的碱度，以％表示；

c——氢氧化钠标准滴定溶液的实际浓度，mol/L；

c_1——盐酸标准滴定溶液的实际浓度，mol/L；

V_2——滴定试样溶液，消耗盐酸标准滴定溶液的体积，mL；

V_0——滴定空白溶液，消耗氢氧化钠标准滴定溶液的体积，mL；

m——试样的质量 g；

M_2——氢氧化钠的摩尔质量的数值，g/mol。

4　农药水分测定方法

中华人民共和国国家标准 GB/T 1600—2001

1　适用范围

本标准适合于农药原药及其加工制剂中水分的测定。

2　卡尔·费休法

2.1　卡尔·费休化学滴定法

2.1.1　方法提要

将样品分散在甲醇中，用已知水当量的标准卡尔·费休试剂滴定。

2.1.2　试剂和溶液

无水甲醇：水的质量分数应≤0.03%。取 5～6g 表面光洁的镁（或镁条）及 0.5g 碘，置于圆底烧瓶中，加 70～80mL 甲醇，在水浴上加热回流至镁全部生成絮状的甲醇镁，此时加入 900mL 甲醇，继续回流 30min，然后进行分馏，在 64.5～65℃收集无水甲醇。使用仪器应预先干燥，与大气相通的部分应连接装有氯化钙或硅胶的干燥管。

无水吡啶：水的质量分数应≤0.1%。吡啶通过装有粒状氢氧化钾的玻璃管。管长 40～50cm，直径 1.5～2.0cm，氢氧化钾高度为 30cm 左右。处理后进行分馏，收集 114～116℃的馏分。

碘：重升华，并放在硫酸干燥器内 48h 后再用。

硅胶：含变色指示剂。

二氧化硫：将浓硫酸滴加到盛有亚硫酸钠（或亚硫酸氢钠）的糊状水溶液的支管烧瓶中，生成的二氧化硫经冷井冷至液状（冷井外部加干冰和乙醇或冰和食盐混合）。使用前把盛有液体二氧化硫的冷井放在空气中气化，并经过浓硫酸和氯化钙干燥塔进行干燥。

酒石酸钠。

卡尔·费休试剂（有吡啶）：将 63g 碘溶解在干燥的 100mL 无水吡啶中，置于冰中冷却，向溶液中通入二氧化硫直至增重 32.3g 为止，避免吸收环境潮气，补充无水甲醇至 500mL 后，放置 24h。此卡尔·费休试剂的水当量约为 5.2mg/mL。也可使用市售的无吡啶卡尔·费休试剂。

2.1.3 仪器

试剂瓶：250mL，配有 10mL 自动滴定管，用吸球将卡尔·费休试剂压入滴定管中，通过安放适当的干燥管防止吸潮。

反应瓶：约 60mL，装有两个铂电极，一个调节滴定管尖的瓶塞，一个用干燥剂保护的放空管，待滴定的样品通过入口管或可以用磨口塞开闭的侧口加入，在滴定过程中，用电磁搅拌。

1.5V 或 2.0V 电池组：同一个约 200Ω 的可变电阻并联。铂电极上串联一个微安表。调节可变电阻，使 0.2mL 过量的卡尔·费休试剂流过铂电极的适宜的初始电流不超过 20mV 产生的电流。每加一次卡尔·费休试剂，电流表指针偏转一次，但很快恢复到原来的位置，到达终点时，偏转的时间持续较长。电流表：满刻度偏转不大于 100μA。

2.1.4 卡尔·费休试剂的标定

① 二水酒石酸钠为基准物　加 20mL 甲醇于滴定容器中，用卡尔·费休试剂滴定至终点，不记录需要的体积，此时迅速加入 0.15～0.20g（精确至 0.0002g）酒石酸钠，搅拌至完全溶解（约 3min），然后以 1mL/min 的速度滴加卡尔·费休试剂至终点。

卡尔·费休试剂的水当量 c_1(mg/mL)按式(3)计算：

$$c_1 = \frac{36m \times 1000}{230V} \tag{3}$$

式中　230——酒石酸钠的相对分子质量；

　　　36——水的相对分子质量的 2 倍；

　　　m——酒石酸钠的质量，g；

　　　V——消耗卡尔·费休试剂的体积，mL。

② 水为基准物　加 20mL 甲醇于滴定容器中，用卡尔·费休试剂滴定至终点，迅速用 0.25mL 注射器向滴定瓶中加入 35～40mg（精确至 0.0002g）水，搅拌 1min 后，用卡尔·费休试剂滴定至终点。

卡尔·费休试剂的水当量 c_2(mg/mL)按式(4)计算：

$$c_2 = \frac{m \times 1000}{V} \tag{4}$$

式中　m——水的质量，g；

　　　V——消耗卡尔·费休试剂的体积，mL。

2.1.5 测定步骤

加 20mL 甲醇于滴定瓶中，用卡尔·费休试剂滴定至终点，迅速加入已称量的试样（精确至 0.01g，含水约 5～15mg），搅拌 1min，然后以 1mL/min 的速度滴加卡尔·费休试剂至终点。

试样中水的质量分数 X_1(％)按式(5)计算：

$$X_1 = \frac{cV \times 100}{m \times 1000} \qquad (5)$$

式中 c——卡尔·费休试剂的水当量，mg/mL；

V——消耗卡尔·费休试剂的体积，mL；

m——试样的质量，g。

5 农药水不溶物测定方法

中华人民共和国国家标准 GB/T 28136—2011

1 范围

本标准规定了农药水不溶物的测定方法。

本标准适用于水溶性农药原药和制剂中不溶物的测定。

2 规范性引用文件

下列文件对于本文件的应用是必不可少的。凡是注日期的引用文件，仅注日期的版本适用于本文件。凡是不注日期的引用文件，其最新版本（包括所有的修改单）适用于本文件。

GB/T 6682—2008《分析实验室用水规格和试验方法》(ISO 3696：1987，MOD)

3 试验方法

3.1 一般规定

实验室用水应符合 GB/T 6682—2008 三级水的规格。

3.2 热水中不溶物质量分数的测定

3.2.1 方法提要

用沸水溶解试样，将不溶物过滤，干燥后称重。

3.2.2 仪器

玻璃砂芯坩埚：G_3；

烘箱：(105±2)℃；

250mL 烧杯；

玻璃干燥器；

500mL 锥形抽滤瓶。

3.2.3 测定步骤

将玻璃砂芯坩埚烘干（105℃约1h）至恒重（精确至 0.0002g），放入玻璃干燥器中冷却待用。称取规定数量的试样（精确至 0.01g）于烧杯中，加入水100mL，加热至沸腾，不断搅拌至所有可溶物溶解，趁热用玻璃砂芯钳祸过滤，用 75mL 热水分 3 次洗涤残渣，将坩埚于 105℃ 下干燥至恒重（精确至

0.0002g）。

3.2.4 计算

水不溶物的质量分数 w_1（％），按式（6）计算：

$$w_1 = \frac{m_1 - m_0}{m_2} \times 100\%　　　　　　　　　　　　　（6）$$

式中 m_0——玻璃砂芯坩埚的质量，g；

　　　m_1——水不溶物与玻璃砂芯坩埚的质量，g；

　　　m_2——试样的质量，g。

3.3 冷水中不溶物质量分数的测定

3.3.1 方法提要

用水溶解试样，将不溶物过滤，干燥后称重。

3.3.2 仪器

玻璃砂芯坩埚：G_3；

烘箱：（105±2）℃；

烧杯：250mL；

锥形抽滤瓶：500mL；

玻璃干燥器；

带塞玻璃量筒：250mL。

3.3.3 测定步骤

将玻璃砂芯坩埚烘干（105℃约1h）至恒重（精确至0.0002g），放入玻璃干燥器中冷却待用。称取规定数量的试样或称取试样20g（精确至0.01g）于烧杯中，用200mL水转移到量筒中，盖上塞子，猛烈振摇至可溶物溶解，过滤。用75mL水分3次洗涤残渣，将玻璃砂芯坩埚于105℃下干燥至恒重（精确至0.0002g）。

3.3.4 计算

水不溶物的质量分数按式（6）计算。

6　农药丙酮不溶物测定方法

中华人民共和国国家标准 GB/T 19138—2003

1　范围

本标准适用于农药原药产品中丙酮不溶物的测定。

2　检验方法

2.1 方法提要

适量样品用丙酮加热溶解，不溶物趁热过滤并干燥，丙酮不溶物含量以固体不溶物占样品的质量分数计算。

2.2 试剂

丙酮：分析纯。

2.3 仪器

标准具塞磨口锥形烧瓶：250mL；

回流冷凝器；玻璃砂芯坩埚漏斗；

锥形抽滤瓶：500mL；

烘箱；玻璃干燥器；

水浴锅。

2.4 测定步骤

将玻璃砂芯坩埚漏斗烘干（110℃约1h）至恒重（精确至0.0002g），放入干燥器中冷却待用。称取10g样品（精确至0.0002g），置于锥形烧瓶中，加入150mL丙酮并振摇，尽量使样品溶解。然后装上回流冷凝器，在热水浴中加热至沸腾，自沸腾开始回流5min后停止加热。装配砂芯坩埚漏斗抽滤装置，在减压条件下尽快使热溶液快速通过漏斗。用60mL热丙酮分3次洗涤，抽干后取下玻璃砂芯坩埚漏斗，将其放入110℃烘箱中干燥30min（使达到恒重），取出放入干燥器中，冷却后称重（精确至0.0002g）。

2.5 计算

丙酮不溶物的质量分数 $w(\%)$，按式(7)计算：

$$w = \frac{m_1 - m_0}{m_2} \times 100\%$$ (7)

式中　w——丙酮不溶物的质量分数，%；

m_0——玻璃坩埚漏斗的质量，g；

m_1——丙酮不溶物与玻璃坩埚漏斗的质量，g；

m_2——试样的质量，g。

7　农药粉剂、可湿性粉剂细度测定方法

中华人民共和国国家标准 GB/T 16150—1995

1　适用范围

本方法适用于农药粉剂、可湿性粉剂细度的测定。

2　测定方法

2.1　干筛法（适用于粉剂）

2.1.1　方法提要

将烘箱中干燥至恒重的样品，自然冷却至室温，并在样品与大气达到温度平衡

后，称取试样，用适当孔径的试验筛筛分至终点，称量筛中残余物，计算细度（如所干燥室温样品易吸潮，须将样品置于干燥器中冷却，并尽量减少样品与大气环境接触，完成筛分）。

2.1.2　仪器

试验筛：适当孔径，并具配套的接收盘和盖子；

玻璃皿：已知质量；

刷子：2.5cm 软平刷；

恒温烘箱：100℃以内控制精度为±2℃；

干燥箱。

2.1.3　测定步骤

2.1.3.1　样品的制备

根据样品的特性，调节烘箱至适宜的温度，将足量的样品置于烘箱中干燥至恒重，然后使样品自然冷却至室温并与大气温度达到平衡，备用。

如果样品易吸潮，应将其置于干燥器中冷却至室温，并尽量减少与大气环境接触。

2.1.3.2　测定

称取 20g 试样（精确至 0.1g），置于与接收盘相吻合的适当孔径试验筛中，盖上盖子，按下述两种方法之一进行试验。

① 振筛机法　将试验筛装在振筛机上振荡，同时交替轻敲接收盘的左右侧。10min 后，关闭振筛机，让粉尘沉降数秒钟后揭开筛盖，用刷子清扫所有堵塞筛眼的物料，同时分散筛中软团块，但不应压碎硬颗粒，盖上筛盖，开启振筛机，重复上述过程至 2min 内过筛物少于 0.01g 为止。将筛中残余物移至玻璃皿中称重。

② 手筛法　两手同时握紧筛盖及接收盘两侧，在具胶皮罩面的操作台上，将接受盘左右侧底部反复与操作台接触振筛，并不时按顺时针方向调整筛子方位（也可按逆时针方向）。在揭盖之前，让粉尘沉降数秒钟，用刷子清扫堵塞筛眼的物料，同时分散软团块，但不应压碎硬颗粒。重复震筛至 2min 内过筛物少于 0.01g 为止。将筛中残余物移至玻璃皿中称重。

2.2　湿筛法

2.2.1　方法提要

将称好的试样，置于烧杯中湿润、稀释，倒入湿润的试验筛中，用平缓的自来水流直接冲洗，再将试验筛置于盛水的盆中继续洗涤，将筛中残余物转移至烧杯中，干燥残余物，称重，计算细度。

2.2.2　仪器

试验筛：适当孔径，并具配套的接收盘和盖子；

烧杯：250mL，100mL；

烘箱：100℃以内控制精度为±2℃；

玻璃棒：具橡皮罩；

干燥器。

2.2.3 测定步骤

2.2.3.1 试样的润湿

称取 20g 试样（精确至 0.01g），置于 250mL 烧杯中，加入约 80mL 自来水，用玻璃棒搅动，使其完全润湿。如果试样抗润湿，可加入适量非极性润湿剂。

2.2.3.2 试样筛的润湿

将试样筛浸入水中，使金属丝布完全润湿。必要时可在水中加入适量的非极性润湿剂。

2.2.3.3 测定

用自来水将烧杯中湿润的试样稀释至约 150mL，搅拌均匀，然后全部倒入润湿的标准筛中，用自来水洗涤烧杯，洗涤水也倒入筛中，直至烧杯中粗颗粒完全移至筛中为止。用直径为 9~10mm 的橡皮管导出的平缓自来水流冲洗筛上试样，水流速度控制在 4~5L/min，橡皮管末端出水口保持与筛缘平齐为度。在筛洗过程中，保持水流对准筛上的试样，使其充分洗涤（如试样中有软团块可用玻璃棒压平，使其分散），一直洗到通过试验筛的水清亮透明为止。再将试验筛移至盛有自来水的盆中，上下移动洗涤筛缘始终保持在水面之上，重复至 2min 内无物料过筛为止。弃去过筛物，将筛中残余物，先冲至一角再转移至恒重的 100mL 烧杯中。静置，待烧杯中颗粒物沉降至底部后，倾去大部分水，加热，将残余物蒸发近干，于 100℃（或根据产品的物化性能、采用其他适当温度）烘箱中烘至恒重，取出烧杯置于干燥器中冷却至室温，称重。

2.3 计算

粉剂、可湿性粉剂的细度（X）％按下式计算：

$$X = \frac{m_1 - m_2}{m_2} \times 100\%$$

式中　m_1——粉剂（或可湿性粉剂）试样的质量，g；

　　　m_2——玻璃皿（或烧杯）中残余物的质量，g。

2.4 允许差

两次平行测定结果之差应在 0.8％以内。

8　颗粒状农药粉尘测定方法

中华人民共和国国家标准 GB/T 30360—2013

1 范围

本标准规定了颗粒状农药产品粉尘的测定方法。

本标准适用于颗粒状农药产品中粉尘的测定。

2 术语和定义

下面术语和定义适用于本文件。

2.1 颗粒状农药 granular pesticide

颗粒状农药是指颗粒剂、水分散粒剂、可溶粒剂、泡腾剂等剂型的农药

3 试验方法

3.1 方法提要

称取一定量的样品，在测试空间按规定条件自由下落，释放的粉尘有空气流承载，收集在过滤器上，称量得出粉尘量。

3.2 仪器

粉尘测量仪：由一个测量箱体和一个倾倒管（倾倒管高度600mm）组成。测量箱的顶部有可以动的盖子，连接着倾倒管。箱体里面安装一个过滤器，过滤器连接空气流量测定表和真空泵。

过滤器：孔径75μm，直径40mm；

空气流量计：范围10～20L/min；

天平：感量0.1mg，精密度±0.1mg；

秒表；

烧杯：100mL；

镊子。

3.3 注意事项

样品含水量的变化可能显著影响粉尘量，粉尘的测定一定要在样品开封后迅速进行。

3.4 测定步骤

称量0.3～0.8g脱脂棉（精确至0.0001g），均匀放入过滤网前端。将过滤器连接空气流量计入口，流量计出口连接真空泵。将带有盖子的倾倒管安装在测量箱体上。开启真空泵，调节空气流量为15L/min。用烧杯称取30.0g（精确至0.1g）样品，将其匀速倒入倾倒管入口处，同时计时，控制倾倒样品在60s完成，收集粉尘于脱脂棉上。收集完毕，用镊子取出脱脂棉称重（精确至0.0001g）。

3.5 计算

式样的粉尘量按式(8)计算：

$$m = (m_2 - m_1) \times 1000 \tag{8}$$

式中　m——试样的粉尘量，mg；

m_2——倾倒样品后脱脂棉的质量，g；

m_1——倾倒样品前脱脂棉的质量，g。

3.6 结果判定

结果判定见附表2。

粉尘的测定值/mg	结果判定	粉尘的测定值/mg	结果判定
≤30	基本无粉尘	>30	有粉尘

9　农药可湿性粉剂润湿性测定方法

中华人民共和国国家标准 GB/T 5451—2001

1　范围

本标准适用于农药可湿性粉剂润湿性的测定。

2　方法提要

将一定量的可湿性粉剂从规定的高度倾入盛有一定量标准硬水的烧杯中，测定其完全润湿的时间。

3　仪器和设备

容量瓶：100mL、1000mL；

10mL 移液管；

1000mL 聚乙烯瓶；

温度计：分度值 1℃，量程 0～50℃或 0～100℃；

烧杯：250mI［内径为（6.5±0.5）cm、高为（9.0±0.5）cm］、100mL、800mL、1000mL；

秒表；

量筒：20mL、(100±1)mL、500mL；

表面皿［直径为（9.0±0.5)cm］；

恒温水浴；

pH 计。

4　试剂和溶液

碳酸钙：使用前在 400℃下烘 2h；

氧化镁：使用前在 105℃下烘 2h；

无水氯化钙；

带结晶水的氯化镁（$MgCl_2 \cdot 6H_2O$）；

氨水：$c(NH_3 \cdot H_2O) = 1mol/L$ 溶液；

盐酸：$c(HCl) = 2mol/L$，溶液、$c(HCl) = 1.0mol/L$ 溶液和 $c(HCl) = 0.1mol/L$ 溶液；

甲基红：ρ(甲基红)$=5g/L$ 溶液；

氢氧化钠：$c(NaOH) = 0.1mol/L$ 溶液。

5 标准硬水

5.1 制备方法之一

5.1.1 贮备液的配制

5.1.1.1 A溶液——以$c(Ca^{2+})=0.04mol/L$溶液的配制

准确称取碳酸钙4.000g置于800mL烧杯中，加少量水润湿，然后缓缓加入1.0mol/L盐酸82mL，充分搅拌混合，待碳酸钙全部溶解后，加水400mL，煮沸，除去二氧化碳。冷却至室温后，加入2滴甲基红指示剂溶液，用1mol/L氨水中和至橙色，将此溶液转移到1000mL容量瓶中，用水定容，摇匀。贮存于聚乙烯瓶中备用。

5.1.1.2 B溶液——$c(Mg^{2+})=0.04mol/L$溶液的配制

准确称取氧化镁1.613g于800mL烧杯中，加少量水润湿，然后缓缓加入1.0mol/L盐酸82mL，充分搅拌混合并缓缓加热，待氧化镁全部溶解后，加水400mL，煮沸，除去二氧化碳。冷却至室温后，加入2滴甲基红指示剂溶液，用1mol/L氨水中和至橙色，将此溶液转移到1000mL容量瓶中，用水定容，摇匀。贮存于聚乙烯瓶中备用。

5.1.2 标准硬水的配制

移取68.5mL溶液A和17.0mL溶液B于1000mL烧杯中，加水800mL，滴加0.1mol/L氢氧化钠溶液或0.1mol/L盐酸溶液，调节溶液的pH值为6.0～7.0（用pH计）。将溶液再转移到1000mL容量瓶中，用水定容，摇匀。

5.2 制备方法二

称取无水氯化钙0.304g和带结晶水的氯化镁0.139g，于1000mL烧杯中，加600mL水溶解后，倒入1000mL容量瓶中。用300mL水分次冲洗烧杯，冲洗液一并倒入容量瓶中，用水将容量瓶定容，摇匀。

5.3 制备方法三

称取碳酸钙2.740g和氧化镁0.276g，于100mL烧杯中，用少量2mol/L盐酸溶解，在水浴上加热蒸发至干以除去多余盐酸。然后将残留物用60mL水溶解，倒入100mL容量瓶中。用30mL水分次冲洗烧杯，冲洗液一并倒入容量瓶中，用水将容量瓶定容，摇匀。用10mL移液管准确吸取10mL，注入1000mL容量瓶中，用水定容，摇匀。

6 测定步骤

取标准硬水（100±1）mL，注入250mL烧杯中，将此烧杯置于（25±1）℃的恒温水浴中，使其液面与水浴的水平面齐平。待硬水至（25±1）℃时，称取（5±0.1）g的试样（试样应为有代表性的均匀粉末，而且不允许成团、结块），置于表面皿上，将全部试样从与烧杯口齐平的位置一次性均匀地倾倒在该烧杯的液面上，但不要过分地扰动液面。加试样时立即用秒表计时，直至试样全部润湿为止（留在液面上的细粉膜可忽略不计）。记下润湿时间（精确至秒）。如此重复5次，取其平均值，作为该样品的润湿时间。

10 农药乳液稳定性测定方法

中华人民共和国国家标准 GB/T 1603—2001

1 范围

本方法适用于农药乳油、水乳剂和微乳剂等制剂乳液稳定性的测定。

2 检验方法

2.1 方法提要

试样用标准硬水稀释，1h 后观察乳液的稳定性。

2.2 试剂和溶液

无水氯化钙；

碳酸钙：使用前在 400℃下烘 2h；

氯化镁六个结晶水：使用前在 200℃下烘 2h；

盐酸；

标准硬水（配制方法见附录 9）。

2.3 仪器

量筒：100mL，内径（28±2）mm，高（250±5）mm；

烧杯：250mL，直径 60～15mm；

玻璃搅拌棒：直径 6～8mm；

移液管：刻度精确至 0.02mL；

恒温水浴。

2.4 测定方法

在 250mL 烧杯中，加入 100mL（30±2）℃标准硬水，用移液管吸取适量乳剂试样，在不断搅拌的情况下慢慢加入硬水中（按各产品规定的稀释浓度），使其配成 100mL 乳状液。加完乳剂后，继续用 2～3r/s 的速度搅拌 30s，立即将乳状液移至清洁、干燥的 100mL 量筒中，并将量筒置于恒温水浴内，在（30±2）℃范围内，静置 1h，取出，观察乳状液分离情况，如在量筒中无浮油（膏）、沉油和沉淀析出，则判定乳液稳定性合格。

11 农药悬浮率测定方法

中华人民共和国国家标准 GB/T 14825—2006

1 范围

本标准中方法 1 通常适用于可湿性粉剂悬浮率测定，方法 2 通常适用于悬浮剂悬浮率测定，方法 3 通常适用于水分散粒剂悬浮率测定，方法 4 通常适用于可分散粉剂悬浮率的测定（简化方法），方法 5 通常适用于种衣剂悬浮率测定。各种剂型的产品可根据产品的具体情况选用上述测定方法。

2 规范性引用文件

下列文件中的条款通过本标准的引用而成为本标准的条款。凡是注日期的引用文件，其随后所有的修改单（不包括勘误的内容）或修订版均不适用于本标准，然而，鼓励根据本标准达成协议的各方研究是否可使用这些文件的最新版本。凡是不注日期的引用文件，其最新版本适用于本标准。

GB/T 601《化学试剂　标准滴定溶液的制备》

GB/T 603《化学试剂　试验方法中所用制剂及制品的制备》（GB/T 603—2002，ISO 6353-1：1982，NEQ）

GB/T 5451—2001《农药可湿性粉剂润湿性测定方法》（eqvCIPACMT53）

3 术语和定义

下列术语和定义适用于本标准的各部分。

3.1 适量试样

制备悬浮液的称样量，以此称样量制备悬浮液的浓度，应为该产品推荐使用的最高喷洒浓度。其称样量在产品标准中加以规定。

3.2 上下颠倒

悬浮液配制后，将量筒倒置 180°并恢复至原位为一次，约 2s。

4 悬浮率的测定

4.1 方法 1

4.1.1 方法提要

用标准硬水将待测试样配制成适当浓度的悬浮液。在规定的条件下，于量筒中静置一定时间，测定底部十分之一悬浮液中有效成分质量分数，计算其悬浮率。

4.1.2 试剂和溶液水

氧化镁：使用前于 105℃干燥 2h；

碳酸钙：使用前于 400℃烘 2h；

0.1mol/L、1mol/L 盐酸溶液；

0.1mol/L 氢氧化钠溶液；

1mol/L 氨水；

甲基红指示液：1g/L，按 GB/T 603 配制；

标准硬水（配制方法见附录 9）。

4.1.3 仪器

量筒：250mL，带磨口玻璃塞，0～250mL 刻度间距为 20.0～21.5cm，250mL 刻度线与塞子底部之间距离应为 4～6cm；

玻璃吸管：长约 40cm，内径约为 5mm，一端尖处有 2～3mm 的孔，管的另一端连接在相应的抽气源上；

恒温水浴：(30±2)℃，水浴液面应没过量筒颈部。

4.1.4　测定步骤

称量适量试样，精确至 0.0002g，置于盛有 50mL（30±2）℃标准硬水的 200mL 烧杯中，用手摇荡做圆周运动，约每分钟 120 次，进行 2min，将该悬浮液在同一温度的水浴中放置 13min，然后用（30±2）℃的标准硬水将其全部洗入 250mL 量筒中，并稀释至刻度，盖上盖子，以量筒底部为轴心，将量筒在 1min 内上下颠倒 30 次。打开塞子，再垂直放入无振动的恒温水浴中，避免阳光直射，放置 30min。用吸管在 10～15s 内将内容物的 9/10（即 225mL）悬浮液移出，不要摇动或挑动起量筒内的沉降物，确保吸管的顶端总是在液面下几毫米处。

按规定方法❶测定试样和留在量筒底部 25mL 悬浮液中的有效成分质量。

4.1.5　计算

试样中有效成分悬浮率 w_1（％）按式（9）计算：

$$w_1 = \frac{m_1 - m_2}{m_1} \times \frac{10}{9} \times 100 \tag{9}$$

式中　m_1——配制悬浮液所取试样中有效成分质量，g；

　　　m_2——留在量筒底部 25mL 悬浮液中有效成分质量，g；

　　　10/9——换算系数。

4.2　方法 2

4.2.1　方法提要

用标准硬水将待测试样配制成适当浓度的悬浮液。在规定的条件下，于量筒中静置一定时间，测定底部十分之一悬浮液和沉淀物中有效成分质量，计算其悬浮率。

4.2.2　试剂和溶液

同 4.1.2。

4.2.3　仪器

同 4.1.3。

4.2.4　测定步骤

将整瓶产品全部倒出，混合均匀。称取适量试样，精确至 0.0002g，置于盛有 100mL(30±2)℃标准硬水的量筒中，并用（30±2）℃标准硬水稀释至刻度，盖上塞子，以量筒中部为轴心，将量筒在 1min 内上下颠倒 30 次。打开塞子，再垂直放入无振动的恒温水浴中，避免阳光直射，放置 30min。用吸管在 10～15s 内将内容物的 9/10（即 225mL）悬浮液移出，不要摇动或挑起量筒内的沉降物，确保吸

---

❶　有效成分质量分数的测定应在产品标准中加以规定。

管的顶端总是在液面下几毫米处。

按规定方法测定试样和留在量筒底部 25mL 悬浮液中的有效成分质量。

4.2.5 计算

同 4.1.5。

4.3 方法 3

4.3.1 方法提要

用标准硬水将待测试样配制成适当浓度的悬浮液。在规定的条件下，于量筒中静置一段时间，测定底部十分之一悬浮液中残留物质量，计算其悬浮率。

4.3.2 试剂和溶液

同 4.1.2。

4.3.3 仪器

同 4.1.3。

4.3.4 测定步骤

称取适量试样，精确至 0.0002g，置于盛有 50mL（30±2）℃标准硬水的 200mL 烧杯中，用手摇振荡作圆周运动，约每分钟 120 次，进行 2min，将悬浮液在同一温度的水浴中放置 4min，然后用（30±2）℃的标准硬水将其全部洗入 250mL 量筒中，并稀释至刻度，盖上盖子，以量筒底部为轴心，将量筒在 1min 内上下颠倒 30 次。打开塞子，再垂直放入无振动的恒温水浴中，避免阳光直射，放置 30min。用吸管在 10～15s 内将内容物的 9/10（即 225mL）悬浮液移出，不要摇动或挑起量筒内的沉降物，确保吸管的顶端总是在液面下几毫米处。

将量筒底部 25mL 悬浮液转移到培养皿，干燥至恒量，称量残余物质量。

4.3.5 计算

同 4.1.5。

4.4 方法 4

4.4.1 方法提要

用标准硬水将待测试样配制成适当浓度的悬浮液。在规定的条件下，于量筒中静置一定时间，测定上部十分之九悬浮液中有效成分质量，计算其悬浮率。

4.4.2 试剂和溶液

同 4.1.2。

4.4.3 仪器

同 4.1.3。

4.4.4 测定步骤

称取适量试样，精确至 0.0002g，置于盛有 100mL（30±2）℃标准硬水的量筒中，并用（30±2）℃标准硬水稀释至刻度，盖上塞子，以量筒底部为轴心，将量筒在 1min 内上下颠倒 30 次。打开塞子，再垂直放入无振动的恒温水浴中，避免阳光直射，放置 30min。用吸管在 10～15s 内将内容物的 9/10（即 225mL）悬浮液移出，不要摇动或挑起量筒内的沉降物，确保吸管的顶端总是在液面下几毫米处。

将移出的 9/10（225mL）悬浮液混合均匀，用移液管准确移取悬浮液 1mL，按规定方法测定有效成分质量。

4.4.5 计算

试样中有效成分悬浮率 w_2（%）按式(10)计算：

$$w_2 = \frac{m_2}{m_1} \times 250 \times 100 \tag{10}$$

式中　m_1——配制悬浮液所取试样中有效成分质量，g；

　　　m_2——量筒底上部 225mL 悬浮液中 1mL 悬浮液的有效成分质量，g；

　　　250——换算系数。

4.5 方法 5

4.5.1 方法提要

用标准硬水将待测试样配制成适当浓度的悬浮液。在规定的条件下，于量筒中静置一定时间，测定底部十分之一悬浮液中残余物质量，计算其悬浮率。

4.5.2 试剂和溶液

同 4.1.2。

4.5.3 仪器

同 4.1.3。

4.5.4 测定步骤

称取 A、B 两份试样各 5.0g，相差小于 0.1g，精确至 0.02g，置于 2 个 200mL 烧杯中，各加 50mL、（30±2）℃标准硬水，用手以 120r/min 速度作圆周运动，进行 2min，分别将悬浮液转移至 250mL 量筒中，并用 100mL，（30±2）℃的标准硬水分 3 次将残余物全部洗入量筒中，用（30±2）℃的标准硬水稀释至刻度，盖上塞子，以量筒底部为轴心，将量筒在 1min 内上下颠倒 30 次。将 A 试样，立即用吸管在 10～15s 内将内容物的 9/10（即 225mL）悬浮液移出，确保吸管的顶端总是在液面下几毫米处。将量筒底部 25mL 悬浮液转移至 100mL 已干燥至恒量的烧杯中，在 80～90℃的恒温水浴中除水至约 2mL，加 1mL 乙醇，继续在水浴中除水，直至恒量，称量残余物质量 m_1（精确至 0.0002g）。

将 B 试样量筒塞子打开，再垂直放入无振动的恒温水浴中，避免阳光直射，放置 30min。用吸管在 10～15s 内将内容物的 9/10（即 225mL）悬浮液移出，不要摇动或挑起量筒内的沉降物，确保吸管的顶端总是在液面下几毫米处。量筒底部 25mL 残余物处理同 A 试样，得残余物质量 m_2。

4.5.5 计算

试样的悬浮率 w_3（%）按式(11)计算：

$$w_3 = \frac{10m_1 - m_2}{10m_1} \times \frac{10}{9} \times 100 \tag{11}$$

式中 m_1——留在 A 筒底部 25mL 悬浮液蒸发至恒量的质量，g；

m_2——留在 B 筒底部 25mL 悬浮液蒸发至恒量的质量，g；

10/9——换算系数。

12 农药持久起泡性测定方法

中华人民共和国国家标准 GB/T 28137—2011

1 范围

本标准规定了农药持久起泡性的测定方法。

本标准适用于施药前需用水稀释的农药产品。

2 规范性引用文件

下列文件对于本文件的应用是必不可少的。凡是注日期的引用文件，仅注日期的版本适用于本文件。凡是不注日期的引用文件，其最新版本（包括所有的修改单）适用于本文件。

GB/T 601《化学试剂 标准滴定溶液的制备》

GB/T 603《化学试剂 试验方法中所用制剂及制品的制备》

GB/T 5451—2001《农药可湿性粉剂润湿性测定方法》

3 试验方法

3.1 方法提要

将规定量的试样与标准硬水混合，静置后记录泡沫体积。

3.2 试剂和溶液

水：三级水；

氧化镁：使用前于 105℃ 干燥 2h 以上；

碳酸钙：使用前于 105℃ 干燥 2h 以上；

盐酸溶液：$c(HCl) = 0.1mol/L$，按 GB/T 601 配制；

盐酸溶液：$c(HCl) = 1.0mol/L$，按 GB/T 601 配制；

氢氧化钠溶液：$c(NaOH) = 0.1mol/L$，按 GB/T 601 配制；

氨水溶液：$c(NH_3 \cdot H_2O) = 1.0mol/L$，按 GB/T 603 配制；

甲基红指示液：$\rho(甲基红) = 1g/L$，按 GB/T 603 配制；

标准硬水（配制方法见附录 9）。

3.3 仪器

具塞量筒：250mL（分度值 2mL，0～250mL 刻度线相距 20～21.5cm，塞子底部与 250mL 刻度线相距 4～6cm）；

电子天平：感量 0.1g，载量 500g；

秒表。

3.4 测定步骤

向量筒内加标准硬水（15～25℃）至 180mL 刻度线处。置量筒于天平上，称入 1.0g 样品，加硬水至距量筒塞底部（9±0.1）cm 刻度线处，盖上塞子，以量筒中部为中心，上下 180°颠倒 30 次（每次 2s）。垂直放在实验台上，静置；记录在 1min±10s 时的泡沫体积（精确至 2mL）。重复测定 3 次，取其算数平均值，作为该样品的持久起泡性测定结果。

3.5 注意事项

3.5.1 颠倒量筒的操作

将一盖上塞子的量筒的上下端分别用一块布绝缘，再用双手握住；颠倒量筒时，应保证每次使量筒从直立状态翻转 180°倒置、再回到原来状态的时间大约在 2s，操作应平稳均匀地完成，避免任何剧烈操作所带来的量筒内部液体的"跳动"发生。用秒表记录颠倒过程的时间，应确保在 60s 左右。

3.5.2 泡沫体积的观察

记录泡沫体积时，外围的少量气泡不计。如果泡沫超出 250mL 刻度线，可使用刻度尺量区刻度线以上高度进行估算。

13　农药热贮稳定性测定方法

中华人民共和国国家标准 GB/T 19136—2003

1　范围

本标准规定了农药热贮稳定性的测定方法。

本标准适用于农药热贮稳定性的测定。

2　检验方法

2.1　液体制剂

2.1.1　方法提要

将试样置于安瓿瓶中，于 54℃贮存 14d 后，对规定项目进行测定。

2.1.2　仪器

恒温箱（或恒温水浴）：（54±2）℃；

安瓿瓶（或在 54℃下，仍能密封的具塞玻璃瓶）：50mL；

医用注射器：50mL。

2.1.3　试验步骤

用注射器将约 30mL 试样，注入洁净的安瓿瓶中（避免试样接触瓶颈），置此安瓿瓶于冰盐浴中制冷，用高温火焰封口（避免溶剂挥发），冷却至室温称重。将封好的安瓿瓶置于金属容器内，再将金属容器在（54±2)℃的恒温箱（或恒温水浴）中放置14d。取出，将安瓿瓶外面拭净后称量，质量未发生变化的试样，于24h内完成对有效成分含量等规定项目的检验。

2.2 粉体制剂

2.2.1 方法提要

将试样加压放置，于54℃贮存14d后，对规定项目进行测定。

2.2.2 仪器

恒温箱（或恒温水浴）：（54±2)℃；

烧杯：250mL，内径6.0～6.5cm；

圆盘：直径大小应与烧杯配套，并恰好产生2.45kPa的平均压力。

2.2.3 试验步骤

将20g试样放入烧杯，不加任何压力，使其铺成等厚度的平滑均匀层。将圆盘压在试样上面，置烧杯于烘箱中，在（54±2)℃的恒温箱（或恒温水浴）中放置14d。取出烧杯，拿出圆盘，放入干燥器中，使试样冷至室温。于24h内完成对有效成分含量等规定项目的检验。

2.3 其他制剂

2.3.1 方法提要

将试样密闭放置于54℃中贮存4d后，对规定项目进行测定。

2.3.2 仪器

恒温箱（或恒温水浴）：（54±2)℃；

玻璃瓶：带有密封盖或瓶塞，在54℃下，仍能充分保证其密封性。

2.3.3 试验步骤

将20g试样放入玻璃瓶中，使其铺成平滑均匀层，置玻璃瓶于（54±2)℃的恒温箱（或恒温水浴）中放置14d。取出，放入干燥器中，使试样冷至室温。于24h内完成对有效成分含量等规定项目的检验。

14　农药低温稳定性测定方法

中华人民共和国国家标准 GB/T 19137—2003

1　范围

本标准规定了农药液体制剂低温稳定性测定方法。

本标准适用于农药液体制剂低温稳定性的测定。

2　检验方法

2.1　乳剂和均相液体制剂

2.1.1　方法提要

试样在 0℃保持 1h，记录有无固体或油状物析出。继续在 0℃贮存 7d，离心分离，将固体析出物沉降，记录其体积。

2.1.2 仪器及设备

制冷器：能够保持（0±2）℃；

锥形离心管：100mL，管底刻度精确至 0.1mL；

离心机：与离心管配套；

移液管：100mL。

2.1.3 试验步骤

移取 100mL 的样品置于离心管中，在制冷器中冷却至（0±2）℃，让离心管及内容物在（0±2）℃保持 1h，并每间隔 15min 搅拌一次，每次 15s，检查并记录有无固体物或油状物析出。将离心管放回制冷器，在（0±2）℃继续放置 7d。7d 后，将离心管取出，在室温（不超过 20℃）下静止 3h，离心分离 15min［管子顶部相对离心力为(500~600)g，g 为重力加速度］。记录管子底部离析物的体积（精确至 0.05mL）。

2.2 悬浮制剂

2.2.1 方法提要

试样在 0℃保持 1h，观察外观有无变化。继续在 0℃贮存 7d，测试其物化指标。

2.2.2 仪器及设备

制冷器：能够保持（0±2）℃；

烧杯：100mL；

量筒：100mL。

2.2.3 试验步骤

取 80mL 的试样置于 100mL 烧杯中，在制冷器中冷却至（0±2）℃，保持 1h，每间隔 15min 搅拌一次，每次 15s，观察外观有无变化。将烧杯放回制冷器，在（0±2）℃继续放置 7d。7d 后，将烧杯取出，恢复至室温，测试筛析、悬浮率或其他必要的物化指标。